普通高等教育"十一五"规划教材（高职高专教育）

PUTONG
GAODENG JIAOYU
SHIYIWU
GUIHUA JIAOCAI

建设监理概论

（第二版）

主编 庄民泉 林 密
编写 李 辉 王 妍
主审 刘长滨

http://jc.cepp.com.cn

内 容 提 要

本书为普通高等教育"十一五"规划教材（高职高专教育）。全书共八章，主要内容包括建设工程监理概述、建设工程监理企业、监理工程师、建设工程监理组织及监理规划、建设工程施工阶段的监理工作、建设工程施工合同管理工作、建设工程监理资料的管理、建设工程设备采购和制造监理。

本书可作为高职高专院校工程管理、工程造价、建筑工程技术等专业的教材，也可作为相关技术人员的学习参考用书。

图书在版编目（CIP）数据

建设监理概论/庄民泉，林密主编. —2版. —北京：中国电力出版社，2010.7（2013.8重印）

普通高等教育"十一五"规划教材. 高职高专教育

ISBN 978-7-5123-0440-6

Ⅰ.①建… Ⅱ.①庄…②林… Ⅲ.①建筑工程-监督管理-高等学校：技术学校-教材 Ⅳ.①TU712

中国版本图书馆CIP数据核字（2010）第088736号

中国电力出版社出版、发行

（北京市东城区北京站西街19号 100005 http://jc.cepp.com.cn）

北京丰源印刷厂印刷

各地新华书店经售

*

2004年3月第一版

2010年7月第二版 2013年8月北京第八次印刷

787毫米×1092毫米 16开本 13印张 313千字

定价**21.00**元

前　言

为贯彻落实教育部《关于进一步加强高等学校本科教学工作的若干意见》和《教育部关于以就业为导向深化高等职业教育改革的若干意见》的精神，加强教材建设，确保教材质量，中国电力教育协会组织制订了普通高等教育"十一五"教材规划。该规划强调适应不同层次、不同类型院校，满足学科发展和人才培养的需求，坚持专业基础课教材与教学急需的专业教材并重、新编与修订相结合。本书为修订教材。

建设监理是我国20世纪80年代在建设领域推行的一项新的工程建设管理制度。二十多年来，建设工程监理在理论与实践两个方面都有了较快的发展，取得了明显的成效。为适应我国经济建设发展的新形势，需了解国际与国内建设工程监理发展的最新动态，以应对在工程建设领域的挑战。本教材依据国家颁布的有关建设工程监理的法律法规，参考了国内外有关资料，结合当前建设监理的实际情况，较全面地阐述了我国建设监理的基本理论及发展，对建设工程施工阶段的监理工作做了较详细的论述。本书内容在理论上具有一定的前瞻性；在实际工作上，具有一定的可操作性。

本书第一、三、四章由山东建筑大学庄民泉编写；第二章由山东建筑大学工程建设监理中心李辉、王妍编写；第五～八章由宁波工程学院林密编写。全书由庄民泉统稿。北京建筑工程学院刘长滨审阅了全书，提出了许多宝贵意见，在此表示感谢！

由于编者水平所限，书中难免有不妥之处，恳请广大读者批评指正。

编者

2010年6月

第一版前言

建设监理是我国20世纪80年代在建设领域推行的一项新的工程建设管理制度。十多年来，建设工程监理在理论与实践两个方面都有了较快的发展，取得了明显的成效。为适应我国加入WTO之后的新形势，需了解国际与国内建设工程监理发展的最新动态，以应对在工程建设领域的挑战。本教材依据国家颁布的有关建设工程监理的法律法规，参考了国内外有关资料，结合当前建设监理的实际情况，较全面地阐述了我国建设监理的基本理论及发展，对建设工程施工阶段的监理工作做了较详细的论述。该教材内容在理论上具有一定的前瞻性；在实际工作上，具有一定的可操作性。

本书第一、二章由山东建筑工程学院李相云编写，第三、四、五章由山东建筑工程学院庄民泉编写，第六、七、八、九章由宁波高等专科学校林密编写。全书由庄民泉、林密主编，庄民泉负责统稿。

本书作为高职高专“十五”规划教材之一，可用于工程造价管理专业；也可用作大专院校工程管理专业及土木工程类专业教学用参考书；另外也可以作为从事监理工作相关人员的参考资料。

由于本书编者水平所限，难免有不妥之处，恳请广大读者批评指正。

编者

2003年10月

目录

第一章 概　　述

第一节 建设工程监理基本概念

一、建设工程监理

(一) 定义

建设工程监理，是指具有相应资质的工程监理企业，接受建设单位的委托，承担其项目管理工作，并代表建设单位对承建单位的建设行为进行监控的专业化服务活动。

建设单位，也称为业主、项目法人，是委托监理的一方。建设单位在建设工程中拥有确定建设工程规模、标准、功能以及选择勘察、设计、施工、监理企业等建设工程中重大问题的决策权。

工程监理企业是指取得企业法人营业执照，具有监理资质证书的依法从事建设工程监理业务的经济组织。

(二) 监理概念要点

1. 建设工程监理的行为主体

《中华人民共和国建筑法》(以下简称《建筑法》) 明确规定，实行监理的建设工程，由建设单位委托具有相应资质条件的工程监理企业实施监理。建设工程监理只能由具有相应资质的工程监理企业来开展，建设工程监理的行为主体是工程监理企业，这是我国建设工程监理制度的一项重要规定。由此可见，建设工程监理的行为主体是明确的，即监理企业。监理企业是具有独立性、社会化、专业化特点的专门从事建设工程监理和其他技术服务活动的组织。

建设工程监理是直接为建设项目提供管理服务的行业，不同于建设行政主管部门的监督管理。后者的行为主体是政府部门，具有明显的强制性，是行政性的监督管理，它的任务、职责、内容不同于建设工程监理。同样，作为建设项目管理的主体之一的建设项目总承包单位，对分包单位的监督管理也不能视为建设工程监理。

2. 建设工程监理实施的前提

《建筑法》明确规定，建设单位与其委托的工程监理企业应当订立书面建设工程委托监理合同。也就是说，建设工程监理的实施需要建设单位的委托和授权。工程监理企业应根据委托监理合同和有关建设工程合同的规定实施监理。

建设工程监理只有在建设单位委托的情况下才能进行。只有与建设单位订立书面委托监理合同，明确了监理的范围、内容、权利、义务、责任等，工程监理企业才能在规定的范围内行使管理权，合法地开展建设工程监理。工程监理企业在委托监理的工程中拥有一定的管理权限，能够开展管理活动，是建设单位授权的结果。这种授权与被授权的关系，决定了建设单位与监理企业是合同关系，是需求与供给的关系，是一种委托与服务的关系。这种委托与授权方式说明，在实施建设工程监理的过程中，监理工程师的权力主要是由作为建设项目管理主体的业主通过授权而转移过来的，在工程项目建设过程中，业主始终是以建设项目管理主体身份掌握着工程项目建设的决策权并承担着主要风险。

承建单位根据法律、法规的规定和它与建设单位签订的有关建设工程合同的规定接受工程监理企业对其建设行为进行的监督管理，接受并配合监理是其履行合同的一种行为。工程监理企业对哪些单位的哪些建设行为实施监理要根据有关建设工程合同的规定。例如，仅委托施工阶段监理的工程，工程监理企业只能根据委托监理合同和施工合同对施工行为实行监理。而在委托全过程监理的工程中，工程监理企业则可以根据委托监理合同以及勘察合同、设计合同、施工合同对勘察单位、设计单位和施工单位的建设行为实行监理。

3. 建设工程监理的依据

建设工程监理的依据包括有关的法律、法规、规章和标准、规范，建设工程委托监理合同，有关的建设工程合同及建设工程设计文件等。

（1）建设工程设计文件。包括批准的可行性研究报告、建设项目选址意见书、建设用地规划许可证、建设工程规划许可证、批准的施工图设计文件、施工许可证等。

（2）有关的法律、法规、规章和标准、规范。包括《建筑法》、《中华人民共和国合同法》、《中华人民共和国招标投标法》、《建设工程质量管理条例》等法律、法规，《工程建设监理规定》等部门规章，以及地方性法规等；也包括《工程建设标准强制性条文》、《建设工程监理规范》以及有关的工程技术标准、规范、规程等。

（3）建设工程委托监理合同和有关的建设工程合同。工程监理企业应当根据两类合同，即工程监理企业与建设单位签订的建设工程委托监理合同和建设单位与承建单位签订的有关建设工程合同进行监理。

工程监理企业依据哪些有关的建设工程合同进行监理，视委托监理合同的范围来决定。全过程监理应当包括咨询合同、勘察合同、设计合同、施工合同以及设备采购合同等；决策阶段监理主要是咨询合同；设计阶段监理主要是设计合同；施工阶段监理主要是施工合同。

4. 建设工程监理的范围

建设工程监理范围可以分为监理的工程范围和监理的建设阶段范围。

（1）工程范围。为了有效发挥建设工程监理的作用，加大推行监理的力度，根据《建筑法》，国务院公布的《建设工程质量管理条例》对实行强制性监理的工程范围做了原则性的规定，建设部又进一步在《建设工程监理范围和规模标准规定》中对实行强制性监理的工程范围做了具体规定。下列建设工程必须实行监理：

1）国家重点建设工程。依据《国家重点建设项目管理办法》所确定的对国民经济和社会发展有重大影响的骨干项目。

2）大中型公用事业工程。项目总投资额在3000万元以上的供水、供电、供气、供热等市政工程项目；科技、教育、文化等项目；体育、旅游、商业等项目；卫生、社会福利等项目；其他公用事业项目。

3）成片开发建设的住宅小区工程。建筑面积在5万m^2以上的住宅建设工程。

4）利用外国政府或者国际组织贷款、援助资金的工程。包括使用世界银行、亚洲开发银行等国际组织贷款资金的项目；使用国外政府及其机构贷款资金的项目；使用国际组织或者国外政府援助资金的项目。

5）国家规定必须实行监理的其他工程。项目总投资额在3000万元以上关系社会公共利益、公众安全的交通运输、水利建设、城市基础设施、生态环境保护、信息产业、能源等基础设施项目，以及学校、影剧院、体育场馆项目。

(2) 阶段范围。建设工程监理可以适用于工程建设投资决策阶段和实施阶段，但目前主要是建设工程施工阶段。

在建设工程施工阶段，建设单位、勘察单位、设计单位、施工单位和工程监理企业等工程建设的各类行为主体均出现在建设工程当中，形成了一个完整的建设工程组织体系。在这个阶段，建筑市场的发包体系、承包体系、管理服务体系的各主体在建设工程中会合，由建设单位、勘察单位、设计单位、施工单位和工程监理企业各自承担工程建设的责任和义务，最终将建设工程建成投入使用。在施工阶段委托监理，其目的是更有效地发挥监理的规划、控制、协调作用，为在计划目标内建成工程提供管理。

（三）建设工程监理的性质

1. 服务性

建设工程监理既不同于承建商的直接生产活动，也不同于业主的直接投资活动。它只是在工程项目建设过程中，利用自己的工程建设方面的知识、技能和经验为客户提供高智能监督管理服务，以满足项目业主对项目管理的需要。它所获得的报酬也是技术服务性的报酬，是脑力劳动的报酬。

需要明确指出，建设工程监理是监理企业接受项目业主的委托而开展的技术服务性活动。因此，它的直接服务对象是客户，是委托方，也就是项目业主，这是不容模糊的。这种服务性的活动是按建设工程监理合同进行的，是受法律保护的。

2. 科学性

我国《工程建设监理规定》指出：建设工程监理是一种高智能的技术服务，要求从事建设工程监理活动应当遵循科学的准则。

监理的任务决定了它应当采用科学的思想、理论、方法和手段；监理的社会化、专业化特点要求监理企业按照高智能原则组建；监理的技术服务性质决定了它应当提供科技含量高的服务；建设工程监理维护社会公众利益和国家利益的使命决定了它必须提供科技性服务。

按照建设工程监理科学性的要求，监理企业应当有足够数量的、业务素质合格的监理工程师；要有一套科学的管理制度；要配备计算机辅助监理的软件和硬件；要掌握先进的监理理论、方法，积累足够的技术、经济资料和数据；要拥有现代化的监理手段。

3. 独立性

《建筑法》明确指出，工程监理企业应当根据建设单位的委托，客观、公正地执行监理任务。《工程建设监理规定》和《建设工程监理规范》要求工程监理企业按照“公正、独立、自主”的原则开展监理工作。

建设工程监理独立性的要求是一项国际惯例。国际咨询工程师联合会认为，工程监理企业是“作为一个独立的专业公司受聘于业主去履行服务的一方”，应当“根据合同进行工作”，监理工程师应当“作为一名独立的专业人员进行工作”，工程监理企业“相对于承包商、制造商、供应商，必须保持其行为的绝对独立性，不得从他们那里接受任何形式的好处，而使他的决定的公正性受到影响或不利于他行使委托人赋予他的职责”，监理工程师“不得参与任何妨碍他作为一个独立的咨询工程师工作的有关商务活动”。按照独立性要求，工程监理企业应当严格地按照有关法律、法规、规章、工程建设文件、工程建设技术标准、建设工程委托监理合同、有关的建设工程合同等的规定实施监理；在委托监理的工程中，与承建单位不得有隶属关系和其他利害关系；在开展工程监理的过程中，必须建立自己的组织，按照自己的工作计划、程序、流程、方法、手段，根据自己的判断，独立地开展工作。

4. 公正性

监理企业和监理工程师在工程建设过程中，应当作为能够严格履行监理合同各项义务的，能够竭诚为客户服务的“服务方”。也就是在提供监理服务的过程中，监理企业和监理工程师应当排除各种干扰，以公正的态度对待委托方和被监理方，当双方发生利益冲突和矛盾时能够以事实为依据，以有关法律、法规和双方所签订的工程建设合同为准绳，公正地加以解决和处理，做到“公正地证明、决定或行使自己的处理权”。

（四）建设工程监理的作用

建设单位的工程项目实行专业化、社会化管理在国外已有一百多年的历史，在提高投资的经济效益方面发挥了重要作用，越来越显现出强劲的生命力。我国实施建设工程监理的时间虽然不长，但已经发挥出明显的作用，为政府和社会所承认。建设工程监理的作用主要表现在以下几方面：

1. 有利于提高建设工程投资决策科学化水平

在建设单位委托工程监理企业实施全方位全过程监理的条件下，在建设单位有了初步的项目投资意向之后，工程监理企业可协助建设单位选择适当的工程咨询机构，监督工程咨询合同的实施，并对咨询结果（如项目建议书、可行性研究报告）进行评估，提出有价值的修改意见和建议；或者直接从事工程咨询工作，为建设单位提供建设方案。这样，不仅可使项目投资符合国家经济发展规划、产业政策、投资方向，而且可使项目投资更加符合市场需求。工程监理企业参与或承担项目决策阶段的监理工作，有利于提高项目投资决策的科学化水平，避免项目投资决策失误，也为实现建设工程投资综合效益最大化打下了良好的基础。

2. 有利于规范工程建设参与各方的建设行为

工程建设参与各方的建设行为都应当符合法律、法规、规章和市场准则。要做到这一点，仅仅依靠自律机制是远远不够的，还需要建立有效的约束机制。为此，首先需要政府对工程建设参与各方的建设行为进行全面的监督管理，这是最基本的约束，也是政府的主要职能之一。但是，由于客观条件所限，政府的监督管理不可能深入到每一项建设工程的实施过程中，因而，还需要建立另一种约束机制，能在建设工程实施过程中对工程建设参与各方的建设行为进行约束。建设工程监理制就是这样一种约束机制。

在建设工程实施过程中，工程监理企业可依据委托监理合同和有关的建设工程合同对承建单位的建设行为进行监督管理。由于这种约束机制贯穿于工程建设的全过程，采用事前、事中和事后控制相结合的方式，因此可以有效地规范各承建单位的建设行为，最大限度地避免不当建设行为的发生。即使出现不当建设行为，也可以及时加以制止，最大限度地减少其不良后果。应当说，这是约束机制的根本目的。另外，如果建设单位不了解建设工程有关的法律、法规、规章、管理程序和市场行为准则，也可能发生不当建设行为。在这种情况下，工程监理企业可以向建设单位提出适当的建议，从而避免建设单位发生不当建设行为，这对规范建设单位的建设行为也可起到一定的约束作用。当然，要发挥上述约束作用，工程监理企业首先必须规范自身的行为，并接受政府的监督管理。

3. 有利于促使承建单位保证建设工程质量和使用安全

建设工程是一种特殊的产品，不仅价值大、使用寿命长，而且还关系到人民的生命财产安全、健康和环境。因此，保证建设工程质量和使用安全就显得尤为重要，在这方面不允许有丝毫的懈怠和疏忽。

工程监理企业对承建单位建设行为的监督管理，实际上是从产品需求者的角度对建设工程生产过程的管理，这与产品生产者自身的管理有很大的不同。而工程监理企业又不同于建设工程的实际需求者，其监理人员都是既懂工程技术又懂经济管理的专业人士，他们有能力及时发现建设工程实施过程中出现的问题，发现工程材料、设备以及阶段产品存在的问题，从而避免留下工程质量隐患。因此，实行建设工程监理制之后，在加强承建单位自身对工程质量管理的基础上，由工程监理企业介入建设工程生产过程的管理，对保证建设工程质量和使用安全有着重要作用。

4. 有利于实现建设工程投资效益最大化

建设工程投资效益最大化有以下三种不同表现：

(1) 在满足建设工程预定功能和质量标准的前提下，建设投资额最少。

(2) 在满足建设工程预定功能和质量标准的前提下，建设工程寿命周期费用（或全寿命费用）最少。

(3) 建设工程本身的投资效益与环境、社会效益的综合效益最大化。

实行建设工程监理制之后，工程监理企业一般都能协助建设单位实现上述建设工程投资效益最大化的第一种表现，也能在一定程度上实现上述第二种和第三种表现。随着建设工程寿命周期费用思想和综合效益理念被越来越多的建设单位所接受，建设工程投资效益最大化的第二种和第三种表现的比例将越来越大，从而大大地提高我国全社会的投资效益，促进我国国民经济的发展。

二、我国建设监理制的产生与发展

（一）我国建设监理制产生的背景

我们从管理的角度追溯人类参加建筑活动的历史。在商朝的甲骨文卜辞中，已有“工”这一词，即指当时管理工匠的官吏。周朝设有掌管营造工作的“司空”。此后，各个朝代设置有“将作监”、“少府”或“工部”等官职，掌管皇家宫室、坛庙、城堡以及水利工程的设计、施工，成为国家机器中不可缺少的政务部门之一。1103 年，北宋政府颁布了《营造法式》，对设计模数、工料限额作出了规定，这是一部有重要技术经济意义的建筑规范。元朝曾试用减柱法以节约木材，扩大建筑空间。明朝著有《营造正式》。清朝颁布了《工部工程做法则例》，统一宫式建筑的构件模数和用料标准。我国的建筑历史表明，对于建筑活动耗资巨大以及如何提高其经济效益，早已引起各代政府的重视。

在欧洲，很早以前建筑师自然就是总营造师，建筑师不仅负责设计，还负责购买材料、雇佣工匠，并组织工程的施工。16 世纪至 18 世纪中期，欧洲兴起华丽的花形建筑热潮，在建筑师队伍中开始形成了分工，一部分建筑师联合起来进行设计，另一部分建筑师则负责组织监督施工，逐步形成了设计和施工的分离。

设计和施工的分离导致了业主对工程监督的需求，最初的工程监督的思想是对施工加以监督，这个时期施工监督的重点则在于质量监督。

20 世纪 50 年代末 60 年代初，美国、联邦德国、法国等欧美国家，开始建设很多大型、特大型工程，这些工程技术复杂、规模大，对项目建设的组织与管理提出了更高的要求。竞争激烈的社会环境，迫使人们重视项目管理，建筑工程管理学和专门从事项目管理的咨询公司、事务所也就在这样的社会条件下逐步形成。现在，工程项目管理已发展成为一项专门的职业。

日本是后起的工业强国，在建设项目管理方面，主要采用欧美的一些方法，推行PM服务，但他们也有一套项目监理制度。执行项目管理任务的建筑师和咨询工程师成为项目经理或工程监理工程师。

从新中国成立直至20世纪80年代，我国固定资产投资基本上是由国家统一安排计划（包括具体的项目计划），由国家统一财政拨款。在我国当时经济基础薄弱、建设投资和物资短缺的条件下，这种方式对于国家集中有限的财力、物力、人力进行经济建设，迅速建立我国的工业体系和国民经济体系起到了积极作用。

当时，我国建设工程的管理基本上采用两种形式：对于一般建设工程，由建设单位自己组成筹建机构，自行管理；对于重大建设工程，则从与该工程相关的单位抽调人员组成工程建设指挥部，由指挥部进行管理。因为建设单位无须承担经济风险，这两种管理形式得以长期存在，但其弊端是不言而喻的。由于这两种形式都是针对一个特定的建设工程临时组建的管理机构，相当一部分人员不具有建设工程管理的知识和经验，因此，他们只能在工作实践中摸索。而一旦工程建成投入使用，原有的工程管理机构和人员就解散，建设工程管理的经验不能承袭升华，用来指导今后的工程建设，而教训却不断重复发生，使我国建设工程管理水平长期在低水平徘徊。投资“三超”（概算超估算、预算超概算、结算超预算）、工期延长的现象较为普遍。工程建设领域存在的上述问题受到政府和有关单位的关注。

20世纪80年代我国进入了改革开放的新时期，国务院决定在基本建设和建筑业领域采取一些重大的改革措施，例如，投资有偿使用（即“拨改贷”）、投资包干责任制、投资主体多元化、工程招标投标制等。在这种情况下，改革传统的建设工程管理形式，已经势在必行。否则，难以适应我国经济发展和改革开放新形势的要求。通过对我国几十年建设工程管理实践的反思和总结，同时对国外工程管理制度与管理方法的考察，认识到建设单位的工程项目管理是一项专门的学问，需要一大批专门的机构和人才，建设单位的工程项目管理应当走专业化、社会化的道路。

在我国，建设监理制度的出现是在20世纪80年代中后期，最早应用这一制度的，是利用世界银行贷款的鲁布革水电站引水工程。按照贷款的要求，该工程在“鲁布革工程管理局”内划出了一个专司建设监理职能的“工程师机构”。该工程师机构由工程师代表、驻地工程师和若干名检查员组成，按国际合同管理方式代表业主对该合同工程进行现场综合监督管理。其后，自1988年以来，我国许多利用外资、外贷建设的工程项目，都按照建设监理这一国际惯例组织建设。1998年，《中华人民共和国建筑法》（以下简称《建筑法》）以法律制度的形式作出规定，国家推行建设工程监理制度，从而使建设工程监理在全国范围内进入了全面推行阶段。因而，建设工程监理制度是在工程建设领域实行社会化、专业化管理的结果，是建设领域由计划经济向市场经济转变的需要。

（二）现阶段建设工程监理的特点

目前我国推行的建设工程监理制度在工作性质、工作内容上与发达国家的为业主提供的项目管理咨询服务有很大区别。发达国家的项目管理咨询服务内容包括设计准备阶段、设计阶段、施工阶段、动用前准备阶段和保修阶段共五个阶段，在各阶段要做投资控制、进度控制、质量控制、合同管理、组织协调和信息管理六个方面工作。而我国的工程监理主要是施工阶段的监理，而只从事质量控制者甚多，与项目管理咨询相差甚远。现阶段我国建设工程监理的特点如下：

1. 建设工程监理的服务对象具有单一性

在国际上，建设项目管理按服务对象主要可分为：为建设单位服务的项目管理和为承建单位服务的项目管理。而我国的建设工程监理制规定，工程监理企业只接受建设单位的委托，即只为建设单位服务。它不能接受承建单位的委托为其提供管理服务。从这个意义上，可以认为我国的建设工程监理就是为建设单位服务的项目管理。

2. 建设工程监理属于强制推行的制度

建设项目管理是适应建筑市场中建设单位新的需求的产物，其发展过程也是整个建筑市场发展的一个方面，没有来自政府部门的行政指导或干预。而我国的建设工程监理从一开始就是作为对计划经济条件下所形成的建设工程管理体制改革的一项新制度提出来的，也是依靠行政手段和法律手段在全国范围推行的。为此，不仅在各级政府部门中设立了主管建设工程监理有关工作的专门机构，而且制定了有关的法律、法规、规章，明确提出国家推行建设工程监理制度，并明确规定了必须实行建设工程监理的工程范围。其结果是在较短时间内促进了建设工程监理在我国的发展，形成了一批专业化、社会化的工程监理企业和监理工程师队伍，缩小了与发达国家建设项目管理的差距。

3. 建设工程监理具有监督功能

我国的工程监理企业有一定的特殊地位，它与建设单位构成委托与被委托关系，与承建单位虽然无任何经济关系，但根据建设单位授权，有权对其不当建设行为进行监督，或者预先防范，或者指令及时改正，或者向有关部门反映，请求纠正。不仅如此，在我国的建设工程监理中还强调对承建单位施工过程和施工工序的监督、检查和验收，而且在实践中又进一步提出了旁站监理的规定。我国监理工程师在质量控制方面的工作所达到的深度和细度，应当说远远超过国际上建设项目管理人员的工作深度和细度，这对保证工程质量起了很好的作用。

4. 市场准入的双重控制

在建设项目管理方面，一些发达国家只对专业人士的执业资格提出要求，而没有对企业的资质管理作出规定。而我国对建设工程监理的市场准入采取了企业资质和人员资格的双重控制：要求专业监理工程师以上的监理人员要取得监理工程师资格证书，不同资质等级的工程监理企业至少要有一定数量的取得监理工程师资格证书并经注册的人员。应当说，这种市场准入的双重控制对于保证我国建设工程监理队伍的基本素质，规范我国建设工程监理市场起到了积极的作用。

（三）建设工程监理的发展趋势

为了使我国的建设工程监理达到预期效果，在工程建设领域发挥更大的作用，应做好以下工作：

1. 加强法制建设，走法制化的道路

目前，我国颁布的法律法规中有关建设工程监理的条款不少，部门规章和地方性法规的数量更多，这充分反映了建设工程监理的法律地位。但从加入 WTO 的角度看，法制建设还比较薄弱，突出表现在市场规则和市场机制方面。市场规则特别是市场竞争规则和市场交易规则还不健全。市场机制，包括信用机制、价格形成机制、风险防范机制，仲裁机制等尚未形成。应当在总结经验的基础上，借鉴国际上通行的做法，逐步建立和健全起来，只有这样，才能使我国的建设工程监理走上有法可依、有法必依的轨道，才能适应加入 WTO 后的新的形势。

2. 以市场需求为导向，向全方位、全过程监理发展

我国实行建设工程监理只有十几年的时间，目前仍然以施工阶段监理为主。造成这种状况既有体制上、认识上的原因，也有建设单位需求和监理企业素质及能力等原因。但是应当看到，随着项目法人责任制的不断完善，以及民营企业和私人投资项目的大量增加，建设单位将对工程投资效益越加重视，工程前期决策阶段的监理将日益增多。从发展趋势看，代表建设单位进行全方位、全过程的工程项目管理，将是我国工程监理行业发展的趋向。当前，应当按照市场需求多样化的规律，积极扩展监理服务内容。要从现阶段以施工阶段为主，向全过程、全方位监理发展，即不仅要进行施工阶段质量、投资和进度控制，做好合同管理、信息管理和组织协调工作，而且要进行决策阶段和设计阶段的监理。只有实施全方位、全过程监理，才能更好地发挥建设工程监理的作用。

3. 适应市场需求，优化工程监理企业结构

在市场经济条件下，任何企业的发展都必须与市场需求相适应，工程监理企业的发展也不例外。建设单位对建设工程监理的需求是多种多样的，工程监理企业所能提供的监理服务也应当是多种多样的。前文所述建设工程监理应当向全方位、全过程监理发展，是从建设工程监理整体工作而言，并不意味着所有的工程监理企业都朝这个方向发展。因此，应当通过市场机制和必要的行业政策引导，在工程监理行业逐步建立起综合性监理企业与专业性监理企业相结合、大中小型监理企业相结合的合理的企业结构。按工作内容分，建立起能承担全过程、全方位监理任务的综合性监理企业与能承担某专业监理任务（如招标代理、工程造价咨询）的监理企业相结合的企业结构。按工作阶段分，建立起能承担工程建设全过程监理的大型监理企业与能承担某一阶段工程监理任务的中型监理企业和只提供旁站监理劳务的小型监理企业相结合的企业结构。这样，既能满足建设单位的各种需求，又能使各类监理企业各得其所，都能有合理的生存和发展空间。一般来说，大型、综合素质较高的监理企业应当向综合监理方向发展，而中小型监理企业则应当逐渐形成自己的专业特色。

4. 加强培训工作，不断提高从业人员素质

从全方位、全过程监理的要求来看，我国建设工程监理从业人员的素质还不能与之相适应，迫切需要提高。另一方面，工程建设领域的新技术、新工艺、新材料层出不穷，工程技术标准、规范、规程也时有更新，信息技术日新月异，都要求建设工程监理从业人员与时俱进，不断提高自身的业务素质和职业道德素质，这样才能为建设单位提供优质服务。从业人员的素质是整个工程监理行业发展的基础。只有培养和造就出大批高素质的监理人员，才可能形成相当数量的高素质的工程监理企业，才能形成一批公信力强、有品牌效应的工程监理企业，才能提高我国建设工程监理的总体水平及其效果，才能推动建设工程监理事业更好更快地发展。

5. 与国际惯例接轨，走向世界

我国的建设工程监理虽然形成了一定的特点，但在某些方面与国际惯例还有差异。我国已加入 WTO，如果不尽快改变这种状况，将不利于我国建设工程监理事业的发展。前面说到的几点，都是与国际惯例接轨的重要内容，但仅仅在某些方面与国际惯例接轨是不够的，必须在建设工程监理领域多方面与国际惯例接轨。为此，应当认真学习和研究国际上被普遍

接受的规则，为我所用。

与国际惯例接轨可使我国的工程监理企业与国外同行按照同一规则同台竞争，这既可能表现在国外项目管理公司进入我国后与我国工程监理企业之间的竞争，也可能表现在我国工程监理企业走向世界，与国外同类企业之间的竞争。要在竞争中取胜，除有实力、业绩、信誉之外，不掌握国际上通行的规则也是不行的。我国的监理工程师和工程监理企业应当做好充分准备，不仅要迎接国外同行进入我国后的竞争挑战，而且也要把握进入国际市场的机遇，敢于到国际市场与国外同行竞争。在这方面，大型、综合素质较高的工程监理企业应当率先采取行动。

三、建设工程监理的指导思想

（一）建设工程监理的中心任务

建设工程监理的中心任务是实现工程项目目标，也就是实现经过科学规划所确定的工程项目的投资、进度和质量目标。这三大目标相互关联、互相制约。

任何工程项目都是在一定的投资额度内和一定的投资限制条件下实现的。任何工程项目的实现都要受到时间的限制，都有明确的项目进度和工期要求。任何工程项目都要实现它的功能要求、使用要求和其他有关的质量标准，这是投资建设一项工程最基本的需求。实现建设项目并不十分困难，而要使工程项目能够在计划的投资、进度和质量目标内实现则是困难的，这就是社会需求建设工程监理的原因。建设工程监理正是为解决这样的困难和满足这种社会需求而出现的。因此，目标控制应当成为建设工程监理的中心任务。

（二）建设工程监理的基本方法

建设工程监理的基本方法是目标规划、动态控制、组织协调、信息管理和合同管理。

1. 目标规划

这里所说的目标规划是以实现目标控制为目的的规划和计划，是围绕工程项目投资进度和质量目标进行研究确定、分解综合、安排计划、风险管理、制定措施等项工作的集合。目标规划是目标控制的基础和前提，只有做好目标规划的各项工作才能有效实施目标控制。

目标规划工作包括正确确定投资、进度、质量目标或对已经初步确定的目标进行论证；按照目标控制的需要将各目标进行分解，使每个目标都形成一个既能分解又能综合满足控制要求的目标划分系统，以便实施控制；把工程项目实施的过程、目标和活动编成计划，用动态的计划系统来协调和规范工程项目的实施，为实现预期目标构筑一座桥梁，使项目协调有序地达到预期目标；对计划目标的实现进行风险分析和管理，以便采取针对性的有效措施实施主动控制；制定各项目标的综合控制措施，力保项目目标的实现。

2. 动态控制

动态控制是开展建设工程监理活动时采用的基本方法。动态控制工作贯穿于工程项目的整个监理过程中。

所谓动态控制，就是在完成工程项目的过程中，通过对过程、目标和活动的跟踪，全面、及时、准确地掌握工程建设信息，将实际目标值和工程建设状况与计划目标和状况进行对比，如果偏离了计划和标准的要求，就采取措施纠正，以便实现计划总目标。这是一个不断循环的过程，直至项目建成交付使用。

这种控制是一个动态的过程。工程在不同的空间展开，控制就要针对不同的空间来实施。工程项目的实施分不同的阶段，控制也就分成不同阶段的控制。工程项目的实现总要受到外部环境和内部因素的各种干扰，因此，必须采取应变性的控制措施。计划的不变是相对的，计划总是在调整中运行，控制就要不断地适应计划的变化，从而达到有效控制。监理工程师只有把握住工程项目运动的脉搏才能做好目标控制工作。

3. 组织协调

在实现工程项目的过程中，监理工程师要不断进行组织协调，它是实现项目目标不可缺少的方法和手段。

组织协调与目标控制是密不可分的。协调的目的是为了实现项目目标。在监理过程中，当设计概算超过投资估算时，监理工程师要与设计单位进行协调，使设计与投资限额之间达成妥协，既要满足业主对项目的功能和使用要求，又要力求使费用不超过限定的投资额度；当施工进度影响到项目动工时间时，监理工程师就要与施工单位进行协调，或改变投入，或修改计划，或调整目标，直到制定出一个较理想的、能解决问题的方案为止；当发现承包单位的管理人员不称职，给工程质量造成影响时，监理工程师要与承包单位进行协调，以便更换人员，确保工程质量。

组织协调包括项目监理组织内部人与人、机构与机构之间的协调。组织协调还存在于项目监理组织与外部环境组织之间，其中主要是与项目业主、设计单位、施工单位、材料和设备供应单位以及与政府有关部门、社会团体、咨询单位、科学研究、工程毗邻单位之间的协调。协调的问题集中在他们的结合部位上，组织协调就是在这些结合部位上做好调合、联合和联结的工作，以使大家在实现工程项目总目标上做到步调一致，达到运行一体化。

4. 信息管理

建设工程监理离不开工程信息。在实施监理的过程中，监理工程师要对所需要的信息进行收集、整理、处理、存储、传递、应用等一系列工作，这些工作的总称为信息管理。

信息管理对建设工程监理是十分重要的。监理工程师在开展监理工作当中要不断预测或发现问题，要不断地进行规划、决策、执行和检查。而做好每项工作都离不开相应的信息。规划需要规划信息，决策需要决策信息，执行需要执行信息，检查需要检查信息。监理工程师在监理过程中的主要任务是进行目标控制，而控制的基础是信息。任何控制只有在信息的支持下才能有效地进行。

对信息的要求是与各部门监理任务和工作直接相联系的。不同的项目，由于情况不同，所需要的信息也就有所不同。例如，当采用不同承、发包模式或不同合同方式时，监理需要的信息种类和信息数量也就会发生变化。对于固定总价合同，或许关于进度款和变更通知是主要的：对于成本加酬金合同，则必须有关于人力、设备、材料、管理费用和变更通知等多方面的信息；而对于固定单价合同，完成工程量方面的信息就更重要。

监理的控制部门必须随时掌握项目实施过程中的反馈信息，以便在必要时采取纠正措施。例如，当材料供应推迟，设备或管理费用增加，承包单位不能满足规定的工期要求时，都有可能修改工程计划。而修改的工程计划又以变更通知的形式传递给有关方，然后对相关要素采取措施，才能起到控制作用。

为了有效地进行控制，全面、准确、及时地获得工程信息，要选派专门人员建立一个科学的报告系统，通过这个报告系统来传递经过核实的准确、及时、完整的工程信息。同时，还要通过计算机辅助做好这项工作。

监理工程师进行信息管理的基础工作是设计一个以监理为中心的信息流结构；确定信息

目录和编码；建立信息管理制度以及会议制度等。

5. 合同管理

监理企业在建设工程监理过程中的合同管理主要是根据监理合同的要求对工程承包合同的签订、履行、变更和解除进行监督、检查，对合同双方争议进行调解和处理，以保证合同的依法签订和全面履行。

监理工程师在合同管理中应当着重于几个方面的工作：合同分析；建立合同目录、编码和档案；合同履行的监督、检查；索赔。

做好合同管理关键在于：参加合同制定和谈判；认真弄清每一个合同的各项内容；切记少用或不用口头协议、“君子协定”，防止引起合同争执；监理企业应当努力履行自己的职责，恰当地使用自己的权力；委任具有应变能力又能坚持合同原则的监理工程师担任合同管理工作，以应付合同管理中的各种复杂问题；拟订各种工程文件、记录、指示、报告、信件时，应当全面、细致、准确、具体；在拟订合同文件时应当写清细节，力求达到可操作的程度，以防止日后双方在细节上纠缠不清；特别注意工程变更对合同的影响，应当对每一份变更进行可行性分析，防止由此而引起的索赔；拟订合同条款时应当在文字语言方面做到清楚明白，避免含糊不清、词不达意的现象发生；合同谈判中注意风险合理转移。

（三）建设工程监理的目的

建设工程监理的目的是力求使工程项目能够在计划的投资、进度和质量目标内建成动用。

这里采用“力求”，而不采用“保证”，是由于监理企业和监理工程师不是承建商承包的工程的承包人或保证人。这是因为在市场经济条件下，承建单位作为建筑产品的卖方，应当根据工程建设合同的要求，按规定的时间、费用和质量完成工程勘察、设计、施工、供应的承包任务且要承担承包风险。在工程建设中的基本原则是谁设计谁负责，谁施工谁负责，谁供应材料和设备谁负责。监理企业没有承担他们义务的义务。建设工程监理是一种技术服务性质的活动。在监理过程中，监理企业只承担服务的责任。它不直接进行设计，不直接进行施工，也不直接进行材料、设备的采购、供应工作。因此，它不承担设计、施工物资采购方面的直接责任。监理企业只承担建设项目的监理责任，也就是在监理合同中确定的职权范围内的责任。在实现建设项目的过程中，外部环境潜伏着各种风险，会带来各种干扰。而这些干扰和风险并非监理工程师完全能够驾驭的。他们只能力争减少或避免这些干扰和风险造成的影响。

一个在社会上能够生存、发展的监理企业，虽然不能保证项目一定在预定目标内实现，但在政府有关部门和监理行业组织的规范下，出于职业道德的良知，基于它的社会信誉和经济方面的考虑，会竭尽全力为在预定的投资、进度和质量目标范围内实现项目而努力。

第二节 我国实行建设监理的必要性

一、我国实行建设监理的基本条件

（一）社会主义市场经济体制

纵观建设工程监理产生和发展的历史背景，我们可以得出结论，建设工程监理是市场经济的产物，并且伴随着市场经济的发展而发展。市场经济是建设工程监理存在、发展的最基本的条件。

（二）法制环境

建设工程监理的依据之一是建设工程监理合同和其他工程建设合同。合同是一种法律行为和法律关系。这种行为和关系具有法律的约束力并受到法律的保护。正是这种法律的严肃性才能有力地促使各方严格遵守并认真履行依法成立的工程建设合同。建设工程监理的重要工作就是管理好业主与承建商签订的工程建设合同，并根据合同来行使他的权利，履行他的义务。在市场经济条件下，是什么原因促使设计者拿出符合要求的设计？是什么原因促使施工企业建成符合要求的工程？是什么原因促使厂家和供应商提供符合要求的材料和设备？很关键的一条是依靠工程建设合同做保障。

市场经济条件下，工程建设必然要充分利用竞争择优机制，实施工程招标投标制。因此，在工程建设的过程中，商务利益必然成为合同双方注目的焦点。所以，在项目实施的任何阶段合同双方都可能存在着矛盾和争端。需要在项目建设过程中存在一个公正的第三方以便进行必要的协调和约束。监理企业和监理工程师靠什么进行约束协调？最关键的就是紧紧依靠工程建设的法律、法规，依靠依法成立的工程建设合同以及合同各方的法律意识。

工程项目的实施也就是各项工程合同的履行。业主在这种合同环境中实现投资目的，需要维护自己的利益，需要正确行使合同赋予自己的权利和履行自己的合同义务，而这正是业主的薄弱环节。所以，业主需要自己在履行合同中得到可靠的支持，为其提供社会化、专业化监督管理服务。而这种服务应当是一种具有公正性的，根据法律、法规和合同进行的服务。

（三）配套机制

建立建设监理的需求机制。建设监理是为满足社会需求而产生的，并在满足社会需求的过程中发展。没有投资者对监理的需要，就没有监理市场，自然也就谈不到建设工程监理的存在和发展。

进一步完善竞争机制。要广泛地利用工程招标投标制于项目建设中。不仅在施工阶段利用招标方式选择施工单位，还要在设计阶段利用设计竞赛或设计招标选择优化的设计方案，并选择设计单位。要使竞争择优真正建立在公开、公正、公平的原则之上。只有选择出社会信誉好、技术水平高、管理能力强的设计、施工、供应单位承担工程建设任务，才能使项目目标理想地实现，才能使建设工程监理任务圆满地完成。

进一步完善科学决策机制。特别要在项目决策阶段大力加强可行性研究工作，把项目咨询评估制加以完善。这对避免项目决策失误，力求决策优化将起到举足轻重的作用。如果没有一个正确的投资决策，没有一个深思熟虑的建设方案，没有明确的项目投资、进度、质量总目标，建设工程监理就难以在项目实施阶段发挥作用。

二、我国实施建设监理的必要性

（一）传统的工程建设管理体制已不适合我国经济发展的要求

长期以来，我国工程项目建设管理一直采用建设单位自筹自荐自管和工程指挥部的传统模式。前者是一种典型的一家一户、封闭式的小生产管理模式，后者不符合政企分开的要求，不符合项目管理的原则，使得我国工程建设水平和投资效益长期得不到应有的提高，工程项目投资、进度、质量失控的现象长期存在。这种传统的工程项目建设管理体制已经不能适应我国经济发展的需要，我国工程建设管理体制必须实施改革，向适应社会主义市场经济的科学管理体制转变。

(二) 工程建设领域改革深化需要建设监理

1. 建设监理制提出前的改革状况

十一届三中全会之后，我国进入了改革的新时期。随着计划经济体制的转变，市场经济的机制出现了，各种改革措施纷纷出台。其中，在工程建设领域影响较大的有以下各项。

(1) 投资渠道的多元化。为加快经济的发展，扩大了地方和企事业单位的自主权，出现了一个由国家、地方、企业和个人投资的多元投资新格局。

(2) "拨改贷"，投资实行有偿使用。对经营性投资分别采用不同方式有偿使用。如贷款方式，按不同行业、不同单位实行差别利率和不同还款期并享受产品分配权；直接投资方式，按规定分配利润和产品；参股方式，按投资比例分配利润、产品。部门和地方的自有资金也实行有偿使用。

全部由国家投资的项目，设立项目管理委员会；联合投资的项目，由投资各方组成董事会。项目管理委员会和董事会对工程项目的建设期和使用期的建设和经营负责，并承担风险；同时，它们要包投资、包工期、包新增生产能力、包产量、包效益。

(3) 实行工程招标投标制，发挥市场竞争机制的作用。设计、施工等单位开始逐步走上自主经营、自创信誉、自负盈亏的责、权、利挂钩的道路。它们通过市场竞争用工程招标方式承揽设计、施工、材料供应业务。对不涉及特定地区和不受资源限制的工程项目，投资者可通过招标选择建设地点；设计、施工单位和材料设备供应单位都要通过招标择优选定。所有这些打破了部门和地区的界限。

这些改革措施的出台，破除了一些旧的制度和体制，出现了新的机制，使得工程建设领域呈现出一个崭新局面。但是，也正是由于传统的计划经济体系被打破，新的经济体系还没有建立，也相应地出现了一系列的问题和矛盾。

2. 改革深化需要解决的矛盾

(1) 工程项目建设宏观监督管理亟待加强。由于投资渠道的多元化，地方和企业的自主权的增多，违反工程项目建设程序，不遵守城市规划，不按环境保护法办事，乱用、乱占土地等违法行为多了起来，并且盲目建设、重复建设和投资膨胀的现象日渐严重。

所有这些都说明，在搞活经济的同时必须建立和加强相应的宏观调控体系，需要对工程建设行为实施强有力的规范。同时，需要建立约束协调机制，以发挥激励机制和竞争机制的有益作用。在工程建设领域加强宏观调控，建立约束协调机制势在必行。

(2) 迫切需要解决投资主体对技术服务的社会需求问题。改革促使投资者的责任、权力和利益相结合，开始形成投资主体自我约束机制。但是，在设法调动投资者或投资使用者在实现投资目的的过程中承担风险的积极性的同时，还必须协助他们具备识别及防范风险的能力。如何才能使他们具有识别及防范风险的能力呢？这就需要形成一种社会化、专业化的支持力量。这种社会性支持力量应当是一支专业化的技术服务队伍，应当形成专门的行业。这就是建设工程监理行业。

(3) 建立有效的协调约束机制。工程招标投标制的出现，将工程项目建设活动推向了市场。市场竞争机制作用的发挥无疑给投资者带来一定好处。但是，由于市场经济必然造成合同双方重视各自的商务利益，因此合同各方能否严格履行合同以及能否有效解决合同争议就成了工程项目建设能否顺利进行的关键所在。所以，十分有必要在工程项目建设中建立一种第三方机构。由第三方机构去进行必要的协调和约束，使项目能够有条不紊地进行。

（三）对外开放需要建设工程监理

发展我国经济不能再走封闭锁国的老路。吸收国外投资、汲取国际上先进管理经验，在经济领域参照国际惯例做好我们的工作已经成为我国一项基本政策。在开放政策的指引下，国外的投资者纷纷进入我国大陆投资，外资、中外合资和国外贷款、赠款、捐款建设的工程项目逐步多了起来。特别是我国重新加入世界银行和其他国际金融组织以来，国际金融机构的贷款项目逐步增多。这些国外的投资和贷款者一般都要求在工程建设中实施建设监理。如果我国不实施建设监理制，使我国的工程承包公司积累监理条件下的工程建设经验并在建设监理制的熏陶下提高建设水平，那么我们将很难参与国际工程承包市场的竞争，即使进入国际建筑市场也不会有多大作为。

建设监理制是工程建设领域中一项国际惯例。市场经济的共性之一是在国际交往中遵守国际通行的规则和惯例。我国实施建设监理制正是在建设领域实现与国际惯例接轨的一项重大举措。

第三节　建设监理有关法律法规

一、建设工程监理法律法规体系

建设工程法律法规体系是指根据《中华人民共和国立法法》的规定，制定和公布施行的有关建设工程的各项法律、行政法规、地方性法规、自治条例、单行条例、部门规章和地方政府规章的总称。

（一）建设工程法律法规规章的制定机关和法律效力

建设工程法律是指由全国人民代表大会及其常务委员会通过的规范工程建设活动的法律规范，由国家主席签署主席令予以公布，如《中华人民共和国建筑法》、《中华人民共和国招标投标法》、《中华人民共和国合同法》、《中华人民共和国政府采购法》、《中华人民共和国城市规划法》等。

建设工程行政法规是指由国务院根据宪法和法律制定的规范工程建设活动的各项法规，由总理签署国务院令予以公布，如《建设工程质量管理条例》、《建设工程勘察设计管理条例》等。

建设工程部门规章是指建设部按照国务院规定的职权范围，独立或同国务院有关部联合，根据法律和国务院的行政法规、决定、命令，制定的规范工程建设活动的各项规章，属于建设部制定的，由部长签署建设部令予以公布，如《工程监理企业资质管理规定》等。

上述法律法规规章的效力是：法律的效力高于行政法规，行政法规的效力高于部门规章。

（二）与建设工程监理有关的建设工程法律法规规章

1. 法律

（1）中华人民共和国建筑法；

（2）中华人民共和国合同法；

（3）中华人民共和国招标投标法；

（4）中华人民共和国土地管理法；

(5) 中华人民共和国城市规划法;
(6) 中华人民共和国城市房地产管理法;
(7) 中华人民共和国环境保护法;
(8) 中华人民共和国环境影响评价法;
(9) 中华人民共和国土地管理法实施条例。

2. 行政法规

(1) 建设工程质量管理条例;
(2) 建设工程勘察设计管理条例;
(3) 建设工程安全生产管理条例。

3. 部门规章

(1) 工程监理企业资质管理规定;
(2) 监理工程师资格考试和注册试行办法;
(3) 建设工程监理范围和规模标准规定;
(4) 建筑工程设计招标投标管理办法;
(5) 房屋建筑和市政基础设施工程施工招标投标管理;
(6) 评标委员会和评标方法暂行规定;
(7) 建筑工程施工发包与承包计价管理办法;
(8) 建筑工程施工许可管理办法;
(9) 实施工程建设强制性标准监督规定;
(10) 房屋建筑工程质量保修办法;
(11) 房屋建筑工程和市政基础设施工程竣工验收备案管理暂行办法;
(12) 建设工程施工现场管理规定;
(13) 建筑安全生产监督管理规定;
(14) 工程建设重大事故报告和调查程序规定;
(15) 城市建设档案管理规定。

监理工程师应当了解和熟悉我国建设工程法律法规规章体系,并熟悉和掌握其中与监理工作关系比较密切的法律法规规章,以便依法进行监理和规范自己的工程监理行为。

二、《建筑法》

《建筑法》是调整建筑活动的法律规范。建筑活动是指各类房屋及其附属设施的建造和与其配套的线路、管道、设备的安装活动。《建筑法》全文分八章共计 85 条,是以建筑工程质量与安全为重点形成的。

(一) 建筑立法的目的

1. 加强对建筑活动的监督管理

建筑活动是一个由多方主体参加的活动。没有统一的建筑活动行为规范和基本的活动程序,没有对建筑活动各方主体的管理和监督,建筑活动就是无序的。为了保障建筑活动正常、有序地进行,就必须加强对建筑活动的监督管理。

2. 维护建筑市场秩序

建筑市场作为社会主义市场经济的组成部分,需要建立与社会主义市场经济相适应的新的市场管理体制。但是,在管理体制转轨过程中,建筑市场上旧的经济秩序打破后,新的经济秩序尚未完全建立起来，以致造成某些混乱现象。制定《建筑法》就要从根本上解决建筑市场混乱状况，确立与社会主义市场经济相适应的建筑市场管理体制，以维护建筑市场的秩序。

3. 保证建筑工程的质量与安全

建筑工程质量与安全，是建筑活动永恒的主题，无论是过去、现在还是将来，只要有建筑活动的存在，就有建筑工程的安全问题。

《建筑法》以建筑工程质量与安全为主线，作出了一些重要规定：

（1）要求建筑活动应当确保建筑工程质量和安全，符合国家的建筑工程安全准则；

（2）建筑工程的质量与安全应当贯彻建筑活动的全过程，进行全过程的监督管理；

（3）建筑活动的各个阶段、各个环节，都要保证质量和安全；

（4）明确建筑活动各有关方面在保证建筑工程质量与安全中的责任。

4. 促进建筑业健康发展

建筑业是国民经济的重要物质生产部门，是国家重要支柱产业之一。建筑活动的管理水平、效果、效益，直接影响到我国固定资产投资的效果和效益，从而影响到国民经济的健康发展。为了保证建筑业在经济和社会发展中的地位和作用，同时也是为了解决建筑业发展中存在的问题，迫切需要制定《建筑法》，以促进建筑业健康发展。

（二）建筑工程许可制度

1. 建筑工程许可的法律规定

《建筑法》第 7 条规定："建筑工程开工前，建设单位应当按照国家有关规定向工程所在地县级以上人民政府建设行政主管部门申请领取施工许可证；但是，国务院建设行政主管部门确定的限额以下的小型工程除外"。

2. 申请建筑工程许可的条件及法律后果

（1）申请建筑工程许可证的条件。

《建筑法》第 8 条规定申请领取施工许可证应具备下列条件：

1）已经办理该建筑工程用地批准手续；

2）在城市规划区的建筑工程，已经取得规划许可证；

3）需要拆迁的，其拆迁进度符合施工要求；

4）已经确定建筑施工企业；

5）有满足施工需要的施工图纸及技术资料；

6）有保证工程质量和安全的具体措施；

7）建设资金已经落实；

8）法律、行政法规规定的其他条件。

（2）领取建设工程许可证的法律后果。

1）建设单位应当自领取施工许可证之日起 3 个月内开工。因故不能按期开工的应向发证机关申请延期；延期以两次为限，每次不超过 3 个月。既不开工又不申请延期或者超过延期时限的，施工许可证自行废止。

2）在建的建筑工程因故终止施工的，建设单位应当自终止施工之日起 1 个月内，向发证机关报告，并按照规定做好建筑工程的维护管理工作。

建筑工程恢复施工时，应当向发证机关报告；终止施工满 1 年的工程恢复施工前，建设单位应当报发证机关核验施工许可证。

3）按照国务院有关规定批准开工报告的建筑工程，因故不能按期开工或者终止施工的，应当及时向批准机关报告情况，因故不能按期开工超过6个月的，应当重新办理开工报告的批准手续。

（三）建筑工程从业者资格

1. 国家对建筑工程从业者实行资格管理

从事建筑工程活动的企业或单位，应当向工商行政管理部门申请设立登记，并由建设行政主管部门审查，颁发资格证书。从事建筑工程活动的人员，要通过国家任职资格考试、考核，由建设行政主管部门注册并颁发资格证书。

2. 国家规范的建设工程从业者

（1）建筑工程从业的经济组织。建筑工程从业的经济组织包括：建设工程总承包企业，建设工程勘察、设计单位，建设工程施工企业，建设工程监理企业，法律、法规规定的其他企业或单位。以上组织应具备下列条件：

1）有符合国家规定的注册资本；

2）有与其从事的建筑活动相适应的具有法定职业资格的专业技术人员；

3）有从事相关建筑活动所拥有的技术装备；

4）法律、行政法规规定的其他条件。

（2）建筑工程的从业人员。建筑工程的从业人员包括：建筑师，营造师，结构工程师，监理工程师，工程计价师，法律、法规规定的其他人员。

（3）建设工程从业者资格证件的管理。建设工程从业者的资格证件，严禁出卖、转让、出借、涂改、伪造。违反上述规定的，将视具体情节，追究法律责任。建设工程从业者资格的具体管理办法，由国务院及建设行政主管部门另行规定。

（四）建设工程发包与承包

1. 建筑工程发包

（1）建筑工程发包方式。

《建筑法》第19条规定："建筑工程依法实行招标发包，对不适于招标发包的可以直接发包"。建筑工程的发包方式可采用招标发包和直接发包的方式进行。依据有关法规，事业单位投资的新建、改建、扩建和技术改造工程项目的施工，除某些不适宜招标的特殊工程外均实行招投标。目前，国内采用的招投标方式主要是公开招标、邀请招标两种形式。

（2）建筑工程公开招标的秩序。

《建筑法》第20条规定："建筑工程实行公开招标的，发包单位应当依照法定程序和方式，发布招标公告，提供载有招标工程的主要技术要求、主要的合同条款、评标的标准和方法以及开标、评标、定标的程序等内容的招标文件"。"开标应当在招标文件规定的时间、地点公开进行。开标后应当按照招标文件规定的评标标准和程序对标书进行评价、比较，在具备相应资质条件的投标者中，择优选定中标者"。

《建筑法》第21条规定："建筑工程招标的开标、评标、定标由建设单位依法组织实施，并接受有关行政主管部门的监督"。

（3）发包单位发包行为的规范。

《建筑法》17条规定："发包单位及其工作人员在建筑工程发包中不得收受贿赂、回扣或者索取其他好处”。

《建筑法》第 22 条规定：“建筑工程实行招标发包的，发包单位应当将建筑工程发包给具有相应资质条件的承包单位”。

《建筑法》第 25 条规定：“按照合同约定，建筑材料、建筑构配件和设备由工程承包单位采购的，发包单位不得指定承包单位购入用于工程的建筑材料、建筑构配件和设备或者指定生产厂、供应商”。

（4）发包活动中政府及其所属部门权力的限制。

《建筑法》第 23 条规定：“政府及其所属部门不得滥用行政权力，限定发包单位将招标发包的建筑工程发包给指定的承包单位”。

（5）禁止肢解发包。

《建筑法》第 24 条规定：“提倡对建筑工程实行总承包，禁止将建筑工程肢解发包”。“建筑工程的发包单位可以将建筑工程的勘察、设计、施工、设备采购的一项或者多项发包给一个工程总承包单位，也可以将建筑工程勘察、设计、施工、设备采购的一项或者多项发包给一个工程总承包单位；但是，不得将应当由一个承包单位完成的建筑工程肢解成若干部分发包给几个承包单位”。

2. 建筑工程承包

（1）承包单位的资质管理。

《建筑法》第 26 条规定：“承包建筑工程的单位应当持有依法取得的资质证书，并在其资质等级许可的业务范围内承揽工程”。“禁止建筑施工企业超越本企业资质等级许可的业务范围或者以任何形式用其他建筑施工企业的名义承揽工程。禁止建筑施工企业以任何形式允许其他单位或者个人使用本企业的资质证书、营业执照，以本企业的名义承揽工程”。

（2）联合承包。

《建筑法》第 27 条规定：“大型建筑工程或者结构复杂的建筑工程，可以由两个以上的承包单位联合共同承包。共同承包的各方对承包合同的履行承担连带责任”。“两个以上不同资质等级的单位实行联合共同承包的，应当按照资质等级低的单位的业务许可范围承揽工程”。

（3）禁止建筑工程转包。

《建筑法》第 28 条规定：“禁止承包单位将其承包的全部建筑工程转包给他人，禁止承包单位将其承包的全部工程肢解以后以分包的名义分别转包给他人”。

（4）建筑工程分包。

《建筑法》第 29 条规定：“建筑工程总承包单位可以将承包工程中的部分工程发包给具有相应资质条件的分包单位；但是除总承包合同中约定的分包外，必须经建设单位认可。施工总承包的建筑工程主体结构的施工必须由总承包单位自行完成”。“建筑工程总承包单位按照总承包合同的约定对建设单位负责；分包单位按照分包合同的约定对总承包单位负责。总承包单位和分包单位就分包工程对建设单位承担连带责任”。“禁止总承包单位将工程分包给不具备相应资质条件的单位。禁止分包单位将其承包的工程再分包”。

（五）建筑工程监理制度

1. 建筑工程监理强行推行制度

《建筑法》第 30 条第一款规定：“国家推行建筑工程监理制度”。

2. 建筑工程监理的范围

建筑工程监理是一种特殊的中介服务活动，对建筑工程实行强制性监理，对控制建筑工程的投资、保证建设工期、确保建筑工程质量以及开拓国际建筑市场等都具有非常重要的意义。因此，《建筑法》第30条第2款规定："国务院可以规定实行强制监理的建筑工程的范围"。建设部于2001年1月17日发布第86号令对建设工程监理范围和规模标准作出了明确的规定。

3. 工程监理人员的权力与义务

(1) 工程施工不符合工程设计要求、施工技术标准和合同约定的质量要求的，有权要求建筑施工企业改正；

(2) 工程设计不符合建筑工程质量标准或合同约定的质量要求的，应当报告建设单位，要求设计单位改正。

4. 建筑工程监理合同

(1) 监理合同的概念。监理合同是监理企业与建设单位之间为完成特定的建筑工程监理任务，明确相互权利义务关系的协议。

(2) 监理合同示范文本的构成。建设部、国家工商行政管理局于2000年2月27日联合发布了新的《建设工程委托监理合同（示范文本）》(GF-2000-0202)。该示范文本由建设工程委托监理合同、标准条件和专用条件三个部分组成。标准条件与专用条件是监理合同的必备条款；专用条件是对标准条件中的某些条款进行补充、修正，使两个条件中相同序号的条款共同组成一条内容完备的条款。

5. 监理企业的责任

(1) 工程监理企业不按照委托监理合同的约定履行监理义务，对应当监督检查的项目不检查或不按规定检查，给建设单位造成损失的，应当承担相应的赔偿责任；

(2) 工程监理企业与承包单位串通，为承包单位谋取非法利益，给建设单位造成损失的，应与承包单位承担连带赔偿责任。

(六) 建筑工程质量与安全生产制度

1. 建筑工程质量的概念

建筑工程质量是指在国家现行的有关法律、法规、技术标准、设计文件和合同对工程的安全、使用、经济、美观等特性的综合要求。

2. 《建筑法》关于建设工程质量的条款

《建筑法》第52条规定："建筑工程勘察、设计、施工的质量必须符合国家有关建筑工程安全标准的要求，具体管理办法由国务院规定。有关建筑工程安全的国家标准不能适应确保建筑安全要求时，应当及时修订"。第53条规定："国家对从事建筑活动的单位推行质量体系认证制度。从事建筑活动的单位根据自愿原则可以向国务院产品质量监督管理部门或者国务院产品质量监督管理部门授权的部门认可的认证机构申请质量体系认证。经认证合格的，由认证机构颁发质量体系认证证书"。第54条规定："建设单位不得以任何理由或者建筑施工企业在工程设计或者施工作业中，违反法律、行政法规和建筑工程质量、安全标准，降低工程质量。建筑设计单位和建筑施工企业对建设单位违反前款规定提出的降低工程质量的要求，应当予以拒绝"。

3. 建筑工程质量管理的依据

(1) 建筑工程勘察、设计、施工质量必须符合有关建筑工程安全标准的规定；

（2）国家对从事建筑活动的单位推行质量体系认证制度的规定；

（3）建设单位不得以任何理由要求设计单位和施工企业降低工程质量的规定；

（4）关于总承包单位和分包单位工程质量责任的规定；

（5）关于勘察、设计单位工程质量责任的规定；

（6）设计单位对设计文件选用的建筑材料、构配件和设备不得指定生产厂、供应商的规定；

（7）施工企业质量责任；

（8）施工企业对进场材料、构配件和设备进行检验的规定；

（9）关于建筑物合理使用寿命内和工程竣工时的工程质量要求；

（10）关于工程竣工验收的规定；

（11）建筑工程实行质量保修制度的规定；

（12）关于工程质量实行群众监督的规定。

4.《建筑法》对下列行为规定了法律责任

（1）未经法定许可，擅自施工的。

（2）将工程发包给不具备相应资质的单位或者将工程肢解发包的；无资质证书或者超越资质等级承揽工程的；以欺骗手段取得资质证书的。

（3）转让、出借资质证书或者以其他方式允许他人以本企业名义承揽工程的。

（4）将工程转包，或者违反法律规定进行分包的。

（5）在工程发包与承包中索贿、受贿、行贿的。

（6）工程监理企业与建设单位或者建筑施工企业串通，转让监理业务的；弄虚作假、降低工程质量的。

（7）涉及建筑主体或者承重结构变动的装修工程，违反法律规定，擅自施工的。

（8）建筑施工企业违反法律规定，对建筑安全事故隐患不采取措施予以消除的；管理人员违章指挥，强令职工冒险作业，因而造成严重后果的。

（9）建设单位要求设计单位或者施工企业违反工程质量、安全标准，降低工程质量的。

（10）设计单位不按工程质量、安全标准进行设计的。

（11）建筑施工企业在施工中偷工减料，使用不合格材料、构配件和设备的；其他不按照工程设计图纸或者施工技术标准进行施工的。

（12）建筑施工企业不履行保修义务或者拖延履行保修义务的。

（13）违反法律规定，对不具备相应资质等级条件的单位颁发该等级资质证书的。

（14）政府及其所属部门的工作人员违反规定，限定发包单位将招标发包的工程发包给指定的承包单位的。

（15）有关部门及其工作人员对不符合施工条件的建筑工程颁发施工许可证的，对不合格的建筑工程出具质量合格文件或按合格工程验收的。

5. 关于建筑安全生产管理

内容包括：建筑安全生产管理的方针和制度；建筑工程设计应当保证工程的安全性能；建筑施工企业安全生产方面的规定；建筑施工企业在施工现场应采取的安全防护措施；建设单位和建筑施工企业关于施工现场地下管线保护的义务；建筑施工企业在施工现场应采取保护环境措施的规定；建设单位应办理施工现场特殊作业申请批准手续的规定；建筑安全生产

行业管理和国家监察的规定；建筑施工企业安全生产管理和安全生产责任制的规定；施工现场安全由建筑施工企业负责的规定；劳动安全生产培训的规定；建筑施工企业和作业人员有关安全生产的义务以及作业人员安全生产方面的权利；建筑施工企业为有关职工办理意外伤害保险的规定；涉及建筑主体和承重结构变动的装修工程设计、施工的规定；房屋拆除的规定；施工中发生事故应采取紧急措施和报告制度的规定。

三、《建设工程质量管理条例》

《建设工程质量管理条例》（简称《质量管理条例》）以建设工程质量责任主体为基线，规定了建设单位、勘察单位、设计单位、施工单位和工程监理企业的质量责任和义务，明确了工程质量保修制度、工程质量监督制度等内容，并对各种违法违规行为的处罚做了原则规定。

（一）总则

总则包括制定条例的目的和依据、条例所调整的对象和适用范围、建设工程质量责任主体、建设工程质量监督管理主体、关于遵守建设程序的规定等。

（1）制定条例的目的和依据。为了加强对建设工程质量的管理，保证建设工程质量，保护人民生命和财产安全，根据《建筑法》，制定本条例。

（2）调整对象和适用范围。凡在中华人民共和国境内从事建设工程的新建、扩建、改建等有关活动及实施对建设工程质量监督管理的，必须遵守本条例。

（3）建设工程质量责任主体。建设单位、勘察单位、设计单位、施工单位、工程监理企业依法对建设工程质量负责。

（4）建设工程质量监督管理主体。县级以上人民政府建设行政主管部门和其他有关部门应当加强对建设工程质量的监督管理。

（5）必须严格遵守建设程序。从事建设工程活动，必须严格执行基本建设程序，坚持先勘察、后设计、再施工的原则。县级以上人民政府及其有关部门不得超越权限审批建设项目或擅自简化基本建设程序。

（二）建设单位的质量责任和义务

《质量管理条例》对建设单位的质量责任和义务进行了多方面的规定，包括工程发包方面的规定；依法进行工程招标的规定；向其他建设工程质量责任主体提供与建设工程有关的原始资料和对资料要求的规定；工程发包过程中的行为限制；施工图设计文件审查制度的规定；委托监理以及必须实行监理的建设工程范围的规定；办理工程质量监督手续的规定；建设单位采购建筑材料、建筑构配件和设备的要求，以及建设单位对施工单位使用建筑材料、建筑构配件和设备方面的约束性规定；涉及建筑主体和承重结构变动的装修工程的有关规定；竣工验收程序、条件和使用方面的规定；建设项目档案管理的规定。

《质量管理条例》的第 12 条，对委托监理做了重要规定：

（1）实行监理的建设工程，建设单位应当委托具有相应资质等级的工程监理企业进行监理，也可以委托具有工程监理相应资质等级并与被监理工程的施工承包单位没有隶属关系或者其他利害关系的该工程的设计单位进行监理。

（2）必须实行监理的建设工程有国家重点建设工程，大中型公用事业工程，成片开发建设的住宅小区工程，利用外国政府或者国际组织贷款、援助资金的工程，国家规定必须实行监理的其他工程。

（三）勘察、设计单位的质量责任和义务

内容包括：从事建设工程的勘察、设计单位市场准入的条件和行为要求；勘察、设计单位以及注册执业人员质量责任的规定；勘察成果质量基本要求；关于设计单位应当根据勘察成果进行工程设计和设计文件应当达到规定深度并注明合理使用年限的规定；设计文件中应注明材料、构配件和设备的规格、型号、性能等技术指标，质量必须符合国家规定的标准；除特殊要求外，设计单位不得指定生产厂和供应商；关于设计单位应就施工图设计文件向施工单位进行详细说明的规定；设计单位对工程质量事故处理方面的义务。

（四）施工单位的质量责任和义务

内容包括：施工单位市场准入条件和行为的规定；关于施工单位对建设工程施工质量负责和建立质量责任制，以及实行总承包的工程质量责任的规定；关于总承包单位和分包单位工程质量责任承担的规定；有关施工依据和行为限制方面的规定，以及对设计文件和图纸方面的义务；关于施工单位使用材料、构配件和设备前必须进行检验的规定；关于施工质量检验制度和隐蔽工程检查的规定；有关试块、试件取样和检测的规定；工程返修的规定；关于建立、健全教育培训制度的规定等。

（五）工程监理企业的质量责任和义务

(1) 市场准入和市场行为规定。工程监理企业应当依法取得相应等级的资质证书，在其资质等级许可的范围内承担工程监理业务。

禁止工程监理企业超越本单位资质等级许可的范围或者以其他工程监理企业的名义承担工程监理业务。禁止工程监理企业允许其他单位或者个人以本单位的名义承担工程监理业务。工程监理企业不得转让工程监理业务。

(2) 工程监理企业与被监理企业关系的限制性规定。工程监理企业与被监理工程的施工承包单位以及建筑材料、建筑构配件和设备供应单位有隶属关系或者其他利害关系的，不得承担该项建设工程的监理业务。

(3) 工程监理企业对施工质量监理的依据和监理责任。工程监理企业应当依照法律、法规以及有关技术标准、设计文件和建设工程承包合同，代表建设单位对施工质量实施监理，并对施工质量承担监理责任。

(4) 监理人员资格要求及权力方面的规定。工程监理企业应当选派具备相应资格的总监理工程师和（专业）监理工程师进驻施工现场。

未经监理工程师签字，建筑材料、建筑构配件和设备不得在工程上使用或安装，施工单位不得进行下一道工序的施工。未经总监理工程师签字，建设单位不拨付工程款，不进行竣工验收。

(5) 监理方式的规定。监理工程师应当按照工程监理规范的要求，采用旁站、巡视和平行检验等形式，对建设工程实施监理。

（六）建设工程质量保修

(1) 质量保修书出具时间和内容的规定。建设工程承包单位在向建设单位提交工程竣工验收报告时，应当向建设单位出具质量保修书。质量保修书中应当明确建设工程的保修范围、保修期限和保修责任等。

建设工程最低保修期限的规定如下：

1) 基础设施工程、房屋建筑的地基基础工程和主体结构工程，为设计文件规定的该工程的合理使用年限；

2）屋面防水工程，有防水要求的卫生间、房间和外墙面的防渗漏，为5年；

3）供热与供冷系统，为2个采暖期、供冷期；

4）电气管线、给排水管道、设备安装和装修工程，为2年；

其他项目的保修期限由发包方与承包方约定。

建设工程的保修期，自竣工验收合格之日起计算。

(2) 施工单位保修义务和责任的规定。建设工程在保修范围和保修期限内发生质量问题的，施工单位应当履行保修义务，并对造成的损失承担赔偿责任。

(3) 超过合理使用年限的建设工程继续使用的规定。建设工程在超过合理使用年限后需要继续使用的，产权所有人应当委托具有相应资质等级的勘察、设计单位鉴定，并根据鉴定结果采取加固、维修等措施，重新界定使用期。

（七）监督管理

(1) 关于国家实行建设工程质量监督管理制度的规定；

(2) 建设工程质量监督管理部门应当加强对有关建设工程质量的法律、法规和强制性标准执行情况的监督检查；

(3) 关于国务院发展计划部门对国家出资的重大建设项目实施监督检查的规定，以及国务院经济贸易主管部门对国家重大技术改造项目实施监督检查的规定；

(4) 关于建设工程质量监督管理可以委托建设工程质量监督机构具体实施的规定；

(5) 县级以上地方人民政府建设行政主管部门和其他有关部门应当加强对有关建设工程质量的法律、法规和强制性标准执行情况的监督检查；

(6) 县级以上人民政府建设行政主管部门及其他有关部门进行监督检查时有权采取的措施；

(7) 关于建设工程竣工验收备案制度的规定；

(8) 关于有关单位和个人应当支持和配合建设工程监督管理主体对建设工程质量进行监督检查的规定；

(9) 对供水、供电、供气、公安消防等部门或单位不得滥用权力的规定；

(10) 关于工程质量事故报告制度的规定；

(11) 关于建设工程质量实行社会监督的规定。

（八）罚则

对违反《建设工程质量管理条例》的行为将追究法律责任。其中涉及建设单位、勘察单位、设计单位、施工单位和工程监理企业的有：

(1) 建设单位。将建设工程发包给不具有相应资质等级的勘察、设计、施工单位或委托给不具有相应资质等级的工程监理企业的；将建设工程肢解发包的；不履行或不正当履行有关职责的；未经批准擅自开工的；建设工程竣工后，未向建设行政主管部门或有关部门移交建设项目档案的。

(2) 勘察、设计、施工单位。超越本单位资质等级承揽工程的；允许其他单位或者个人以本单位名义承揽工程的；将承包的工程转包或者违法分包的；勘察单位未按工程建设强制性标准进行勘察的；设计单位未根据勘察成果或者未按照工程建设强制性标准进行工程设计的，以及指定建筑材料、建筑构配件的生产厂、供应商的；施工单位在施工中偷工减料的，使用不合格材料、构配件和设备的，或者有不按照设计图纸或者施工技术标准施工的其他行为的；施工单位未对建筑材料、建筑构配件、设备、商品、混凝土进行检验，或者未对涉及结构安全的试块、试件以及有关材料取样检测的；施工单位不履行或拖延履行保修义务的。

（3）工程监理企业。超越资质等级承担监理业务的；转让监理业务的；与建设单位或施工单位串通，弄虚作假、降低工程质量的；将不合格的建设工程、建筑材料、建筑构配件和设备按照合格签字的；工程监理企业与被监理工程的施工承包单位以及建筑材料、建筑构配件和设备供应单位有隶属关系或者其他利害关系承担该项建设工程的监理业务的。

四、《建设工程安全生产管理条例》

《建设工程安全生产管理条例》国务院第 393 号令，2004 年 2 月 1 日执行（简称《条例》）以建设单位、勘察单位、设计单位、施工单位、工程监理单位及其他与建设工程安全生产有关的单位为主体，规定了各主体在安全生产中的安全管理责任与义务，并对监督管理、生产安全事故的应急救援和调查处理、法律责任等做了相应的规定。

（一）总则

总则包括制订条例的目的和依据，条例所调整的对象和适用范围，建设工程安全管理责任主体等内容。

（1）立法目的。加强建设工程安全生产监督管理，保障人民群众生命和财产安全。

（2）调整对象。在中华人民共和国境内从事建设工程的新建、扩建、改建和拆除等有关活动及实施对建设工程安全生产的监督管理。

（3）安全方针。坚持安全第一、预防为主的方针。

（4）责任主体。建设单位、勘察单位、设计单位、施工单位、工程监理单位及其他与建设工程安全生产有关的单位。

（5）国家政策。国家鼓励建设工程安全生产的科学技术研究和先进技术的推广应用，推进建设工程安全生产的科学管理。

（二）建设单位的安全责任

《条例》主要规定了建设单位向施工单位提供施工现场及毗邻区域内等有关地下管线资料并保证资料的真实、准确、完整；不得对勘察、设计、施工、工程监理等单位提出不符合建设工程安全生产法律、法规和强制性标准规定的要求，不得压缩合同约定的工期；在编制工程概算时，应当确定有关安全施工所需费用；应当将拆除工程发包给具有相应资质等级的施工单位等安全责任。

（三）勘察、设计、工程监理及其他有关单位的安全责任

（1）《条例》规定了勘察单位应当按照法律、法规和工程建设强制性标准进行勘察，采取措施保证各类管线、设施和周边建筑物、构筑物的安全等内容。

（2）《条例》规定了设计单位应当按照法律、法规和工程建设强制性标准进行设计，防止因设计不合理导致生产安全事故的发生；应当考虑施工安全操作和防护的需要，并对防范生产安全事故提出指导意见；采用新结构、新材料、新工艺的建设工程和特殊结构的建设工程，设计单位应当在设计中提出保障施工作业人员安全和预防生产安全事故的措施建议等内容。

（3）《条例》规定了工程监理单位应当审查施工组织设计中的安全技术措施，或专项施工方案是否符合工程建设强制性标准。

工程监理单位在实施监理过程中，发现存在安全事故隐患的，应当要求施工单位整改；情况严重的，应当要求施工单位暂停施工，并及时报告建设单位。施工单位拒不整改或者不停止施工的，工程监理单位应当及时向有关主管部门报告。

工程监理单位和监理工程师应当按照法律、法规和工程建设强制性标准实施监理，并对建设工程安全生产承担监理责任。

(4)《条例》还对为建设工程提供机械设备和配件的单位，应当按照安全施工的要求配备齐全有效的保险、限位等安全设施和装置；出租的机械设备和施工机具及配件的出租单位应当对出租的机械设备和施工机具及配件的安全性能进行检测；检验检测机构对检测合格的施工起重机械和整体提升脚手架、模板等自升式架设设施，应当出具安全合格证明文件，并对检测结果负责等内容做了规定。

(四) 施工单位的安全责任

主要规定了施工单位应当在其资质等级许可的范围内承揽工程；施工单位主要负责人依法对本单位的安全生产工作全面负责；施工单位对列入建设工程概算的安全作业环境及安全施工措施所需费用，不得挪作他用；施工单位应当设立安全生产管理机构，配备专职安全生产管理人员；建设工程实行施工总承包的，由总承包单位对施工现场的安全生产负总责。

规定施工单位应当在施工组织设计中编制安全技术措施和施工现场临时用电方案，对下列达到一定规模的危险性较大的分部分项工程编制专项施工方案，并附具安全验算结果，经施工单位技术负责人、总监理工程师签字后实施，由专职安全生产管理人员进行现场监督。

(1) 基坑支护与降水工程；

(2) 土方开挖工程；

(3) 模板工程；

(4) 起重吊装工程；

(5) 脚手架工程；

(6) 拆除、爆破工程；

(7) 国务院建设行政主管部门或其他有关部门规定的其他危险性较大的工程。

《条例》还规定了施工单位技术人员应当对有关安全施工的技术要求向施工作业班组、作业人员做出详细说明；施工单位安全警示标志设置；施工现场办公、生活区与作业区设置；施工单位对毗邻建筑物、构筑物和地下管线防护，遵守有关环境保护法律、法规的规定；现场建立消防安全责任制度；遵守安全施工的强制性标准、规章制度和操作规程；使用施工起重机械和整体提升脚手架、模板等自升式架设设施前，应当组织有关单位进行验收；安全生产教育培训；为施工现场从事危险作业的人员办理意外伤害保险等内容。

(五) 监督管理

《条例》规定国务院负责安全生产监督管理的部门，对全国建设工程安全生产工作实施综合监督管理；县级以上地方人民政府负责安全生产监督管理的部门，对本行政区域内建设工程安全生产工作实施综合监督管理；国务院建设行政主管部门，对全国的建设工程安全生产实施监督管理；国务院铁路、交通、水利等有关部门，按照国务院规定的职责分工，负责有关专业建设工程安全生产的监督管理；县级以上地方人民政府建设行政主管部门，对本行政区域内的建设工程安全生产实施监督管理；县级以上地方人民政府交通、水利等有关部门，在各自的职责范围内，负责本行政区域内的专业建设工程安全生产的监督管理。

（六）生产安全事故的应急救援和调查处理

《条例》对县级以上地方人民政府建设行政主管部门和施工单位制订建设工程（特大）生产安全事故应急救援预案；生产安全事故的应急救援、生产安全事故调查处理程序和要求等做了规定。

（七）法律责任

对违反《建设工程安全生产管理条例》应负的法律责任做了规定。

工程监理单位未对施工组织设计中的安全技术措施或者专项施工方案进行审查的；发现安全事故隐患未及时要求施工单位整改或者暂时停止施工的；施工单位拒不整改或者不停止施工，未及时向有关主管部门报告的；未依照法律、法规和工程建设强制性标准实施监理的将受到责令限期改正。逾期未改正的，责令停业整顿，并处 10 万元以上 30 万元以下的罚款；情节严重的，降低资质等级，直至吊销资质证书；造成重大安全事故，构成犯罪的，对直接责任人员，依照刑法有关规定追究刑事责任；造成损失的，依法承担赔偿责任等处罚。

注册执业人员未执行法律、法规和工程建设强制性标准的，责令停止执业 3 个月以上 1 年以下；情节严重的，吊销执业资格证书，5 年内不予注册；造成重大安全事故的，终身不予注册；构成犯罪的，依照刑法有关规定追究刑事责任。

第四节 建设工程监理规范及相关规定

一、《建设工程监理规范》（GB 50319—2000）

（一）总则

（1）制定目的：为了提高建设工程监理水平，规范建设工程监理行为。

（2）适用范围：适用于新建、扩建、改建建设工程施工、设备采购和监造的监理工作。

（3）关于监理企业开展建设工程监理必须签订书面建设工程委托监理合同的规定。

（4）建设工程监理应实行总监理工程师负责制的规定。

（5）监理企业应公正、独立、自主地开展监理工作，维护建设单位和承包单位的合法权益。

（6）建设工程监理应符合建设工程监理规范和国家其他有关强制性标准、规范的规定。

（二）术语

《建设工程监理规范》对项目监理机构、监理工程师、总监理工程师、总监理工程师代表、专业监理工程师、监理员、监理规划、监理实施细则、工地例会、工程变更、工程计量、见证、旁站、巡视、平行检验、设备监造、费用索赔、临时延期批准、延期批准 19 条建设工程监理常用术语做了解释。

（三）项目监理机构及其设施

该部分内容包括项目监理机构、监理人员职责和监理设施。

1. 项目监理机构

（1）关于项目监理机构建立时间、地点及撤离时间的规定；

（2）决定项目监理机构组织形式、规模的因素；

（3）项目监理机构人员配备以及监理人员资格要求的规定；

（4）项目监理机构的组织形式、人员构成及对总监理工程师的任命应书面通知建设单位，以及监理人员变化的有关规定。

2. 监理人员职责

《建设工程监理规范》规定了总监理工程师、总监理工程师代表、专业监理工程师和监理员的具体职责。

3. 监理设施

(1) 建设单位提供委托监理合同约定的办公、交通、通信等生活设施。项目监理机构应妥善保管和使用，并在完成监理工作后移交建设单位。

(2) 项目监理机构应按委托监理合同的约定，配备满足监理工作需要的常规检测设备和工具。

(3) 在大中型项目的监理工作中，项目监理机构应实施监理工作计算机辅助管理。

(四) 监理规划及监理实施细则（详见本书第四章）

1. 监理规划

规定了监理规划的编制要求、编制程序与依据、主要内容及调整修改等。

2. 监理实施细则

规定了监理实施细则编写要求、编写程序与依据、主要内容等。

(五) 施工阶段的监理工作（详见本书第五章）

(六) 施工合同管理的其他工作（详见本书第六章）

(七) 施工阶段监理资料的管理（详见本书第七章）

(八) 设备采购监理与设备监造（详见本书第八章）

二、施工旁站监理管理办法

为了提高建设工程质量，建设部于2002年7月17日颁布了《房屋建筑工程施工旁站监理管理办法（试行）》。该规范性文件要求在工程施工阶段的监理工作中实行旁站监理，并明确了旁站监理的工作程序、内容及旁站监理人员的职责。

1. 旁站监理的概念

旁站监理是指监理人员在工程施工阶段监理中，对关键部位、关键工序的施工质量实施全过程现场跟班的监督活动。旁站监理是控制工程施工质量的重要手段之一，也是确认工程质量的重要依据。

在实施旁站监理工作中，如何确定工程的关键部位、关键工序，必须结合具体的专业工程而定。就房屋建筑工程而言，其关键部位、关键工序包括两类内容：一是基础工程类，包括土方回填，混凝土灌注桩浇筑，地下连续墙、土钉墙、后浇带及其他结构混凝土、防水混凝土浇筑，卷材防水层细部构造处理，钢结构安装；二是主体结构工程类，包括梁柱节点钢筋隐蔽工程、混凝土浇筑、预应力张拉、装配式结构安装、钢结构安装、网架结构安装、索膜安装。至于其他部位或工序是否需要旁站监理，可由建设单位与监理企业根据工程具体情况协商确定。

2. 旁站监理程序

旁站监理一般按下列程序实施：

(1) 监理企业制定旁站监理方案，明确旁站监理的范围、内容、程序和旁站监理人员职责，并编入监理规划中。旁站监理方案同时送建设单位、施工企业和工程所在地的建设行政主管部门或其委托的工程质量监督机构各一份。

（2）施工企业根据监理企业制定的旁站监理方案，在需要实施旁站监理的关键部位、关键工序进行施工前24小时，书面通知监理企业派驻工地的项目监理机构。

（3）项目监理机构安排旁站监理人员按照旁站监理方案实施旁站监理。

3. 旁站监理人员的工作内容和职责

（1）检查施工企业现场质检人员到岗、特殊工种人员持证上岗以及施工机械、建筑材料准备情况。

（2）在现场跟班监督关键部位、关键工序的施工，执行施工方案以及工程建设强制性标准情况。

（3）核查进场建筑材料、建筑构配件、设备和商品混凝土的质量检验报告等，并可在现场监督施工企业进行检验或者委托具有资格的第三方进行复验。

（4）做好旁站监理记录和监理日记，保存旁站监理原始资料。

如果旁站监理人员或施工企业现场质检人员未在旁站监理记录上签字，则施工企业不能进行下一道工序施工，监理工程师或者总监理工程师也不得在相应文件上签字。旁站监理人员在旁站监理时，如果发现施工企业有违反工程建设强制性标准行为的，有权制止并责令施工企业立即整改；如果发现施工企业的施工活动已经或者可能危及工程质量的，应当及时向监理工程师或者总监理工程师报告，由总监理工程师下达局部暂停施工指令或者采取其他应急措施，制止危害工程质量的行为。

三、施工监理手段

参照国际惯例的施工监理手段，我国的施工监理通常采用以下手段进行施工监理。

（1）旁站监理。监理人员在承建单位施工期间，用全部或大部分时间在施工现场对承建单位的施工活动进行跟踪监理。发现问题便可及时指令承建单位予以纠正，以减少质量缺陷的发生，保证工程的质量和进度。

（2）测量。监理工程师利用测量手段，在工程开工前核查工程的定位放线；在施工过程中控制工程的轴线和高程；在工程完工验收时测量各部位的几何尺寸、高度等。

（3）试验。监理工程师对项目或材料的质量评价，必须通过试验取得数据后进行。不允许采用经验、目测或感觉进行评价。

（4）严格执行监理程序。如未经监理工程师批准开工申请的项目不能开工，这就强化了承建单位做好开工前的各项准备工作；没有监理工程师的付款证书，承建单位就得不到工程款，这就保证了监理工程师的核心地位。

（5）指令性文件。监理工程师应充分利用指令性文件，对任何事项发出书面指示，并监督承建单位严格遵守与执行监理工程师的书面指示。

（6）工地会议。是监理工程师与承建单位讨论施工中的各种问题，必要时，可邀请建设单位或有关人员参加。在会上监理工程师的决定具有书面函件与书面指示的作用。因此，监理工程师可通过工地会议方式发出有关指示。

（7）专家会议。对于复杂的技术问题，监理工程师可召开专家会议，进行研究讨论。根据专家意见和合同天条件，再由监理工程师作出结论。这样可减少监理工程师处理复杂技术问题的片面性。

（8）计算机辅助管理。监理工程师利用计算机，对计量支付、工程质量、工程进度及合同条件进行辅助管理。

(9) 停止支付。监理工程师应充分利用合同赋予的在支付方面的充分权利。承建单位的任何工程行为达不到监理工程师满意的标准的，都应有权拒绝支付承建单位的工程款项，以约束承建单位认真按合同规定的条件完成各项任务。

(10) 会见承建单位。当承建单位无视监理工程师的指示，违反合同条件进行工程活动时，由总监理工程师（或其代表）邀见承建单位的主要负责人，指出承建单位在工程上存在的问题的严重性和可能造成的后果，并提出解决问题的途径。如仍不听劝告，监理工程师可进一步采取制裁措施。

第五节 建设程序和建设工程管理制度

一、建设程序

（一）建设程序的概念

所谓建设程序是指一项建设工程从立项、论证、决策，设计、施工到竣工验收交付使用的整个过程中，各项工作完成应遵循的先后次序。

按照建设工程的内在规律，投资建设一项工程应当经过投资决策、建设实施和交付使用三个发展时期。每个发展时期又可分为若干个阶段，各阶段以及每个阶段内的各项工作之间存在着不能随意颠倒的严格的先后顺序关系。科学的建设程序应当在坚持“先勘察、后设计、再施工”原则的基础上，突出优化决策、竞争择优、委托监理的原则。

从事建设工程活动，必须严格执行建设程序。这是每一位建设工作者的职责，更是工程建设监理人员的重要职责。

按现行规定，我国一般大中型及限额以上项目的建设程序中，将建设活动分成以下几个阶段：提出项目建议书；编制可行性研究报告；根据咨询评估情况对建设项目进行决策；根据批准的可行性研究报告编制设计文件；初步设计批准后，做好施工前各项准备工作；组织施工，并根据施工进度做好生产或动用前准备工作；项目按照批准的设计内容建完，经投料试车验收合格并正式投产交付使用；生产运营一段时间，进行项目后评估。

（二）建设工程各阶段的工作内容

(1) 项目建议书阶段基本内容。拟建项目的必要性和依据，产品方案、建设规模、建设地点初步设想，建设条件初步分析，投资估算和资金筹措设想，项目进度初步安排，效益的估计。

项目建议书根据拟建项目规模报送有关部门审批。项目建议书批准后，项目即可列入项目建设前期工作计划，可以进行下一步的可行性研究工作。

(2) 可行性研究阶段的内容。主要研究项目建设是否必要、技术方案是否可行、生产建设条件是否具备、项目建设是否经济合理等问题。

最终成果是可行性研究报告。可行性研究报告经有关部门审查通过批准后，拟建项目可以正式立项，批准后的可行性研究报告是项目最终的决策文件。

(3) 设计阶段的工作内容。根据可行性研究报告编制并审批建设项目设计任务书和选址报告；进行工程地质和水文地质勘察；进行初步设计及编制工程总概算；进行技术设计及编制工程修正概算；施工图设计及编制工程预算等工作内容。

(4) 施工准备阶段的工作内容。组建项目法人；征地、拆迁和平整场地；做到水通、电通、路通；组织设备、材料订货；建设工程报建；委托工程监理；组织施工招标投标，优选施工单位；办理施工许可证等。

（5）施工阶段的工作内容。组织图纸会审及设计技术交底；了解设计意图；明确质量要求；选择合适的材料供应商；做好人员培训；合理组织施工；建立并落实技术管理、质量管理体系和质量保证体系；严格把好中间质量验收和竣工验收环节；按设计进行施工安装并建成工程实体。

（6）生产准备阶段的工作内容。组建管理机构，制定有关制度和规定；招聘并培训生产管理人员；组织有关人员参加设备安装、调试、工程验收；签订供货及运输协议；进行工具、器具、备品、备件等的制造或订货；其他需要做好的有关工作。

（7）竣工验收阶段的工作内容。建设单位组织勘察、设计、施工、监理等有关单位参加竣工验收。

竣工验收后，建设单位应及时向建设行政主管部门或其他有关部门备案并移交建设项目档案。办理竣工验收手续后，因勘察、设计、施工、材料等原因造成的质量缺陷，应及时修复，费用由责任方承担。保修期限、返修和损害赔偿应当遵照《建设工程质量管理条例》的规定及合同的有关条款承担相应责任。

（三）建设程序与工程建设监理的关系

工程建设监理要根据行为准则对工程建设行为进行监督管理。建设程序对各建设行为主体和监督管理主体在每个阶段应当做什么、如何做、何时做、由谁做等一系列问题都给出明确答案。工程监理单位和监理人员应当根据建设程序的有关规定并针对各阶段的工作内容实施监理。

二、建设工程主要管理制度

按照我国有关规定，在工程建设中，应当实行项目法人责任制、工程招标投标制、建设工程监理制、合同管理制等主要制度。这些制度相互关联、相互支持，共同构成了建设工程管理制度体系。

（一）项目法人责任制

为了建立投资约束机制，规范建设单位的行为，建设工程应当按照政企分开的原则组建项目法人，实行项目法人责任制，即由项目法人对项目的策划、资金筹措、建设实施、生产经营、债务偿还和资产的保值增值，实行全过程负责的制度。

1. 项目法人

国有单位经营性大中型建设工程必须在建设阶段组建项目法人。项目法人可按《中华人民共和国公司法》（简称《公司法》）的规定设立有限责任公司（包括国有独资公司）和股份有限公司等。

2. 项目法人的设立

（1）设立时间。新上项目在项目建议书被批准后，应及时组建项目法人筹备组，具体负责项目法人的筹建工作。项目法人筹备组主要由项目投资方派代表组成。

在申报项目可行性研究报告时，需同时提出项目法人组建方案。否则，其项目可行性报告不予审批。项目可行性报告经批准后，正式成立项目法人，并按有关规定确保资金按时到位，同时及时办理公司设立登记。

（2）备案。国家重点建设项目的公司章程须报国家计委备案，其他项目的公司章程按项目隶属关系分别向有关部门、地方计委备案。

3. 组织形式和职责

(1) 组织形式。

1) 国有独资公司设立董事会。董事会由投资方负责组建。

2) 国有控股或参股的有限责任公司、股份有限公司设立股东会、董事会和监事会。董事会、监事会由各投资方按照《公司法》的有关规定组建。

(2) 建设项目董事会职权。负责筹措建设资金；审核上报项目初步设计和概算文件；审核上报年度投资计划并落实年度资金；研究解决建设过程中出现的重大问题；聘任或解聘项目经理，并根据总经理的提名，聘任或解聘其他高级管理人员。

(3) 经理职权。组织编制项目初步设计文件，对项目工艺流程、设备选型、建设标准、总图布置提出意见，提交董事会审查；组织工程设计、工程监理、工程施工和材料设备采购招标工作，编制和确定招标方案、标底和评标标准，评选和确定投、中标单位；组织工程建设实施，负责控制工程投资、工期和质量；负责生产准备工作和培训人员；负责组织项目试生产和单项工程预验收；组织项目后评估，提出项目后评估报告。

4. 项目法人责任制与建设工程监理制的关系

(1) 项目法人责任制是实行建设工程监理制的必要条件。

建设工程监理制的产生、发展取决于社会需求。没有社会需求，建设工程监理就会成为无源之水，也就难以发展。

实行项目法人责任制，贯彻执行谁投资，谁决策，谁承担风险的市场经济下的基本原则，这就为项目法人提出了一个重大问题：如何做好决策和承担风险的工作，也因此对社会提出了需求。这种需求，为建设工程监理的发展提供了坚实的基础。

(2) 建设工程监理制是实行项目法人责任制的基本保障。

有了建设工程监理制，建设单位就可以根据自己的需要和有关的规定委托监理。在工程监理企业的协助下，做好投资控制、进度控制、质量控制、合同管理、信息管理、组织协调工作，就为在计划目标内实现建设项目提供了基本保证。

(二) 工程招标投标制

如何择优选定勘察单位、设计单位、施工单位以及材料、设备供应单位，是工程建设成败的关键，也是建设工程监理成败的关键。

1. 招标范围和规模标准

下列建设工程包括工程的勘察、设计、施工、监理以及与工程建设有关的重要设备、材料等的采购，达到规定的规模标准的，必须进行招标。

(1) 大型基础设施、公用事业等关系社会公共利益、公众安全的项目；

(2) 全部或者部分使用国有资金投资或者国家融资的项目；

(3) 使用国际组织或者外国政府贷款、援助资金的项目；

(4) 法律或者国务院规定的其他项目。

2. 招标方式和程序

(1) 招标方式。包括公开招标和邀请招标。

(2) 招标程序。招标过程可以分为招标准备阶段、招标投标阶段和决标成交阶段。

招标准备阶段的主要活动：选择招标代理机构或者向有关行政监督部门备案，编制招标文件，编制标底等。

招标投标阶段的主要活动：发布招标公告，投标人资格预审，确定投标人，组织勘察项目现场，澄清或修改招标文件，投标人编制投标文件，投标文件送达与签收。

决标成交阶段：开标、评标、中标，发出中标通知书，订立书面合同，向有关行政监督部门提交情况报告。

（三）建设工程监理制

1. 建设工程监理准则

根据建设工程监理的有关规定，从事建设工程监理应当遵循“守法、诚信、公正、科学”的基本准则。

2. 建设工程监理主要内容

建设工程监理的主要内容是控制建设工程的投资、工期和质量，进行建设工程合同及信息管理，协调有关单位的工作关系，即通常所讲的“三控两管一协调”。

（四）合同管理制

为了使勘察、设计、施工、材料设备供应单位和工程监理企业依法履行各自的责任和义务，在工程建设中必须实行合同管理制。

合同管理制的基本内容是建设工程的勘察、设计、施工、材料设备采购和建设工程监理都要依法订立合同。各类合同都要有明确的质量要求、履约担保和违约处罚条款。违约方要承担相应的法律责任。

合同管理制的实施对建设工程监理开展合同管理工作提供了法律上的支持，也是建设工程监理开展工作的必要条件和依据。

思考题

1. 什么是建设工程监理？简述其概念要点。
2. 简述建设工程监理的性质。
3. 建设工程监理的作用主要表现在哪几个方面？
4. 建设工程监理的中心任务是什么？
5. 简述建设工程监理的基本方法和目的。
6. 简述《建筑法》的概念及立法的目的。
7.《建筑法》中对建筑工程承发包、建筑工程监理、建筑工程质量与安全等项制度做出了哪些有关规定？
8.《建设工程质量管理条例》中对监理企业的质量责任和义务做出了哪些规定？
9. 简述建筑工程的最低保修期限。
10.《建设工程安全管理条例》中对监理及施工单位的职责做出了哪些规定？
11.《建设工程监理规范》中对施工阶段中的监理工作内容提出了哪些要求？
12. 什么是旁站监理？简述旁站监理的工作内容和职责。
13. 简述《工程建设监理规定》中的罚则条款。
14. 简述施工监理经常采用的几种手段。
15. 建设程序各阶段的工作内容是什么？建设程序与建设工程监理有何关系？

第二章 建设工程监理企业

第一节 工程监理企业的组织形式与设立

一、工程监理企业的组织形式

工程监理企业是指从事工程监理业务并取得工程监理企业资质证书的经济组织。它是监理工程师的执业机构。

以下简要介绍公司制监理企业、中外合资经营监理企业和中外合作经营监理企业的特点。

(一) 公司制监理企业

监理公司是以盈利为目的,依照法定程序设立的企业法人。我国公司制监理企业有以下特征:必须是依照《中华人民共和国公司法》的规定设立的社会经济组织;必须是以盈利为目的的独立企业法人;自负盈亏,独立承担民事责任;是完整纳税的经济实体;采用规范的成本会计和财务会计制度。

我国监理公司的种类有两种,即监理有限责任公司和监理股份有限公司。

1. 监理有限责任公司

监理有限责任公司,是指由 2 个以上、50 个以下的股东共同出资,股东以其所认缴的出资额对公司行为承担有限责任,公司以其全部资产对其债务承担责任的企业法人。

监理有限责任公司有如下特征:

(1) 公司不对外发行股票,股东的出资额由股东协商确定。

(2) 股东交付股金后,公司出具股权证书,作为股东在公司中拥有的权益凭证。这种凭证不同于股票,不能自由流通,必须在其他股东同意的条件下才能转让,且要优先转让给公司原有股东。

(3) 公司股东所负责任仅以其出资额为限,即把股东投入公司的财产与其个人的其他财产脱钩。公司破产或解散时,只以公司所有的资产偿还债务。

(4) 公司具有法人地位。

(5) 在公司名称中必须注明有限责任公司字样。

(6) 公司股东可以作为雇员参与公司经营管理。通常公司管理者也是公司的所有者。

(7) 公司账目可以不公开,尤其是公司的资产负债表一般不公开。

2. 监理股份有限公司

监理股份有限公司是指全部资本由等额股份构成,并通过发行股票筹集资本,股东以其所认购股份对公司承担责任,公司以其全部资产对公司债务承担责任的企业法人。

设立监理股份有限公司可以采取发起设立或者募集设立方式。发起设立,是指由发起人认购公司应发行的全部股份而设立公司。募集设立,是指由发起人认购公司应发行股份的部分,其余部分向社会公开募集而设立公司。

监理股份有限公司的主要特征如下:

(1) 公司资本总额分为金额相等的股份。股东以其所认购的股份对公司承担有限责任。

（2）公司以其全部资产对公司债务承担责任。公司作为独立的法人，有自己独立的财产，公司在对外经营业务时，以其独立的财产承担公司债务。

（3）公司可以公开向社会发行股票。

（4）公司股东的数量有最低限制，应当有5个以上发起人，其中必须有过半数的发起人在中国境内有住所。

（5）股东以其所持有的股份享受权利和承担义务。

（6）在公司名称中必须标明股份有限公司字样。

（7）公司账目必须公开，便于股东全面掌握公司情况。

（8）公司管理实行两权分离。董事会接受股东大会委托监督公司财产的保值增值，行使公司财产所有者职权；经理由董事会聘任，掌握公司经营权。

（二）中外合资经营监理企业与中外合作经营监理企业

中外合资经营监理企业是指以中国的企业或其他经济组织为一方，以外国的公司、企业、其他经济组织或个人为另一方，在平等互利的基础上，根据《中华人民共和国中外合资经营企业法》，签订合同、制订章程，经中国政府批准，在中国境内共同投资、共同经营、共同管理、共同分享利润、共同承担风险，主要从事工程监理业务的监理企业，其组织形式为有限责任公司。在合营企业的注册资本中，外国合营者的投资比例一般不得低于25%。

中外合作经营监理企业是指中国的企业或其他经济组织同外国的企业、其他经济组织或者个人，按照平等互利的原则和中国的法律规定，用合同约定双方的权利义务，在中国境内共同举办的、主要从事工程监理业务的经济实体。

二、我国工程监理企业管理体制和经营机制的改革

按照我国法律的规定，设立股份有限公司的注册资本要求比较高（最低限额为人民币1000万元），而设立有限责任公司的注册资本要求比较低（甲级资质最低限额为人民币300万元、乙级100万元、丙级50万元）。因此，我国绝大多数工程监理企业不宜按股份有限公司的组织形式设立。

一些由国有企业集团或教学、科研、勘察设计单位按照传统的国有企业模式设立的工程监理企业，由于具有国有企业特点，普遍存在着产权关系不清晰、管理体制不健全、经营机制不灵活、分配制度不合理、职工积极性不高、市场竞争力不强的现象，企业缺乏自主经营、自负盈亏、自我约束、自我发展的能力。这必将阻碍监理企业和监理行业的发展。

建立现代企业制度，促使国有企业形成适应市场经济要求的管理制度和经营机制，实现产权清晰、权责明确、政企分开、管理科学，健全决策、执行和监督体系，使企业成为自主经营、自负盈亏的法人实体和市场主体，是发展社会化大生产和市场经济的必然要求，是公有制与市场经济相结合的有效途径，是国有企业改革的方向。

监理企业改制的目的，一是有利于转换企业经营机制。不少国有监理企业经营困难，主要原因是体制、机制问题。改革的关键在于转换监理企业经营机制，使监理企业真正成为“四自”主体。二是有利于强化企业经营管理。国有监理企业经营困难除了体制和机制外，管理不善也是重要原因之一。三是有利于提高监理人员的积极性。国有企业固有的产权不清晰、责任不明确、分配不合理所形成的大锅饭模式，难以调动员工的积极性。

三、工程监理企业的设立

（一）工程监理企业的设立条件

工程监理企业必须要能胜任一定范围内的工程监理（咨询）服务的业务，设立建设监理公司应具备一定的条件，包括具有一定数量的专业人员、完善的监理工作制度、相应的组织机构、具备一定数量的监理设施，以及完成了公司申报的准备工作等条件。

1. 要具有一定数量的专业人员

监理企业人员配备应根据企业经营规模、承担监理业务的范围，以及公司近期或远期发展规模等，经统筹考虑后加以确定。根据国内外有关社会监理实践经验，一般每年承担投资密度 100 万元（人民币）应配备 1～1.5 名监理人员；对道路工程每千米应配备 0.8～1.5 名监理人员。各级、各类专业监理人员的配置比例应适度，一般高级监理人员占人员总数的 10%～15%，中级监理人员占人员总数的 60%～65%，初级监理人员占人员总数的 5%～10%，行政管理人员占人员总数的 5%～10%。

监理企业专业技术人员的设立配备应合理，应根据公司监理业务特点，配备适量的建筑师、土木工程师、机械及电气工程师、测绘师、实验师、软件工程师、经济师、会计师，以及合同管理、信息管理、行政管理等人员。一般，技术管理与经济管理人员配备比例为 3.5∶1.0。监理企业的法定代表人或公司经理应由具有高级职称的监理人员担任，并应设置总监理工程师（可由高级工程师、高级建筑师、高级经济师担任）负责公司的各项监理任务的组织、指挥、协调和控制等方面的工作。

2. 建立完善的监理工作制度

监理工作制度是使监理工作规范性、科学性、严密性和系统性的重要保证。建立完善的监理工作制度包括建立标准化的建设监理委托合同文本、标准化的建设监理大纲文件、标准化的建设监理工作程序、标准化的建设监理目标控制系统、标准化的工作计划体系、标准化的建设监理信息管理系统，以及建设工程监理中常用的技术方法、试验检验手段等标准化的建设监理技术方法体系。

3. 建立科学的组织管理体系

监理企业的组织管理系统应根据企业章程及《公司法》的有关规定，以及监理任务特点，建立企业的组织机构和工程项目建设监理的组织机构。企业机构应精简、工程项目建设监理组织机构应灵活，以确保组织管理系统的高效运转。

4. 具备较为完善的监理设施

监理企业的设施包括硬件设施和软件设施。硬件设施有办公用房、运输机具、通信设备、自动化办公设备、检测及测试设施，以及生活与工作的物质条件等。建设监理软件设施包括信息收集、加工、分析、检索、存储等计算机处理的软件系统；成本、质量、计划等监理目标的控制系统；合同、索赔、文书档案等信息管理系统，以及建设监理技术、经济、控制、管理等工作法体系。

5. 做好监理企业申报工作的准备

监理企业的设立，应依法申报、依法审批，应做好申报前的各项准备工作，包括草拟企业章程、企业组织机构及人员配备、企业注册资金及验资审查、上级主管部门的批文及企业申报书等。

（二）工程监理企业资质申请和审批

按照《工程监理企业资质管理规定》（建设部令第158号）的规定，监理企业资质的申请和审批工作主要有以下几个方面：

（1）申请综合资质、专业甲级资质的，应当向企业工商注册所在地的省、自治区、直辖市人民政府建设主管部门提出申请。

省、自治区、直辖市人民政府建设主管部门应当自受理申请之日起20日内初审完毕，并将初审意见和申请材料报国务院建设主管部门。

国务院建设主管部门应当自省、自治区、直辖市人民政府建设主管部门受理申请材料之日起60日内完成审查，公示审查意见，公示时间为10日。其中，涉及铁路、交通、水利、通信、民航等专业工程监理资质的，由国务院建设主管部门送国务院有关部门审核。国务院有关部门应当在20日内审核完毕，并将审核意见报国务院建设主管部门。国务院建设主管部门根据初审意见审批。

（2）专业乙级、丙级资质和事务所资质由企业所在地省、自治区、直辖市人民政府建设主管部门审批。

专业乙级、丙级资质和事务所资质许可延续的实施程序由省、自治区、直辖市人民政府建设主管部门依法确定。

省、自治区、直辖市人民政府建设主管部门应当自作出决定之日起10日内，将准予资质许可的决定报国务院建设主管部门备案。

（3）工程监理企业资质证书分为正本和副本，每套资质证书包括一本正本，四本副本。正、副本具有同等法律效力。

工程监理企业资质证书的有效期为5年。

工程监理企业资质证书由国务院建设主管部门统一印制并发放。

（4）申请工程监理企业资质，应当提交以下材料：

1）工程监理企业资质申请表（一式三份）及相应电子文档；

2）企业法人、合伙企业营业执照；

3）企业章程或合伙人协议；

4）企业法定代表人、企业负责人和技术负责人的身份证明、工作简历及任命（聘用）文件；

5）工程监理企业资质申请表中所列注册监理工程师及其他注册执业人员的注册执业证书；

6）有关企业质量管理体系、技术和档案等管理制度的证明材料；

7）有关工程试验检测设备的证明材料。

取得专业资质的企业申请晋升专业资质等级或者取得专业甲级资质的企业申请综合资质的，除前款规定的材料外，还应当提交企业原工程监理企业资质证书正、副本复印件，企业《监理业务手册》及近两年已完成代表工程的监理合同、监理规划、工程竣工验收报告及监理工作总结。

（5）资质有效期届满，工程监理企业需要继续从事工程监理活动的，应当在资质证书有效期届满60日前，向原资质许可机关申请办理延续手续。

对在资质有效期内遵守有关法律、法规、规章、技术标准，信用档案中无不良记录，且专业技术人员满足资质标准要求的企业，经资质许可机关同意，有效期延续5年。

（6）工程监理企业在资质证书有效期内名称、地址、注册资本、法定代表人等发生变更的，应当在工商行政管理部门办理变更手续后30日内办理资质证书变更手续。

涉及综合资质、专业甲级资质证书中企业名称变更的，由国务院建设主管部门负责办理，并自受理申请之日起3日内办理变更手续。

前款规定以外的资质证书变更手续，由省、自治区、直辖市人民政府建设主管部门负责办理。省、自治区、直辖市人民政府建设主管部门应当自受理申请之日起3日内办理变更手续，并在办理资质证书变更手续后15日内将变更结果报国务院建设主管部门备案。

（7）申请资质证书变更，应当提交以下材料：

1）资质证书变更的申请报告；

2）企业法人营业执照副本原件；

3）工程监理企业资质证书正、副本原件。

工程监理企业改制的，除前款规定材料外，还应当提交企业职工代表大会或股东大会关于企业改制或股权变更的决议、企业上级主管部门关于企业申请改制的批复文件。

（8）工程监理企业不得有下列行为：

1）与建设单位串通投标或者与其他工程监理企业串通投标，以行贿手段谋取中标；

2）与建设单位或者施工单位串通弄虚作假、降低工程质量；

3）将不合格的建设工程、建筑材料、建筑构配件和设备按照合格签字；

4）超越本企业资质等级或以其他企业名义承揽监理业务；

5）允许其他单位或个人以本企业的名义承揽工程；

6）将承揽的监理业务转包；

7）在监理过程中实施商业贿赂；

8）涂改、伪造、出借、转让工程监理企业资质证书；

9）其他违反法律法规的行为。

（9）工程监理企业合并的，合并后存续或者新设立的工程监理企业可以继承合并前各方中较高的资质等级，但应当符合相应的资质等级条件。

工程监理企业分立的，分立后企业的资质等级，根据实际达到的资质条件，按照本规定的审批程序核定。

（10）企业需增补工程监理企业资质证书的（含增加、更换、遗失补办），应当持资质证书增补申请及电子文档等材料向资质许可机关申请办理。遗失资质证书的，在申请补办前应当在公众媒体刊登遗失声明。资质许可机关应当自受理申请之日起3日内予以办理。

第二节　工程监理企业的资质管理

一、工程监理企业的资质等级和业务范围

（一）工程监理企业资质

工程监理企业资质是企业技术能力、管理水平、业务经验、经营规模、社会信誉等综合性的实力指标。对工程监理企业进行资质管理的制度是我国政府实行市场准入控制的有效手段。

工程监理企业应当按照所拥有的注册资本、专业技术人员数量和工程监理业绩等资质条

件申请资质，经审查合格，取得相应等级的资质证书后，才能在其资质等级许可的范围内从事工程监理活动。

工程监理企业的注册资本不仅是企业从事经营活动的基本条件，也是企业清偿债务的保证。工程监理企业所拥有的专业技术人员数量主要体现在注册监理工程师的数量上，这反映了企业从事监理工作的工程范围和业务能力。工程监理业绩则反映工程监理企业开展监理业务的经历和成效。

工程监理企业的资质按照等级分为综合资质、专业资质和事务所资质。其中，专业资质按照工程性质和技术特点划分为若干工程类别。综合资质、事务所资质不分级别。专业资质分为甲级、乙级；其中，房屋建筑、水利水电、公路和市政公用专业资质可设立丙级。

甲级、乙级和丙级，按照工程性质和技术特点分为14个专业工程类别，每个专业工程类别按照工程规模或技术复杂程度又分为3个等级。

（二）工程监理企业的资质等级标准

1. 综合资质标准

（1）具有独立法人资格且注册资本不少于600万元。

（2）企业技术负责人应为注册监理工程师，并具有15年以上从事工程建设工作的经历或者具有工程类高级职称。

（3）具有5个以上工程类别的专业甲级工程监理资质。

（4）注册监理工程师不少于60人，注册造价工程师不少于5人，一级注册建造师、一级注册建筑师、一级注册结构工程师或其他勘察设计注册工程师合计不少于15人次。

（5）企业具有完善的组织结构和质量管理体系，有健全的技术、档案等管理制度。

（6）企业具有必要的工程试验检测设备。

（7）申请工程监理资质之日前一年内没有“建设部令第158号”中第十六条禁止的行为。

（8）申请工程监理资质之日前一年内没有因本企业监理责任造成重大质量事故。

（9）申请工程监理资质之日前一年内没有因本企业监理责任发生三级以上工程建设重大安全事故或者发生两起以上四级工程建设安全事故。

2. 专业资质标准

（1）甲级。

1）具有独立法人资格且注册资本不少于300万元。

2）企业技术负责人应为注册监理工程师，并具有15年以上从事工程建设工作的经历或者具有工程类高级职称。

3）注册监理工程师、注册造价工程师、一级注册建造师、一级注册建筑师、一级注册结构工程师或其他勘察设计注册工程师合计不少于25人次。其中，相应专业注册监理工程师不少于表2-1中要求配备的人数，注册造价工程师不少于2人。

4）企业近2年内独立监理过3个以上相应专业的二级工程项目，但是，具有甲级设计资质或一级及以上施工总承包资质的企业申请本专业工程类别甲级资质的除外。

5）企业具有完善的组织结构和质量管理体系，有健全的技术、档案等管理制度。

6）企业具有必要的工程试验检测设备。

7）申请工程监理资质之日前一年内没有“建设部令第158号”中第十六条禁止的行为。

8）申请工程监理资质之日前一年内没有因本企业监理责任造成重大质量事故。

9）申请工程监理资质之日前一年内没有因本企业监理责任发生三级以上工程建设重大安全事故或者发生两起以上四级工程建设安全事故。

（2）乙级。

1）具有独立法人资格且注册资本不少于100万元。

2）企业技术负责人应为注册监理工程师，并具有10年以上从事工程建设工作的经历。

3）注册监理工程师、注册造价工程师、一级注册建造师、一级注册建筑师、一级注册结构工程师或其他勘察设计注册工程师合计不少于15人次。其中，相应专业注册监理工程师不少于表2-1中要求配备的人数，注册造价工程师不少于1人。

4）有较完善的组织结构和质量管理体系，有健全的技术、档案等管理制度。

5）有必要的工程试验检测设备。

6）申请工程监理资质之日前一年内没有《工程监理企业资质管理规定》中第十六条禁止的行为。

7）申请工程监理资质之日前一年内没有因本企业监理责任造成重大质量事故。

8）申请工程监理资质之日前一年内没有因本企业监理责任发生三级以上工程建设重大安全事故或者发生两起以上四级工程建设安全事故。

（3）丙级。

1）具有独立法人资格且注册资本不少于50万元。

2）企业技术负责人应为注册监理工程师，并具有8年以上从事工程建设工作的经历。

3）相应专业的注册监理工程师不少于表2-1中要求配备的人数。

4）有必要的质量管理体系和规章制度。

5）有必要的工程试验检测设备。

3. 事务所资质标准

（1）取得合伙企业营业执照，具有书面合作协议书。

（2）合伙人中有3名以上注册监理工程师，合伙人均有5年以上从事建设工程监理的工作经历。

（3）有固定的工作场所。

（4）有必要的质量管理体系和规章制度。

（5）有必要的工程试验检测设备。

表2-1　　专业资质注册监理工程师人数配置表　　人

序号	工程类别	甲级	乙级	丙级
1	房屋建筑工程	15	10	5
2	冶炼工程	15	10	
3	矿山工程	20	12	
4	化工石油工程	15	10	
5	水利水电工程	20	12	5
6	电力工程	15	10	
7	农林工程	15	10	

续表

序号	工程类别	甲级	乙级	丙级
8	铁路工程	23	14	
9	公路工程	20	12	5
10	港口与航道工程	20	12	
11	航天航空工程	20	12	
12	通信工程	20	12	
13	市政公用工程	15	10	5
14	机械电子工程	15	10	

注　表中各专业资质注册监理工程师人数配备是指企业取得本专业工程类别注册的注册监理工程人数。

（三）业务范围

1. 综合资质

可以承担所有专业工程类别建设工程项目的工程监理业务。

2. 专业资质

（1）专业甲级资质。可承担相应专业工程类别建设工程项目的工程监理业务。

（2）专业乙级资质。可承担相应专业工程类别二级以下（含二级）建设工程项目的工程监理业务。

（3）专业丙级资质。可承担相应专业工程类别三级建设工程项目的工程监理业务。

3. 事务所资质

可承担三级建设工程项目的工程监理业务，但是，国家规定必须实行监理的工程除外。

此外，工程监理企业都可以开展相应类别建设工程的项目管理、技术咨询等业务。

二、工程监理企业的监督管理

（1）县级以上人民政府建设主管部门和其他有关部门应当依照有关法律、法规和本规定，加强对工程监理企业资质的监督管理。

（2）建设主管部门履行监督检查职责时，有权采取下列措施：

1）要求被检查单位提供工程监理企业资质证书、注册监理工程师注册执业证书，有关工程监理业务的文档，有关质量管理、安全生产管理、档案管理等企业内部管理制度的文件；

2）进入被检查单位进行检查，查阅相关资料；

3）纠正违反有关法律、法规和本规定及有关规范和标准的行为。

（3）建设主管部门进行监督检查时，应当有两名以上监督检查人员参加，并出示执法证件，不得妨碍被检查单位的正常经营活动，不得索取或者收受财物、谋取其他利益。

有关单位和个人对依法进行的监督检查应当协助与配合，不得拒绝或者阻挠。

监督检查机关应当将监督检查的处理结果向社会公布。

（4）工程监理企业违法从事工程监理活动的，违法行为发生地的县级以上地方人民政府建设主管部门应当依法查处，并将违法事实、处理结果或处理建议及时报告该工程监理企业资质的许可机关。

（5）工程监理企业取得工程监理企业资质后不再符合相应资质条件的，资质许可机关根据利害关系人的请求或者依据职权，可以责令其限期改正；逾期不改的，可以撤回其资质。

(6) 有下列情形之一的，资质许可机关或者其上级机关，根据利害关系人的请求或者依据职权，可以撤销工程监理企业资质。

1) 资质许可机关工作人员滥用职权、玩忽职守作出准予工程监理企业资质许可的；

2) 超越法定职权作出准予工程监理企业资质许可的；

3) 违反资质审批程序作出准予工程监理企业资质许可的；

4) 对不符合许可条件的申请人作出准予工程监理企业资质许可的；

5) 依法可以撤销资质证书的其他情形。

以欺骗、贿赂等不正当手段取得工程监理企业资质证书的，应当予以撤销。

(7) 有下列情形之一的，工程监理企业应当及时向资质许可机关提出注销资质的申请，交回资质证书，国务院建设主管部门应当办理注销手续，公告其资质证书作废。

1) 资质证书有效期届满，未依法申请延续的；

2) 工程监理企业依法终止的；

3) 工程监理企业资质依法被撤销、撤回或吊销的；

4) 法律、法规规定的应当注销资质的其他情形。

(8) 工程监理企业应当按照有关规定，向资质许可机关提供真实、准确、完整的工程监理企业的信用档案信息。

工程监理企业的信用档案应当包括基本情况、业绩、工程质量和安全、合同违约等情况。被投诉举报和处理、行政处罚等情况应当作为不良行为记入工程监理企业的信用档案。

工程监理企业的信用档案信息按照有关规定向社会公示，公众有权查阅。

三、工程监理企业的法律责任

(1) 申请人隐瞒有关情况或者提供虚假材料申请工程监理企业资质的，资质许可机关不予受理或者不予行政许可，并给予警告，申请人在 1 年内不得再次申请工程监理企业资质。

(2) 以欺骗、贿赂等不正当手段取得工程监理企业资质证书的，由县级以上地方人民政府建设主管部门或者有关部门给予警告，并处 1 万元以上 2 万元以下的罚款，申请人 3 年内不得再次申请工程监理企业资质。

(3) 工程监理企业有《工程监理企业资质管理规定》第十六条第七项、第八项行为之一的，由县级以上地方人民政府建设主管部门或者有关部门予以警告，责令其改正，并处 1 万元以上 3 万元以下的罚款；造成损失的，依法承担赔偿责任；构成犯罪的，依法追究刑事责任。

(4) 违反《工程监理企业资质管理规定》，工程监理企业不及时办理资质证书变更手续的，由资质许可机关责令限期办理；逾期不办理的，可处以 1 千元以上 1 万元以下的罚款。

(5) 工程监理企业未按照《工程监理企业资质管理规定》要求提供工程监理企业信用档案信息的，由县级以上地方人民政府建设主管部门予以警告，责令限期改正；逾期未改正的，可处以 1 千元以上 1 万元以下的罚款。

(6) 县级以上地方人民政府建设主管部门依法给予工程监理企业行政处罚的，应当将行政处罚决定以及给予行政处罚的事实、理由和依据，报国务院建设主管部门备案。

(7) 县级以上人民政府建设主管部门及有关部门有下列情形之一的，由其上级行政主管部门或者监察机关责令改正，对直接负责的主管人员和其他直接责任人员依法给予处分；构成犯罪的，依法追究刑事责任。

1）对不符合《工程监理企业资质管理规定》条件的申请人准予工程监理企业资质许可的；

2）对符合《工程监理企业资质管理规定》条件的申请人不准予工程监理企业资质许可或者不在法定期限内作出准予许可决定的；

3）对符合法定条件的申请不予受理或者未在法定期限内初审完毕的；

4）利用职务上的便利，收受他人财物或者其他好处的；

5）不依法履行监督管理职责或者监督不力，造成严重后果的。

第三节 工程监理企业的经营活动准则

一、工程监理企业经营活动基本准则

工程监理企业从事建设工程监理活动，应当遵循“守法、诚信、公正、科学”的准则。

（一）守法

守法，即遵守国家的法律法规。对于工程监理企业来说，守法即是要依法经营，主要体现在以下几方面：

（1）工程监理企业只能在核定的业务范围内开展经营活动。

工程监理企业的业务范围，是指填写在资质证书中、经工程监理资质管理部门审查确认的主项资质和增项资质。核定的业务范围包括两方面：一方面是监理业务的工程类别；另一方面是承接监理工程的等级。

（2）工程监理企业不得伪造、涂改、出租、出借、转让、出卖“工程监理企业资质证书”。

（3）建设工程监理合同一经双方签订，即具有法律约束力，工程监理企业应按照合同的约定认真履行，不得无故或故意违背自己的承诺。

（4）工程监理企业离开原住所地承接监理业务，要自觉遵守当地人民政府颁发的监理法规和有关规定，主动向监理工程所在地的省、自治区、直辖市建设行政主管部门备案登记，接受其指导和监督管理。

（5）遵守国家关于企业法人的其他法律、法规的规定。

（二）诚信

诚信，即诚实守信用。这是道德规范在市场经济中的体现。它要求一切市场参加者在不损害他人利益和社会公共利益的前提下，追求自己的利益，目的是在当事人之间的利益关系和当事人与社会之间的利益关系中实现平衡，并维护市场道德秩序。诚信原则的主要作用在于指导当事人以善意的心态、诚信的态度行使民事权利，承担民事义务，正确地从事民事活动。

加强企业信用管理，提高企业信用水平，是完善我国工程监理制度的重要保证。企业信用的实质是解决经济活动中经济主体之间的利益关系。它是企业经营理念、经营责任和经营文化的集中体现。信用是企业的一种无形资产，良好的信用能为企业带来巨大效益。我国是世贸组织的成员，信用将成为我国企业走出去，进入国际市场的身份证。它是能给企业带来长期经济效益的特殊资本。监理企业应当树立良好的信用意识，使企业成为讲道德、讲信用的市场主体。

（三）公正

公正，是指工程监理企业在监理活动中既要维护业主的利益又不能损害承包商的合法利益，并依据合同公平合理地处理业主与承包商之间的争议。

工程监理企业要做到公正，必须做到以下几点：

（1）要具有良好的职业道德；

（2）要坚持实事求是；

（3）要熟悉有关建设工程合同条款；

（4）要提高专业技术能力；

（5）要提高综合分析判断问题的能力。

（四）科学

科学，是指工程监理企业要依据科学的方案，运用科学的手段，采取科学的方法开展监理工作。工程监理工作结束后，还要进行科学的总结。实施科学化管理主要体现在：

1. 科学的方案

工程监理的方案主要是指监理规划，其内容包括：工程监理的组织计划；监理工作的程序；各专业、各阶段监理工作内容；工程的关键部位或可能出现的重大问题的监理措施等。在实施监理前，要尽可能准确地预测出各种可能的问题，有针对性地拟定解决办法，制定出切实可行、行之有效的监理实施细则，使各项监理活动都纳入计划管理的轨道。

2. 科学的手段

实施工程监理必须借助于先进的科学仪器才能做好监理工作，如各种检测、试验、化验仪器、摄录像设备及计算机等。

3. 科学的方法

监理工作的科学方法主要体现在监理人员在掌握大量的、确凿的有关监理对象及其外部环境实际情况的基础上，适时、妥帖、高效地处理有关问题，解决问题要用事实说话、用书面文字说话、用数据说话；要开发、利用计算机软件辅助工程监理。

二、加强企业管理

强化企业管理，提高科学管理水平，是建立现代企业制度的要求，也是监理企业提高自身市场竞争能力的重要途径。监理企业管理应抓好成本管理、资金管理、质量管理，增强法制意识，依法经营管理。

（一）基本管理措施

重点做好以下几方面工作：

（1）市场定位。要加强自身发展战略研究，适应市场，根据本企业实际情况，合理确定企业的市场地位，制定和实施明确的发展战略、技术创新战略，并根据市场变化适时调整。

（2）管理方法现代化。要广泛采用现代管理技术、方法和手段，推广先进企业的管理经验，借鉴国外企业现代管理方法。

（3）建立市场信息系统。要加强现代信息技术的运用，建立灵敏、准确的市场信息系统，掌握市场动态。

（4）开展贯标活动。要积极实行 ISO 9000 质量管理体系贯标认证工作，严格按照质量手册和程序文件的要求开展各项工作，防止贯标认证工作流于形式。贯标的作用：一是能够提高企业市场竞争能力；二是能够提高企业人员素质；三是能够规范企业各项工作；四是能够避免或减少工作失误。

（5）要严格贯彻实施《建设工程监理规范》。结合企业实际情况，制定相应的《建设工程监理规范》实施细则，组织全员学习，在签订委托监理合同、实施监理工作、检查考核监理业绩、制定企业规章制度等各个环节，都应当以《建设工程监理规范》为主要依据。

（二）建立健全各项内部管理规章制度

监理企业规章制度一般包括以下几方面：

1. 组织管理制度

合理设置企业内部机构和各机构职能，建立严格的岗位责任制度，加强考核和督促检查，有效配置企业资源，提高企业工作效率，健全企业内部监督体系，完善约束机制。

2. 财务管理制度

加强资产管理、财务计划管理、投资管理、资金管理、财务审计管理等，要及时编制资产负债表、损益表和现金流量表，真实反映企业经营状况，改进和加强经济核算。

3. 劳动合同管理制度

推行职工全员竞争上岗，严格劳动纪律，严明奖惩，充分调动和发挥职工的积极性、创造性。

4. 人事管理制度

健全工资分配、奖励制度，完善激励机制，加强对员工的业务素质培养和职业道德教育。

5. 经营管理制度

制定企业的经营规划、市场开发计划。

6. 项目监理机构管理制度

制定项目监理机构的运行办法、各项监理工作的标准及检查评定办法等。

7. 设备管理制度

制定设备的购置办法及设备的使用、保养规定等。

8. 科技管理制度

制定科技开发规划、科技成果评审办法、科技成果应用推广办法等。

9. 档案文书管理制度

制定档案的整理和保管制度，文件和资料的使用、归档管理办法等。

有条件的监理企业，还要注重风险管理，实行监理责任保险制度，适当转移责任风险。

三、市场开发

（一）取得监理业务的基本方式

工程监理企业承揽监理业务的表现形式有两种：一是通过投标竞争取得监理业务；二是由业主直接委托取得监理业务。通过投标取得监理业务，是市场经济体制下比较普遍的形式。我国《招标投标法》明确规定，关系公共利益安全、政府投资、外资工程等实行监理必须招标。在不宜公开招标的机密工程或没有投标竞争对手的情况下，或者是工程规模比较小、比较单一的监理业务，或者是对原工程监理企业的续用等情况下，业主也可以直接委托工程监理企业。

（二）工程监理企业投标书的核心

工程监理企业向业主提供的是管理服务，因此，工程监理企业投标书的核心是反映所提供的管理服务水平高低的监理大纲，尤其是主要的监理对策。业主在监理招标时应以监理大纲的水平作为评定投标书优劣的重要内容，而不应把监理费的高低当作选择工程监理企业的主要评定标准。作为工程监理企业，不应该以降低监理费作为竞争的主要手段去承揽监理业务。

一般情况下，监理大纲中主要的监理对策是指：根据监理招标文件的要求，针对业主委托监理工程的特点，初步拟订的该工程的监理工作指导思想，主要的管理措施、技术措施，拟投入的监理力量，以及为搞好该项工程建设而向业主提出的原则性的建议等。

第四节　建设工程监理企业的服务内容

根据建立社会主义市场经济体制的总体目标和建设工程的客观需要，监理企业进行监理经营服务的内容包括建设工程决策阶段监理、建设工程设计阶段监理、建设工程施工阶段监理三大部分，每一阶段监理服务的内容有所不同。

一、建设工程决策阶段监理

建设工程决策阶段的工作主要是对投资决策、立项决策和可行性研究决策的监理。

建设工程的决策监理，既不是监理企业替业主决策，更不是替政府决策，而是受业主或政府的委托选择决策咨询单位，协助业主或政府与决策咨询单位签订咨询合同，并监督合同的履行，对咨询意见进行评估。

建设工程决策阶段监理的内容如下：

（一）投资决策阶段监理

投资决策监理的委托方可能是业主（筹备机构），也可能是金融单位，也可能是政府。

（1）协助委托方选择投资决策咨询单位，并协助签订合同书。

（2）监督管理投资决策咨询合同的实施。

（3）对投资咨询意见评估，并提出监理报告。

（二）建设工程立项决策监理

建设工程立项决策主要是确定拟建工程项目的必要性和可行性（建设条件是否具备）以及拟建规模。这一阶段的监理内容如下：

（1）协助委托方选择建设工程立项决策咨询单位，并协助签订合同书。

（2）监督管理立项决策咨询合同的实施。

（3）对立项决策咨询方案进行评估，并提出监理报告。

（三）建设工程可行性研究决策监理

建设工程的可行性研究是根据确定的项目建议书在技术上、经济上、财务上对项目进行详细论证，提出优化方案。这一阶段的监理内容如下：

（1）协助委托方选择建设工程可行性研究单位，并协助签订可行性研究合同书。

（2）监督管理可行性研究合同的实施。

（3）对可行性研究报告进行评估，并提出监理报告。

对于规模小、工艺简单的工程来说，在建设工程决策阶段可以委托监理，也可以不委托监理，而直接把咨询意见作为决策依据。但是，对于大型、中型建设工程项目的业主或政府主管部门来说，最好是委托监理企业，以期得到帮助，搞好管理；同时，搞好对咨询意见的审查，做出科学的决策。

二、建设工程设计阶段监理

建设工程设计阶段是工程项目建设进入实施阶段的开始。工程设计，对于一般工程为两阶段设计，即初步设计和施工图设计；对于特殊、重点工程为三段设计，即初步设计、技术设计和施工图设计。在进行工程设计之前还要进行勘察（地质勘察、水文勘察等），所以，这一阶段又称为勘察设计阶段。在建设工程实施过程中，一般是把勘察和设计分开来签订合同。为了叙述简便起见，把勘察和设计的监理工作合并叙述。

（1）编制工程设计招标文件。

（2）协助业主审查和评选工程勘察设计方案。

（3）协助业主选择勘察设计单位。

（4）协助业主签订工程勘察设计合同书。

（5）监督管理勘察设计合同的实施。

（6）核查工程设计概算和施工图预算，验收工程设计文件。

建设工程勘察设计阶段监理的主要工作是对勘察设计进度、质量和投资的监督管理。总的内容是依据勘察设计任务批准书编制勘察设计资金使用计划、勘察设计进度计划和设计质量标准要求，并与勘察设计单位协商一致，圆满地贯彻业主的建设意图。对勘察设计工作进行跟踪检查、阶段性审查。设计完成后要进行全面审查。审查的主要内容如下：

（1）设计文件的规范性、工艺的先进性和科学性、结构的安全性、施工的可行性以及设计标准的适宜性等。

（2）设计概算和施工图预算的合理性以及业主投资的许可性，若超过投资限额，除非业主许可，否则要修改设计。

（3）在审查上述两项的基础上，全面审查勘察设计合同的执行情况，最后审查勘察设计费用。

三、建设工程施工阶段监理

这里所说的工程施工阶段是一个比较大的含义，包括施工招标阶段的监理、施工监理和竣工后工程保修阶段的监理。由于施工招标阶段的监理工作量比较大，保修阶段的监理性质比较特殊，所以，有的学者把这两部分单独列出作为两个独立的阶段对待。这里把三者归并在一起表述。

工程施工是建设工程最终的实施阶段，是形成建筑产品的最后一步。施工阶段各方面工作的好坏对建筑产品优劣的影响是难以更改的。所以，这一阶段的监理工作至关重要。

施工阶段监理包括以下内容：

（1）编制工程施工招标文件。

（2）核查工程施工图设计、工程施工图预算，如标底。当工程总包单位承担施工图设计时，监理企业更要投入更大的精力搞好施工图设计审查和施工图预算审查工作。另外，招标标底包括在招标文件当中，但有的业主另行委托编制标底，所以，监理企业要重新审查。

（3）协助业主组织投标、开标、评标活动，向业主提出中标单位建议。

（4）协助业主与中标单位签订工程施工合同书。

（5）协助业主与承建商编写开工申请报告。

（6）查看工程项目建设现场，向承建商办理移交手续。

(7) 审查、确认承建商选择的分包单位。

(8) 制定施工总体规划，审查承建商的施工组织设计和施工技术方案，提出修改意见，下达单位工程开工令。

(9) 审查承建商提供的建筑材料、建筑物配件和设备的采购清单。业主往往为了满足连续施工的需求，在选定承建商之前就开始设备订货。

(10) 检查工程使用的材料、构件、设备的规格和质量。

(11) 检查施工技术措施和安全防护措施。

(12) 主持协商业主或设计单位，或施工单位，或监理企业本身提出的设计变更。

(13) 监督管理工程施工合同的履行，主持协商合同条款的变更，调节合同双方的争议，处理索赔事项。

(14) 核查完成的工程量，验收分项分部工程，签署工程付款凭证。

(15) 督促施工单位整理施工文件的归档准备工作。

(16) 参与工程竣工预验收，并签署监理意见。

(17) 检查工程结算。

(18) 向业主提交监理档案资料。

(19) 编写竣工验收申请报告。

(20) 在规定的工程质量保修期限内，负责检查工程质量状况，组织鉴定质量问题责任，督促责任单位维修。

监理企业除承担建设工程监理方面的业务之外，还可以承担建设工程方面的咨询业务。属于建设工程方面的咨询业务如下：

(1) 建设工程投资风险分析。

(2) 建设工程立项评估。

(3) 编制建设工程项目可行性研究报告。

(4) 编制工程施工招标标底。

(5) 编制建设工程各种估算。

(6) 各类建筑物（构筑物）的技术检测、质量鉴定。

(7) 有关建设工程的其他专项技术咨询服务。

对于特定的监理企业，其服务内容有所不同，各有所长。建设工程业主往往把工程项目建设不同阶段的监理业务分别委托不同的监理企业承担，甚至把同一阶段的监理业务分别委托几个不同专业的监理企业监理。一般来说，大型和特大型工程需要几家监理企业同时监理，规模较小的工程，则不宜委托几家监理企业监理。

第五节 建设工程监理服务收费

一、建设工程监理收取费用的必要性

建设监理是一种有偿的服务活动，而且是一种“高智能的有偿技术服务”。众所周知，建设工程是一个比较复杂且需花费较长时间才能完成的系统工程。要取得预期的、比较满意的效果，对建设工程的管理就要付出艰辛的劳动。工程项目业主为了使监理企业能顺利地完成监理任务，必须付给监理企业一定的报酬，用以补偿监理企业在完成监理任务时的支出。

但如果监理费过高，业主的相对有限的资金中直接用于建设工程项目上的数额势必减少。显然，这是不合适的，对业主来说是得不偿失的。监理费用也不能太低。在监理费过低的情况下，监理企业为了维系生计，首先可能派遣业务水平较低，工资相应也低的监理人员去完成监理业务；其次，可能会减少监理人员的工作时间；第三，监理费过低会挫伤监理人员的工作积极性，抑制监理人员创造性的发挥，其结果，很可能导致工程质量低劣、工期延长、建设费用增加。因此，把监理费标准定得太低，或者监理费标准虽不低，但是在具体执行中，业主盲目压低监理费，这些做法，表面上对业主是有益的，实际上，最终受到较大损失的还是项目业主。如果监理费比较合理适中，监理人员的劳动得到了认可和回报，就能激发他们的工作积极性和创造性，就可能创造出远高于监理费的价值和财富。国内外的监理实践早就有了有力的论证。

二、监理费的构成

作为监理企业要负担必要的支出，监理企业的经营活动应达到收支平衡，且略有节余。所以，概括地说，监理费的构成是指监理企业在工程项目建设监理活动中所需要的全部成本，再加上应缴纳的税金和合理的利润。

（一）直接成本

直接成本是指监理企业在完成某项具体监理业务中所发生的成本，主要包括如下内容：

(1) 监理人员和监理辅助人员的工资，包括津贴、附加工资、奖金等。

(2) 用于监理人员和监理辅助人员的其他专项开发，包括差旅费、补助费、书报费、医疗费等。

(3) 用于监理工作的计算机等办公设施的购置使用费和其他仪器、机械的租赁费等。

(4) 所需的其他外部服务支出。

（二）间接成本

间接成本，有时称作日常管理费，包括全部业务经营开支和非工程项目监理的特定开支，一般包括如下内容：

(1) 管理人员、行政人员、后勤服务人员的工资，包括津贴、附加工资、奖金等。

(2) 经营业务费，包括为招揽监理业务而发生的广告费、宣传费、有关契约或合同的公证费和签证费等活动经费。

(3) 办公费，包括办公用具、用品购置费，通信费，邮寄费，交通费，办公室及相关设施的使用（或租用）费、维修费，以及会议费、差旅费等。

(4) 其他固定资产及常用工、器具和设备的使用费。

(5) 垫支资金贷款利息。

(6) 业务培训费，图书、资料购置费等教育经费。

(7) 新技术开发、研制、试用费。

(8) 咨询费、专有技术使用费。

(9) 职工福利费、劳动保护费。

(10) 工会等职工组织活动经费。

(11) 其他行政活动经费，如职工文化活动经费等。

(12) 企业领导基金和其他营业外支出。

（三）税金

税金是指按照国家规定，监理企业应交纳的各种税金总额，如缴纳的营业税、所得税等。

（四）利润

利润是指监理企业的监理活动收入扣除直接成本、间接成本和各种税金之后的余额。监理企业是一种高智能群体，监理是一种高智能的技术服务，监理企业的利润应当高于社会平均利润。

三、监理费的计算方法

监理费的计算方法，一般由业主与工程监理企业确定，主要计算方法有以下五种：

（一）按时计算法

这种方法是根据合同项目使用的时间（计算时间的单位可以是小时，也可以是工作日或按月计算）补偿费再加上一定数额的补贴来计算监理费的总额。单位时间的补偿费用一般是以监理企业职员的基本工资为基础，加上一定的管理费和利润（税前利润）。采用这种方法时，监理人员的差旅费、工作函电费、资料费以及实验和检验费、交通和住宿费等均由业主另行支付。

这种计算方法主要适用于临时性的、短期的监理业务活动，或者不宜按工程的概（预）算的百分比等其他方法计算监理费时使用。由于这种方法在一定程度上限制了监理企业潜在效益的增加，因而，单位时间内监理费的标准比监理企业内部实际的标准要高得多。

（二）工资加一定比例的其他费用计算法

这种方法实际上是按时计算监理费形式的变换，即按参加监理工作的人员的实际工资为基数乘上一个系数。这个系数包括了应有的间接成本和税金、利润等。除了监理人员的工资之外，其他各项直接费用等均由项目业主另行支付。一般情况下，较少采用这种方法，尤其是在核定监理人员数量和监理人员的实际工资方面，业主与监理企业之间难以取得完全一致的意见。

（三）按工程造价的百分比计算法

这种方法是按照工程规模大小和所委托的监理工作的繁简，以建设投资的一定的百分比来计算。一般情况下，工程规模越大，建设投资越多，计算监理费的百分比越小。这种方法比较简便、科学，是目前较常用的计算方法。采用这种方法的关键一环是确定计算监理费的基数。新建、改建、扩建工程以及较大型的技术改造工程都编制有工程概算，有的工程还编有工程预算。工程的概（预）算就是初始计算监理费的基数。只是工程结算时，再按结算进行调整。这里所说的工程概（预）算不一定是工程概（预）算的全部，因部分工程的概（预）算也不一定全部用来计算监理费，如业主的管理费、工程所用土地的征用费、所有建（构）筑物的拆迁费等一般都应扣除，不作为计算监理费的基数。只是为了简便起见，签订监理合同时，可不扣除这些费用，由此造成的出入，留待在工程结算时一并调整。即使没有工程概（预）算，即使是“三边”工程，只要根据监理范围确定了计算监理费的百分比，也不会影响监理合同的签订。

（四）监理成本加固定费用计算法

监理成本是指监理企业在工程监理项目上花费的直接成本。固定费用是指直接费用之外的其他费用。各监理企业的直接费与其他费用的比利是不同的，但是，一个监理企业的监理直接费与其他费用之比大致可以确定。这样，只要估算出某工程项目的监理成本，那么，整个监理费也就可以确定了。问题是，在商谈监理合同时，往往难以较准确地确定监理成本，这就为商签监理合同带来较大的阻力。所以，这种计算方法用得很少。

（五）固定价格计算法

这种方法适用于小型或中等规模的工程，并且工作内容及范围较明确的项目，业主和监理经协商一致，可采用固定价格法。即使工作量有所增减变化，只要不超过一定限值，监理费可不作调整。

四、各种计算方法的利弊

以上五种方法是目前适用的监理费计算办法，当然，还有其他计算方法。不论采用哪种方法，对于业主和监理企业来说，都有有利和不利的地方。虽然说有利和不利是相对的，但是，对有利与不利做具体分析，将有助于监理企业科学地选择计费方法，也可以供业主和监理企业在商谈费用时参考。

(1) 根据实际耗费时间计算费用的两种方法，即按时计费和工资加一定比例的其他费用。使用这两种方法，业主支付的费用，是对监理企业实际消耗的时间进行补偿。由于监理企业不必对成本预先做出精确的估算，因此，这一类方法对监理企业来说显得方便、灵活。但是，采用这两种方法，要求监理企业必须保存详细的使用时间一览表，以供业主随时审查、核实。特别是监理工程师如果不能严格地对工作加以控制，就容易造成滥用经费。即使没有这类弊病，业主也可能会怀疑监理工程师的努力程度或使用了过多的时间。

(2) 建设成本百分比的方法。该法方便之处在于一旦建设成本确定之后，监理费用很容易算出，监理企业对各项经费开支可以不需要那么详细地记录，业主也不用去审核监理企业的成本。这种方法还有一个好处就是可以防止因物价上涨而产生的影响，因为建设成本的增加与监理服务成本的增加基本是同步的。这种方法主要的不足是：第一，如果采用实际建设成本做基数时，监理费直接与建设成本的变化有关。因此，监理工程师工作越出色，降低建设成本的同时也减少了自己的收入。反之，则有可能增加收入。这显然是不合理的。第二，这种办法带有一定的经验性，不能把影响监理工作费用的所有因素都考虑进去。

(3) 监理成本加固定费用的计算方法。该方法的方便之处在于：第一，监理企业在谈判阶段可以先不估算成本，只是在对附加的固定费用进行谈判时，才必须做出适当的估算，可以减少工作量；第二，这种方法弹性较大，一般不受建设工期的延长、服务范围的变化等因素的影响，只有在出现重大问题时，才有可能重新对附加固定费用进行谈判。这种方法的不利之处在于：在谈判中可能会出现对于某些成本项目是否应该得到补偿存在分歧，附加固定费的谈判常常也是很困难的，如果因为工作范围或计划进度发生变化而引起附加固定费的重新谈判，则困难更大。

(4) 固定价格计算方法。这种方法比较简单，一旦谈判成功，双方都很清楚费用总额，支付方式也简单，业主可以不要求提供支付记录和证明。但是，这种方法却要求监理企业在事前要对成本作出认真的估算，如果工期较长，还应考虑物价变动的因素。采用这种方法，如果工作范围发生了变化，都需要重新进行谈判，容易导致双方对于实际从事的服务范围，缺乏相互一致而清楚的理解，有时会引起双方之间关系紧张。

任何一种方式都有其利弊，所以在进行取费的谈判中，特别需要双方的互相理解和信任，才能比较顺利地进行合作。

五、目前我国监理费计算方法

按照国家规定，监理费从工程概算中列支。目前，由国家发展和改革委员会会同建设部制定了新的《建设工程监理与相关服务收费标准》及收费管理规定，规定自 2007 年 5 月 1 日起施行。

思考题

1. 简述我国建设工程监理企业的组织形式。
2. 简述建设工程监理企业改制的目的。
3. 设立建设工程监理公司应具备哪几方面的条件？
4. 简述建设工程监理企业资质的审批程序。
5. 建设工程监理企业的资质等级有几种？各种等级的审批权限和审批期限是如何规定的？各种等级的审批条件和业务范围有何不同？
6. 建设工程监理企业承担的法律责任有哪些？
7. 简述建设工程监理企业从事建设监理活动的基本准则。
8. 简述建设工程监理企业的服务内容。
9. 为什么说建设工程监理要合理取费？
10. 建设工程监理费是如何构成的？
11. 建设工程监理费的取费方法有几种？各种方法有何利弊？

第三章　监理工程师

第一节　监理工程师的概念

监理工程师是指经全国监理工程师执业资格统一考试合格，取得监理工程师执业资格证书并经注册从事建设工程监理活动的专业人员。

由于建设监理业务是工程管理服务，是涉及多学科、多专业的技术、经济、管理等知识的系统工程，执业资格条件要求较高。因此，监理工作需要一专多能的复合型人才来承担，监理工程师不仅要有理论知识，熟悉设计、施工、管理，还要有组织、协调能力，更重要的是应掌握并应用合同、经济、法律知识，具有复合型的知识结构。建设工程监理的实践证明，没有专业技能的人不能从事监理工作；有一定专业技能，从事多年工程建设，具有丰富施工管理经验或工程设计经验的专业人员，如果没有学习过工程监理知识，也难以开展监理工作。

随着人类社会的不断进步，社会分工更趋向于专业化。由于工程类别十分复杂，不仅土建工程需要监理，工业交通、设备安装工程也需要监理，更为重要的是，监理工程师在工程建设中担负着十分重要的经济和法律责任，所以，无论已经具备何种高级专业技术职称，或已具备何种执业资格的人员，如果不再学习建设监理知识，都无法从事工程监理工作。参加监理知识培训学习后，能否胜任监理工作，还要经过执业资格考试，取得监理工程师执业资格，并经注册后，方可从事监理工作。

国际咨询工程师联合会（FIDIC）对从事工程咨询业务人员的职业地位和业务特点所作的说明是："咨询工程师从事的是一份令人尊敬的职业，他仅按照委托人的最佳利益尽责，他在技术领域的地位等同于法律领域的律师和医疗领域的医生。他保持其行为相对于承包商和供应商的绝对独立性，他必须不得从他们那里接受任何形式的好处，而使他的决定的公正性受到影响或不利于他行使委托人赋予的职责"。这个说明同样适合我国的监理工程师。

在国际上流行的各种工程合同条件中，几乎无例外地都含有关于监理工程师的条款。在国际大多数国家的工程项目建设程序中，每一个阶段都有监理工程师的工作出现。如在国际工程招标和投标过程中，凡是有关审查投标人工程经验和业绩的内容，都要提供这些工程的监理工程师的名称。

从事建设工程监理工作，但尚未取得《监理工程师注册证书》的人员统称为监理员。监理员在从事监理工作之前，需经各省、市、自治区建设工程监理主管部门确认的培训单位培训合格后方可上岗。在监理工作中，监理员与监理工程师的区别主要在于监理工程师具有相应岗位责任的签字权，而监理员没有相应岗位责任的签字权。

第二节　监理工程师的素质及职业道德

一、监理工程师的素质

具体从事监理工作的监理人员，不仅要有一定的工程技术或工程经济方面的专业知识、较强的专业技术能力，能够对工程建设进行监督管理，提出指导性的意见，而且要有一定的组织协调能力，能够组织、协调工程建设有关各方共同完成工程建设任务。因此，监理工程师应具备以下素质：

（一）较高的专业学历和复合型的知识结构

工程建设涉及的学科很多，其中主要学科就有几十种。作为一名监理工程师，当然不可能掌握这么多的专业理论知识，但至少应掌握一种专业理论知识。没有专业理论知识的人员无法承担监理工程师岗位工作。所以，要成为一名监理工程师，至少应具有工程类大专以上的学历，并应了解或掌握一定的工程建设经济、法律和组织管理等方面的理论知识。不断了解新技术、新设备、新材料、新工艺，熟悉与工程建设相关的现行法律法规、政策规定，成为一专多能的复合型人才，持续保持较高的知识水准。

（二）丰富的工程建设实践经验

监理工程师的业务内容体现的是工程技术理论与工程管理理论的应用，具有很强的实践性特点。因此，实践经验是监理工程师的重要素质之一。据有关资料统计分析，工程建设中出现的失误，少数原因是责任心不强，多数原因是缺乏实践经验。实践经验丰富则可以避免或减少工作失误。工程建设中的实践经验主要包括立项评估、地质勘测、规划设计、工程招标投标、工程设计及设计管理、工程施工及施工管理、工程监理、设备制造方面的工作实践经验。

（三）良好的品德

监理工程师的良好品德主要体现在以下几个方面：

（1）热爱本职工作；

（2）具有科学的工作态度；

（3）具有廉洁奉公、为人正直、办事公道的高尚情操；

（4）能够听取不同方面的意见，冷静分析问题。

（四）健康的体魄和充沛的精力

尽管建设工程监理是一种高智能的技术服务，以脑力劳动为主，但是，也必须具有健康的身体和充沛的精力，才能胜任繁忙、严谨的监理工作。尤其在建设工程施工阶段，由于露天作业，工作条件艰苦，工期往往紧迫，业务繁忙，更需要有健康的身体，否则，难以胜任工作。我国对年满65周岁的监理工程师不再进行注册，主要就是考虑监理从业人员身体健康状况的适应能力而设定的条件。

二、监理工程师的职业道德

工程监理工作的特点之一是要体现公正原则。监理工程师在执业过程中不能损害工程建设任何一方的利益。因此，为了确保建设监理事业的健康发展，对监理工程师的职业道德和工作纪律都有严格的要求，在有关法规里也做了具体的规定。在监理行业中，监理工程师应严格遵守如下通用职业道德守则：

（1）维护国家的荣誉和利益，按照“守法、诚信、公正、科学”的准则执业；

（2）执行有关工程建设的法律、法规、标准、规范、规程和制度，履行监理合同规定的义务和职责；

（3）努力学习专业技术和建设监理知识，不断提高业务能力和监理水平；

（4）不以个人名义承揽监理业务；

（5）不同时在两个或两个以上监理单位注册和从事监理活动，不在政府部门和施工、材料设备的生产供应等单位兼职；

（6）不为所监理项目指定承包商、建筑构配件、设备、材料生产厂家和施工方法；

（7）不收受被监理单位的任何礼金；

（8）不泄露所监理工程各方认为需要保密的事项；

（9）坚持独立自主地开展工作。

三、FIDIC 道德准则

在国外，监理工程师的职业道德准则，由其协会组织制定并监督实施。国际咨询工程师联合会（FIDIC）于 1991 年在慕尼黑召开的全体成员大会上，讨论批准了 FIDIC 通用道德准则。该准则分别从对社会和职业的责任、能力、正直性、公正性、对他人的公正 5 个问题共计 14 个方面规定了监理工程师的道德行为准则。目前，国际咨询工程师协会的会员国家都在认真地执行这一准则。

为使监理工程师的工作充分有效，不仅要求监理工程师必须不断增长他们的知识和技能，而且要求社会尊重他们的道德公正性，信赖他们作出的评审，同时给予公正的报酬。

FIDIC 的全体会员协会同意并且相信，如果要想使社会对其专业顾问具有必要的信赖，下述准则是其成员行为的基本准则。

1. 对社会和职业的责任

（1）接受对社会的职业责任。

（2）寻求与确认的发展原则相适应的解决办法。

（3）在任何时候，维护职业的尊严、名誉和荣誉。

2. 能力

（1）保持其知识和技能与技术、法规、管理的发展相一致的水平，对于委托人要求的服务采用相应的技能，并尽心尽力。

（2）仅在有能力从事服务时方才进行。

3. 正直性

在任何时候均为委托人的合法权益行使其职责，并且正直地进行职业服务。

4. 公正性

（1）在提供职业咨询、评审或决策时不偏不倚。

（2）通知委托人在行使其委托权时可能引起的任何潜在的利益冲突。

（3）不接受可能导致判断不公的报酬。

5. 对他人的公正

（1）加强“按照能力进行选择”的观念。

（2）不得故意或无意地做出损害他人名誉或事务的事情。

（3）不得直接或间接取代某一特定工作中已经任命的其他咨询工程师的位置。

（4）通知该咨询工程师并且接到委托人终止其先前任命的建议前不得取代该咨询工程师的工作。

（5）在被要求对其他咨询工程师的工作进行审查的情况下，要以适当的职业行为和礼节进行。

第三节 监理工程师的法律地位与责任

一、监理工程师的法律地位

监理工程师的法律地位是由国家法律法规确定的，并建立在委托监理合同的基础上。这是因为：第一，《中华人民共和国建筑法》明确提出国家推行工程监理制度。《建设工程质量管理条例》赋予监理工程师多项签字权，并明确规定了监理工程师的多项职责，从而使监理工程师执业有了明确的法律依据，确立了监理工程师作为专业人士的法律地位。第二，监理工程师的主要业务是受建设单位委托从事监理工作，其权利和义务在合同中有具体约定。

监理工程师所具有的法律地位，决定了监理工程师在执业中一般应享有的权利和应履行的义务。这些权利主要包括如下内容：

(1) 使用注册监理工程师称谓；

(2) 在规定范围内从事执业活动；

(3) 依据本人能力从事相应的执业活动；

(4) 保管和使用本人的注册证书和执业印章；

(5) 对本人执业活动进行解释和辩护；

(6) 接受继续教育；

(7) 获得相应的劳动报酬；

(8) 对侵犯本人权利的行为进行申诉。

监理工程师的义务主要如下：

(1) 遵守法律、法规和有关管理规定；

(2) 履行管理职责，执行技术标准、规范和规程；

(3) 保证执业活动成果的质量，并承担相应责任；

(4) 接受继续教育，努力提高执业水准；

(5) 在本人执业活动所形成的工程监理文件上签字、加盖执业印章；

(6) 保守在执业中知悉的国家秘密和他人的商业、技术秘密；

(7) 不得涂改、倒卖、出租、出借或者以其他形式非法转让注册证书或者执业印章；

(8) 不得同时在两个或者两个以上单位受聘或者执业；

(9) 在规定的执业范围和聘用单位业务范围内从事执业活动；

(10) 协助注册管理机构完成相关工作。

二、监理工程师的法律责任

(1) 隐瞒有关情况或者提供虚假材料申请注册的，建设主管部门不予受理或者不予注册，并给予警告，1 年之内不得再次申请注册。

(2) 以欺骗、贿赂等不正当手段取得注册证书的，由国务院建设主管部门撤销其注册，3 年内不得再次申请注册，并由县级以上地方人民政府建设主管部门处以罚款。其中，没有违法所得的，处以 1 万元以下罚款；有违法所得的，处以违法所得 3 倍以下且不超过 3 万元的罚款；构成犯罪的，依法追究刑事责任。

(3) 未经注册，擅自以注册监理工程师的名义从事工程监理及相关业务活动的，由县级以上地方人民政府建设主管部门给予警告，责令停止违法行为，处以 3 万元以下罚款；造成损失的，依法承担赔偿责任。

（4）未办理变更注册仍执业的，由县级以上地方人民政府建设主管部门给予警告，责令限期改正；逾期不改的，可处以5000元以下的罚款。

（5）注册监理工程师在执业活动中有下列行为之一的，由县级以上地方人民政府建设主管部门给予警告，责令其改正。其中，没有违法所得的，处以1万元以下罚款，有违法所得的，处以违法所得3倍以下且不超过3万元的罚款；造成损失的，依法承担赔偿责任；构成犯罪的，依法追究刑事责任。

1）以个人名义承接业务的；

2）涂改、倒卖、出租、出借或者以其他形式非法转让注册证书或者执业印章的；

3）泄露执业中应当保守的秘密并造成严重后果的；

4）超出规定执业范围或者聘用单位业务范围从事执业活动的；

5）弄虚作假提供执业活动成果的；

6）同时受聘于两个或者两个以上的单位，从事执业活动的；

7）其他违反法律、法规、规章的行为。

（6）有下列情形之一的，国务院建设主管部门依据职权或者根据利害关系人的请求，可以撤销监理工程师注册。

1）工作人员滥用职权、玩忽职守颁发注册证书和执业印章的；

2）超越法定职权颁发注册证书和执业印章的；

3）违反法定程序颁发注册证书和执业印章的；

4）对不符合法定条件的申请人颁发注册证书和执业印章的；

5）依法可以撤销注册的其他情形。

（7）县级以上人民政府建设主管部门的工作人员，在注册监理工程师管理工作中，有下列情形之一的，依法给予处分；构成犯罪的，依法追究刑事责任。

1）对不符合法定条件的申请人颁发注册证书和执业印章的；

2）对符合法定条件的申请人不予颁发注册证书和执业印章的；

3）对符合法定条件的申请人未在法定期限内颁发注册证书和执业印章的；

4）对符合法定条件的申请不予受理或者未在法定期限内初审完毕的；

5）利用职务上的便利，收受他人财物或者其他好处的；

6）不依法履行监督管理职责，或者发现违法行为不予查处的。

第四节　监理工程师执业资格考试

为了适应建立社会主义市场经济体制的要求，加强工程建设项目监理，确保工程建设质量，提高工程建设监理人员素质和工程建设监理工作水平，建设部、人事部在监理工程师执业资格考核认定、考试试点工作的基础上，自1997年起，在全国举行监理工程师执业资格考试，并将此项工作纳入全国专业技术人员执业资格制度实施规划。

一、考试组织管理

（1）建设部和人事部共同负责全国监理工程师执业资格制度的政策制定、组织协调、资格考试和监督管理工作。

（2）建设部负责组织拟定考试科目，编写考试大纲、培训教材和进行命题工作，统一规划和组织考前培训。

（3）人事部负责审定考试科目、考试大纲和试题，组织实施各项考务工作；会同建设部对考试进行检查、监督、指导和确定考试合格标准。

二、考试报名条件

凡中华人民共和国公民，遵纪守法，具有工程技术或工程经济专业大专以上（含大专）学历，并符合下列条件之一者，可申请参加监理工程师执业资格考试。

（1）具有按照国家有关规定评聘的工程技术或工程经济专业中级专业技术职务，并任职满三年。

（2）具有按照国家有关规定评聘的工程技术或工程经济专业高级专业技术职务。

三、考试时间、科目及考场设置

（1）监理工程师执业资格考试实行全国统一大纲、统一命题、统一组织的办法，每年举行一次。

（2）考试科目：《工程建设监理基本理论和相关法规》、《工程建设合同管理》、《工程建设质量、投资、进度控制》、《工程建设监理案例分析》。

（3）考场原则上设在省会城市，如确需在其他城市设置，须经人事部、建设部批准。

四、部分科目免试条件

对从事工程建设监理工作并同时具备下列四项条件的报考人员，可免试《工程建设合同管理》和《工程建设质量、投资、进度控制》两科。

（1）1970年以前（含1970年）工程技术或工程经济专业大专以上（含大专）毕业。

（2）具有按照国家有关规定评聘的工程技术或工程经济专业高级专业技术职务。

（3）从事工程设计或工程施工管理工作15年以上（含15年）。

（4）从事监理工作一年以上（含一年）。

五、具体事项

（1）参加考试，由本人提出申请，所在单位推荐，持报名表到当地考试管理机构报名。考试管理机构按规定程序和报名条件审查合格后，发给准考证。考生凭准考证在指定的时间和地点参加考试。中央和国务院各部门及其所属单位的报考人员，按属地原则报名参加考试。

（2）坚持考培分开的原则，参与考前培训工作的人员不得参与所有考试工作（包括命题和组织管理）；考生自愿参加考前培训，各地、各部门不得以任何理由强迫与考生参加考前培训。

（3）申请参加监理工程师执业资格考试证明文件：

1）监理工程师执业资格考试报名表；

2）学历证明；

3）专业技术职务证书。

（4）监理工程师执业资格考试合格者，由各省、自治区、直辖市人事（职改）部门颁发人事部统一印制，人事部和建设部共同盖印的《中华人民共和国监理工程师执业资格证书》，该证书在全国范围有效。

（5）自2000年起，全国监理工程师职业资格考试成绩，均以2年为一个周期，即参加全部科目考试的人员须在连续的两个考试年度内，通过全部科目的考试；参加免试部分科目的人员，须在一个考试年度内通过应试科目。

第五节　监理工程师的注册及继续教育

一、监理工程师注册

监理工程师注册制度是政府对监理从业人员实行市场准入控制的有效手段。监理人员经注册，即表明获得了政府对其以监理工程师名义从业的行政许可，因而具有相应工作岗位的责任和权力。仅取得《监理工程师执业资格证书》，没有取得《监理工程师注册证书》的人员，则不具备这些权力，也不承担相应的责任。

监理工程师的注册，根据注册内容的不同分为三种形式，即初始注册、续期注册和变更注册。按照我国有关法规规定，监理工程师只能受聘于一个相关单位，按照专业类别注册，每人最多可以申请两个专业注册。

（一）初始注册

经考试合格，取得《监理工程师执业资格证书》的，可以申请监理工程师初始注册。

（1）申请监理工程师初始注册，一般要提供下列材料：

1）申请人的注册申请表；

2）申请人的资格证书和身份证复印件；

3）申请人与聘用单位签订的聘用劳动合同复印件；

4）所学专业、工作经历、工程业绩、工程类中级及中级以上职称证书等有关证明材料；

5）逾期初始注册的，应当提供达到继续教育要求的证明材料。

（2）申请初始注册的程序如下：

1）申请人向聘用单位提出申请。

2）聘用单位同意后，连同上述材料由聘用企业向所在省、自治区、直辖市人民政府建设行政主管部门提出申请。

3）省、自治区、直辖市人民政府建设行政主管部门初审合格后，报国务院建设行政主管部门。

4）国务院建设行政主管部门对初审意见进行审核，对符合条件者准予注册，并颁发由国务院建设行政主管部门统一印制的《监理工程师注册证书》和执业印章。执业印章由监理工程师本人保管。

国务院建设行政主管部门对监理工程师初始注册每年定期集中审批一次，并实行公示、公告制度，对符合注册条件的进行网上公示，经公示未提出异议的予以批准确认。

（3）申请注册人员有下列情形之一的，不予初始注册、延续注册或者变更注册：

1）不具有完全民事行为能力的；

2）刑事处罚尚未执行完毕或者因从事工程监理或者相关业务受到刑事处罚，自刑事处罚执行完毕之日起至申请注册之日止不满两年的；

3）未达到监理工程师继续教育要求的；

4）在两个或者两个以上单位申请注册的；

5）以虚假的职称证书参加考试并取得资格证书的；

6）年龄超过 65 周岁的；

7）法律、法规规定不予注册的其他情形。

（4）注册监理工程师有下列情形之一的，负责审批的部门应当办理注销手续，收回注册证书和执业印章或者公告其注册证书和执业印章作废。

1）不具有完全民事行为能力的；

2）申请注销注册的；

3）依法被撤销注册的；

4）依法被吊销注册证书的；

5）受到刑事处罚的；

6）法律、法规规定应当注销注册的其他情形。

（二）续期注册

监理工程师初始注册有效期为 3 年，注册有效期满要求继续执业的，需要办理续期注册。

（1）续期注册应提交下列材料：

1）申请人延续注册申请表；

2）申请人与聘用单位签订的聘用劳动合同复印件；

3）申请人注册有效期内达到继续教育要求的证明材料。

（2）申请续期注册的程序如下：

1）申请人向聘用单位提出申请；

2）聘用单位同意后，连同上述材料由聘用企业向所在省、自治区、直辖市人民政府建设行政主管部门提出申请；

3）省、自治区、直辖市人民政府建设行政主管部门进行审核，对无前述不予续期注册情形的准予续期注册；

4）省、自治区、直辖市人民政府建设行政主管部门在准予续期注册后，将准予续期注册的人员名单，报国务院建设行政主管部门备案。

续期注册的有效期同样为 3 年，从准予续期注册之日起计算。国务院建设行政主管部门定期向社会公告准予续期注册的人员名单。

（三）变更注册

在注册有效期内，注册监理工程师变更执业单位，应当与原聘用单位解除劳动关系，并按《注册监理工程师管理规定》（建设部第 147 号令）第七条规定的程序办理变更注册手续，变更注册后仍延续原注册有效期。

变更注册需要提交下列材料：

（1）申请人变更注册申请表；

（2）申请人与新聘用单位签订的聘用劳动合同复印件；

（3）申请人的工作调动证明（与原聘用单位解除聘用劳动合同或者聘用劳动合同到期的证明文件、退休人员的退休证明）。

（四）注册失效

注册监理工程师有下列情形之一的，其注册证书和执业印章失效：

（1）聘用单位破产的；

（2）聘用单位被吊销营业执照的；

（3）聘用单位被吊销相应资质证书的；

（4）已与聘用单位解除劳动关系的；

（5）注册有效期满且未延续注册的；

（6）年龄超过65周岁的；

（7）死亡或者丧失行为能力的；

（8）其他导致注册失效的情形。

二、注册监理工程师的继续教育

随着现代科学技术日新月异的发展，注册后的监理工程师不能一劳永逸地停留在原有知识水平上，而要随着时代的进步不断更新知识、扩大其知识面，学习新的理论知识、政策法规，了解新技术、新工艺、新材料、新设备，这样才能不断提高执业能力和工作水平，以适应建设事业发展及监理实务的需要。因此，注册监理工程师每一注册有效期内都要接受一定学时的继续教育。继续教育是注册监理工程师初始、延续和重新申请注册的条件之一。继续教育分为必修课和选修课，在每一注册有效期内各为48学时。一些国家，如美国、英国等，对执业人员的年度考核也有类似的要求。继续教育可采取多种不同的方式，如脱产学习、集中授课、参加研讨会（班）、撰写专业论文等。继续教育的内容应紧密结合业务内容，逐年更新。

思考题

1. 监理工程师的概念是什么？
2. 监理工程师应具备什么素质及职业道德？
3. 监理工程师的法律地位与责任是什么？
4. 监理工程师如何才能取得执业资格？
5. 监理工程师如何才能注册？
6. 注册监理工程师为什么要接受继续教育？

第四章　建设工程监理组织及监理规划

第一节　建设工程监理模式与实施程序

一、建设工程监理模式

建设工程监理模式的选择与建设工程组织管理模式密切相关，监理模式对建设工程的规划、控制、协调起着重要作用。

(一) 平行承发包模式条件下的监理模式

与建设工程平行承发包模式相适应的监理模式有以下两种主要形式：

1. 业主委托一家监理单位监理

这种监理委托模式是指业主只委托一家监理单位为其进行监理服务。这种模式要求被委托的监理单位应该具有较强的合同管理与组织协调能力，并能做好全面规划工作。监理单位的项目监理机构可以组建多个监理分支机构对各承建单位分别实施监理。在具体的监理过程中，项目总监理工程师应重点做好总体协调工作，加强横向联系，保证建设工程监理工作的有效运行。这种模式如图 4-1 所示。

2. 业主委托多家监理单位监理

这种监理委托模式是指业主委托多家监理单位为其进行监理服务。采用这种模式，业主分别委托几家监理单位针对不同的承建单位实施监理。由于业主分别与多个监理单位签订委托监理合同，所以各监理单位之间的相互协作与配合需要业主进行协调。采用这种模式，监理单位对象相对单一，便于管理。但建设工程监理工作被肢解，各监理单位各负其责，缺少一个对建设工程进行总体规划与协调控制的监理单位。这种模式如图 4-2 所示。

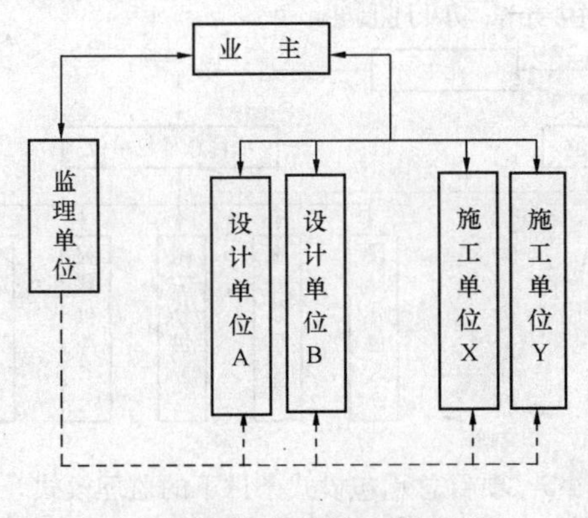

图 4-1　业主委托一家监理单位进行监理的模式

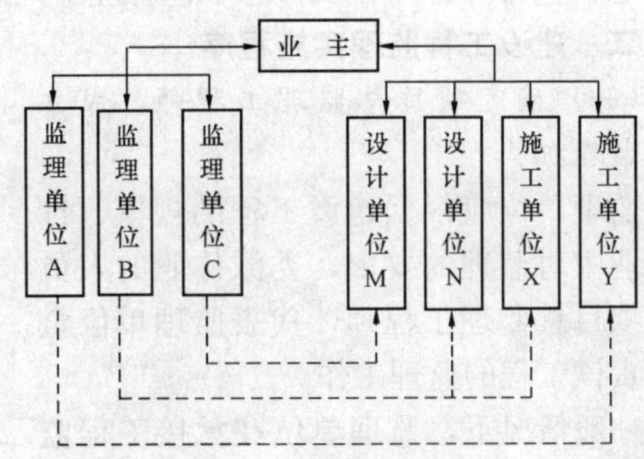

图 4-2　业主委托多家监理单位进行监理的模式

(二) 设计或施工总分包模式条件下的监理模式

对设计或施工总分包模式，业主可以委托一家监理单位进行实施阶段全过程的监理，也可以分别按照设计阶段和施工阶段委托监理单位。前者的优点是监理单位可以对设计阶段和

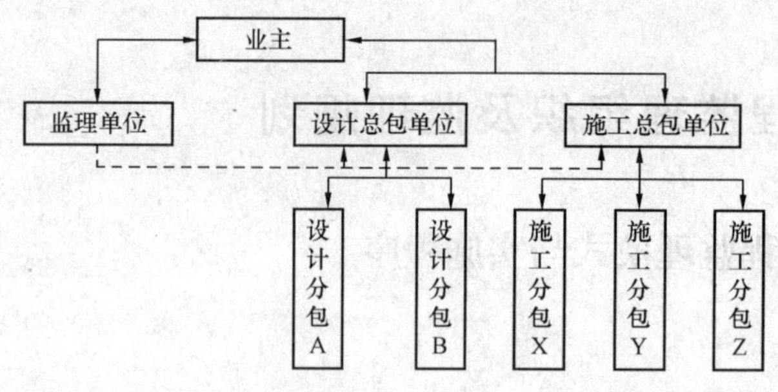

图 4-3 业主委托一家监理单位的模式

施工阶段的工程投资、进度、质量控制统筹考虑，合理进行总体规划协调，更可使监理工程师掌握设计思路与设计意图，有利于施工阶段的监理工作。

虽然总包单位对承包合同承担乙方的最终责任，但分包单位的资质、能力直接影响着工程质量、进度等目标的实现，所以，监理工程师必须做好对分包单位资质的审查、确认工作。这种监理模式如图 4-3 和图 4-4 所示。

（三）项目总承包模式条件下的监理模式

在项目总承包模式下，一般宜委托一家监理单位进行监理。在这种模式下，监理工程师需具备较全面的知识，才能做好合同管理工作，如图 4-5 所示。

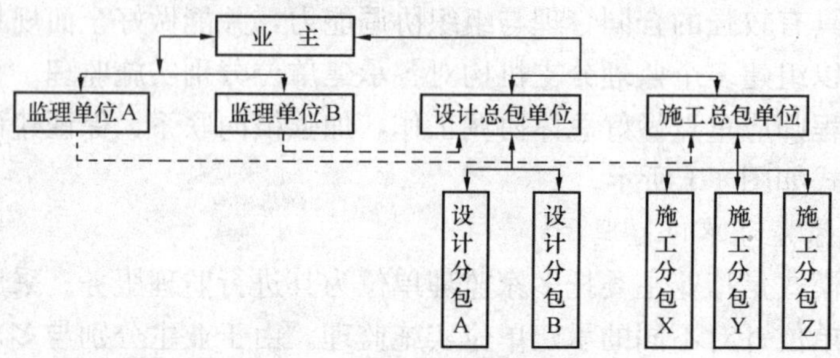

图 4-4 按阶段委托模式

（四）项目总承包管理模式条件下的监理模式

在项目总承包管理模式下，一般宜委托一家监理单位进行监理，这样便于监理工程师对项目总承包管理合同和项目总承包管理单位进行分包等活动的监理。

二、建设工程监理实施程序

（一）确定项目总监理工程师，成立项目监理机构

监理单位应根据建设工程的规模、性质、业主对监理的要求，委派称职的人员担任项目总监理工程师，代表监理单位全面负责该工程的监理工作。

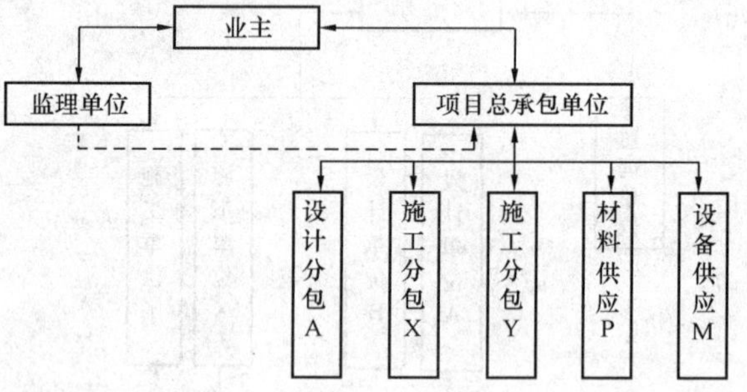

图 4-5 项目总承包模式条件下的监理模式

一般情况下，监理单位在承接工程监理任务时，在参与工程监理的投标、拟定监理方案（大纲）以及与业主商签委托监理合同时，即应选派称职的人员主持该项工作。在监理任务确定并签订委托监理合同后，该主持人即可作为项目总监理工程师。这样，项目的总监理工程师在承接任务阶段即早已介入，从而更能了解业主的建设意图和对监理工作的要求，并与后续工作能更好地衔接。总监理工程师是一个建设工程监理工作的总负责人，他对内向监理单位负责，对外向业主负责。根据规定，我国的工程项目建设监理实行总监理工程

师负责制。项目总监是项目监理全部工作的责权利主体。项目总监对推进我国的工程建设监理事业，提高项目监理工作水平，提高工程建设管理水平和投资效益等起着关键的作用。因为他们是执行工程建设法律、法规的直接监督者，是工程项目建设活动的直接组织管理者，是项目监理的全权负责人。

项目总监理工程师的地位：是经过政府注册的授权人。要独立对社会承担专业责任；是监理单位授权履行监理合同的全权代表和总负责人；是项目法人（业主）通过监理合同委托授权的总承担人；是项目监理全部工作的责权利主体。

项目总监理工程师的作用：是我国的工程建设监理事业直接推进者；是项目监理工作的直接组织指挥者；是工程项目建设活动的直接组织管理者；在监督执行国家有关工程建设的法律、法规，维护国家和社会公众利益，提高我国的工程建设管理水平和投资效益等方面发挥着非常重要的作用。

（二）编制建设工程监理规划

建设工程监理规划是开展工程监理活动的纲领性文件。

（三）制定各专业监理实施细则

在监理规划的指导下，为具体指导投资控制、质量控制、进度控制的进行，还需结合建设工程实际情况，制定相应的实施细则。

（四）规范化地开展监理工作

（1）工作的时序性。这是指监理的各项工作都应按一定的逻辑顺序先后展开，从而使监理工作能有效地达到目标而不致造成工作状态的无序和混乱。

（2）职责分工的严密性。建设工程监理工作是由不同专业、不同层次的专家群体共同完成的，他们之间严密的职责分工是协调进行监理工作的前提和实现监理目标的重要保证。

（3）工作目标的确定性。在职责分工的基础上，每一项监理工作的具体目标都应是确定的，完成的时间也应有时限规定，从而能通过报表资料对监理工作及其效果进行检查和考核。

（五）参与验收，签署建设工程监理意见

建设工程施工完成以后，监理单位应在正式验交前组织竣工预验收，在预验收中发现的问题，应及时与施工单位沟通，提出整改要求。监理单位应参加业主组织的工程竣工验收，签署监理单位意见。

（六）向业主提交建设工程监理档案资料

建设工程监理工作完成后，监理单位向业主提交的监理档案资料应在委托监理合同文件中约定。如在合同中没有作出明确规定，监理单位一般应提交设计变更、工程变更资料，监理指令性文件，各种签证资料等档案资料。

（七）监理工作总结

监理工作完成后，项目监理机构应及时从以下两方面进行监理工作总结：

（1）向业主提交的监理工作总结，其主要内容包括：委托监理合同履行情况概述，监理任务或监理目标完成情况的评价，由业主提供的供监理活动使用的办公用房、车辆、试验设施等的清单，表明监理工作终结的说明等。

（2）给监理单位提交的监理工作总结，其主要内容包括：

1）监理工作的经验，可以是采用某种监理技术、方法的经验，也可以是采用某种经济措施、组织措施的经验，以及委托监理合同执行方面的经验或如何处理好与业主、承包单位关系的经验等。

2）监理工作中存在的问题及改进的建议。

三、建设工程监理实施原则

监理单位受业主委托对建设工程实施监理时，应遵守以下基本原则。

（一）公正、独立、自主的原则

监理工程师在建设工程监理中必须尊重科学、尊重事实，组织各方协同配合，维护有关各方的合法权益。为此，必须坚持公正、独立、自主的原则。业主与承建单位虽然都是独立运行的经济主体，但他们追求的经济目标有差异，监理工程师应在按合同约定的权、责、利关系的基础上，协调双方的一致性。只有按合同的约定建成工程，业主才能实现投资的目的，承建单位也才能实现自己生产的产品的价值，取得工程款和实现盈利。

（二）权责一致的原则

监理工程师承担的职责应与业主授予的权限相一致。监理工程师的监理职权，依赖于业主的授权。这种权力的授予，除体现在业主与监理单位之间签订的委托监理合同之中，而且还应作为业主与承建单位之间建设工程合同的合同条件。因此，监理工程师在明确业主提出的监理目标和监理工作内容要求后，应与业主协商，明确相应的授权，达成共识后，明确反映在委托监理合同中及建设工程合同中。据此，监理工程师才能开展监理活动。

总监理工程师代表监理单位全面履行建设工程委托监理合同，承担合同中确定的监理方向业主方所承担的义务和责任。因此，在委托监理合同实施中，监理单位应给总监理工程师充分授权，体现权责一致的原则。

（三）总监理工程师负责制的原则

总监理工程师是工程监理全部工作的负责人。要建立和健全总监理工程师负责制，就要明确权、责、利关系，健全项目监理机构，具有科学的运行制度、现代化的管理手段，形成以总监理工程师为首的高效能的决策指挥体系。

总监理工程师负责制的内涵包括：

(1) 总监理工程师是工程监理的责任主体。责任是总监理工程师负责制的核心，它构成了对总监理工程师的工作压力与动力，也是确定总监理工程师权力和利益的依据。因此，总监理工程师应是向业主和监理单位所负责任的承担者。

(2) 总监理工程师是工程监理的权力主体。根据总监理工程师承担责任的要求，总监理工程师全面领导建设工程的监理工作，包括组建项目监理机构，主持编制建设工程监理规划，组织实施监理活动，对监理工作总结、监督、评价。

（四）严格监理、热情服务的原则

严格监理，就是各级监理人员严格按照国家政策、法规、规范、标准和合同控制建设工程的目标，依照既定的程序和制度，认真履行职责，对承建单位进行严格监理。

监理工程师还应为业主提供热情的服务，“应运用合理的技能，谨慎而勤奋地工作”。由于业主一般不熟悉建设工程管理与技术业务，监理工程师应按照委托监理合同的要求多方位、多层次地为业主提供良好的服务，维护业主的正当权益。但是，不能因此而一味向各承建单位转嫁风险，从而损害承建单位的正当经济利益。

（五）综合效益的原则

建设工程监理活动既要考虑业主的经济效益，也必须考虑与社会效益和环境效益的有机统一。建设工程监理活动虽经业主的委托和授权才得以进行，但监理工程师应首先严格遵守国家的建设管理法律、法规、标准等，以高度负责的态度和责任感，既对业主负责，谋求最大的经济效益，又要对国家和社会负责，取得最佳的综合效益。只有在符合宏观经济效益、社会效益和环境效益的条件下，业主投资项目的微观经济效益才能得以实现。

第二节　建设工程监理机构

监理单位与业主签订委托监理合同后，在实施建设工程监理之前，应建立监理机构。监理机构的组织形式和规模，应根据委托监理合同规定的服务内容、服务期限、工程类别、规模、技术复杂程度、工程环境等因素确定。

一、建立建设工程监理机构的步骤

监理单位在组建监理机构时，一般按以下步骤进行：

（一）确定监理机构目标

建设工程监理目标是项目监理机构建立的前提，监理机构的建立应根据委托监理合同中确定的监理目标，制定总目标并明确划分监理机构的分解目标。

（二）确定监理工作内容

根据监理目标和委托监理合同中规定的监理任务，明确列出监理工作内容，并进行分类归并及组合。监理工作的归并及组合应便于监理目标控制，并综合考虑监理工程的组织管理模式、工程结构特点、合同工期要求、工程复杂程度、工程管理及技术特点；还应考虑监理单位自身组织管理水平、监理人员数量、技术业务特点等。

如果建设工程进行实施阶段全过程监理，监理工作划分可按设计阶段和施工阶段分别归并和组合，如图 4-6 所示。

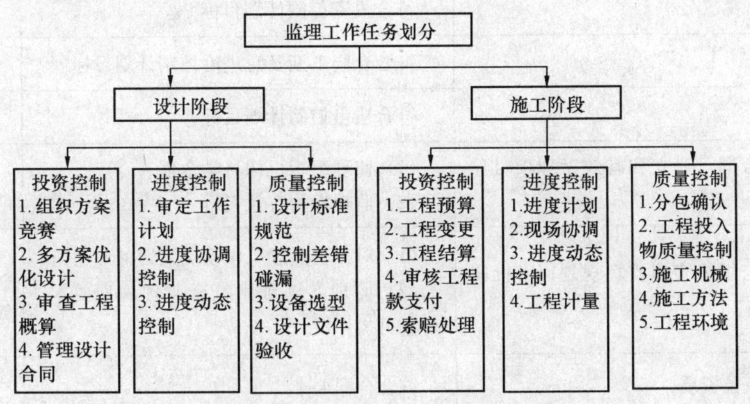

图 4-6　实施阶段监理工作划分

（三）项目监理机构的组织结构设计

1. 选择组织结构形式

由于建设工程规模、性质、建设阶段等的不同，设计项目监理机构的组织结构时应选择适宜的组织结构形式以适应监理工作的需要。组织结构形式选择的基本原则是有利于工程合同管理、有利于监理目标控制、有利于决策指挥、有利于信息沟通。

2. 合理确定管理层次与管理跨度

项目监理机构中一般应有以下三个层次：

(1) 决策层。由总监理工程师及其助手组成，主要根据建设工程委托监理合同的要求和监理活动内容进行科学化、程序化决策与管理。

(2) 中间控制层（协调层和执行层）。由各专业监理工程师组成，具体负责监理规划的落实，监理目标控制及合同实施的管理。

(3) 作业层（操作层）。主要由监理员、检查员等组成，具体负责监理活动的操作实施。项目监理机构中管理跨度的确定应考虑监理人员的素质、管理活动的复杂性和相似性、监理业务的标准化程度、各项规章制度的建立健全情况、建设工程的集中或分散情况等，按监理工作实际需要确定。

3. 项目监理机构部门划分

项目监理机构中合理划分各职能部门，应依据监理机构目标、监理机构可利用的人力和物力资源以及合同结构情况，将投资控制、进度控制、质量控制、合同管理、组织协调等监理工作内容按不同的职能活动形成相应的管理部门。

4. 制定岗位职责及考核标准

岗位职务及职责的确定，要有明确的目的性，不可因人设事。根据责权一致的原则，应进行适当的授权，以承担相应的职责，并应确定考核标准，对监理人员的工作进行定期考核，包括考核内容、考核标准及考核时间。表 4-1 和表 4-2 分别为项目总监理工程师和专业监理工程师岗位职责考核标准。

表 4-1　　项目总监理工程师岗位职责考核标准

项目	职责内容	考核要求	
		标准	时间
工作目标	投资控制	符合投资控制计划目标	每月（季）末
	进度控制	符合合同工期及总进度控制计划目标	每月（季）末
	质量控制	符合质量控制计划目标	工程各阶段末
基本职责	根据监理合同，建立和有效管理项目监理机构	(1) 监理组织机构科学合理。 (2) 监理机构有效运行	每月（季）末
	主持编写与组织实施监理规划；审批监理实施细则	(1) 对工程监理工作系统策划。 (2) 监理实施细则符合监理规划要求，具有可操作性	编写和审核完成后
	审查分包单位资质	符合合同要求	一周内
	监督和指导专业监理工程师对投资、进度、质量进行监理；审核、签发有关文件资料；处理有关事项	(1) 监理工作处于正常工作状态。 (2) 工作处于受控状态	每月（季）末
	做好监理过程中有关各方的协调工作	工作处于受控状态	每月（季）末
	主持整理建设工程的监理资料	及时、准确、完整	按合同规定

表 4-2　**专业监理工程师岗位职责考核标准**

<table>
<tr><th rowspan="2">项目</th><th rowspan="2">职责内容</th><th colspan="2">考核要求</th></tr>
<tr><th>标准</th><th>时间</th></tr>
<tr><td rowspan="3">工作目标</td><td>投资控制</td><td>符合投资控制分解目标</td><td>每周（月）末</td></tr>
<tr><td>进度控制</td><td>符合合同工期及总进度控制分解目标</td><td>每周（月）末</td></tr>
<tr><td>质量控制</td><td>符合质量控制分解目标</td><td>工程各阶段末</td></tr>
<tr><td rowspan="6">基本职责</td><td>熟悉工程情况，制定本专业监理工作计划和监理实施细则</td><td>反映专业特点，具有可操作性</td><td>实施前一个月</td></tr>
<tr><td>具体负责本专业的监理工作</td><td>（1）工程监理工作有序。
（2）工作处于受控状态</td><td>每周（月）末</td></tr>
<tr><td>做好监理机构内各部门之间的监理任务的衔接、配合工作</td><td>监理工作各负其责，相互配合</td><td>每周（月）末</td></tr>
<tr><td>处理与本专业有关的问题；对投资、进度、质量有重大影响的监理问题应及时报告总监</td><td>（1）工程处于受控状态。
（2）及时、真实</td><td>每周（月）末</td></tr>
<tr><td>负责与本专业有关的签证、通知、备忘录，及时向总监理工程师提交报告、报表资料等</td><td>及时、真实、准确</td><td>每周（月）末</td></tr>
<tr><td>管理本专业建设工程的监理资料</td><td>及时、准确、完整</td><td>每周（月）末</td></tr>
</table>

5. 选派监理人员

根据监理工作的任务，选择适当的监理人员，包括总监理工程师、专业监理工程师和监理员，必要时可配备总监理工程师代表。监理人员的选择除应考虑个人素质外，还应考虑人员总体构成的合理性与协调性。

《建设工程监理规范》规定，项目总监理工程师应由具有 3 年以上同类工程监理工作经验的人员担任；总监理工程师代表应由具有 2 年以上同类工程监理工作经验的人员担任；专业监理工程师应由具有 1 年以上同类工程监理工作经验的人员担任，并且项目监理机构的监理人员应专业配套、数量满足建设工程监理工作的需要。

（四）制定工作流程和信息流程

为使监理工作科学、有序地进行，应按监理工作的客观规律制定工作流程和信息流程，规范化地开展监理工作，图 4-7 所示为施工阶段监理工作流程。

二、项目监理机构的组织形式

项目监理机构的组织形式是指项目监理机构具体采用的管理组织结构，应根据建设工程的特点、建设工程组织管理模式、业主委托的监理任务以及监理单位自身情况而确定。常用的项目监理机构组织形式有以下几种：

（一）直线制监理组织形式

这种组织形式的特点是项目监理机构中任何一个下级只接受上级的命令。各级部门主管人员对所属部门的问题负责，项目监理机构中不再另设职能部门。

这种组织形式适用于能划分为若干相对独立的子项目的大、中型建设工程。如图 4-8 所示，总监理工程师负责整个工程的规划、组织和指导，并负责整个工程范围内各方面的指挥、协调工作；子项目监理组分别负责各子项目的目标值控制，具体领导现场专业或专项监理组的工作。

图 4-7　施工阶段监理工作程序图

如果业主委托监理单位对建设项目实施全过程监理，项目监理机构的部门还可按不同的建设阶段分解设立直线制监理组织形式，如图 4-9 所示。

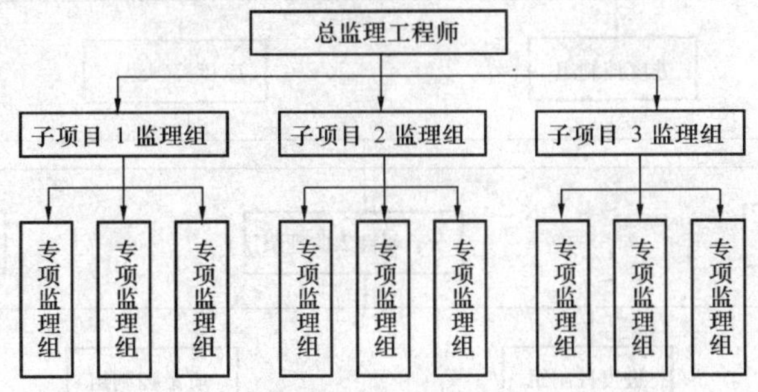

图 4-8 按子项目分解的直线制监理组织形式

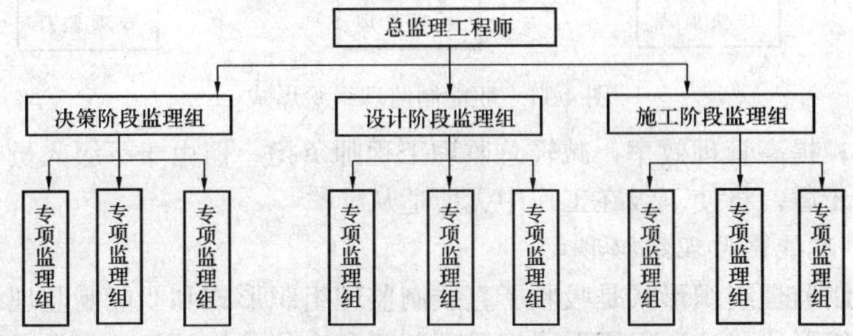

图 4-9 按建设阶段分解的直线制监理组织形式

对于小型建设工程，监理单位也可以采用按专业内容分解的直线制监理组织形式，如图 4-10 所示。

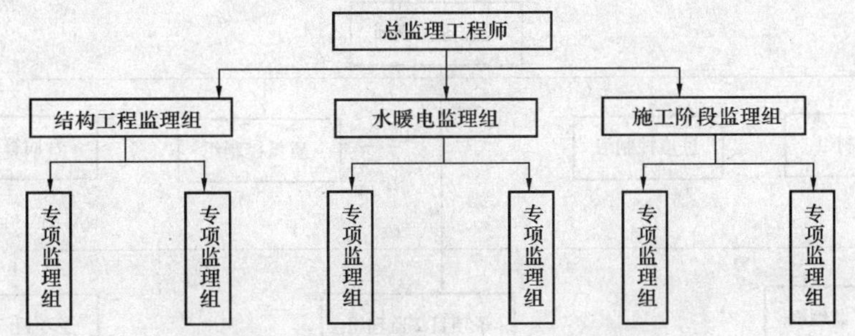

图 4-10 某房屋工程的直线制监理组织形式

直线制监理组织形式的主要优点是组织机构简单，权力集中，命令统一，职责分明，决策迅速，隶属关系明确。缺点是实行没有职能部门的“个人管理”，这就要求总监理工程师通晓各种业务，通晓多种知识技能，成为“全能”式人物。

（二）职能制监理组织形式

职能制监理组织形式，是在监理机构内设立一些职能部门，把相应的监理职责和权力交给职能部门，各职能部门在本职能范围内有权直接指挥下级，如图 4-11 所示。此种组织形式一般适用于大、中型建设工程。

这种组织形式的主要优点是加强了项目监理目标控制的职能化分工，能够发挥职能机构

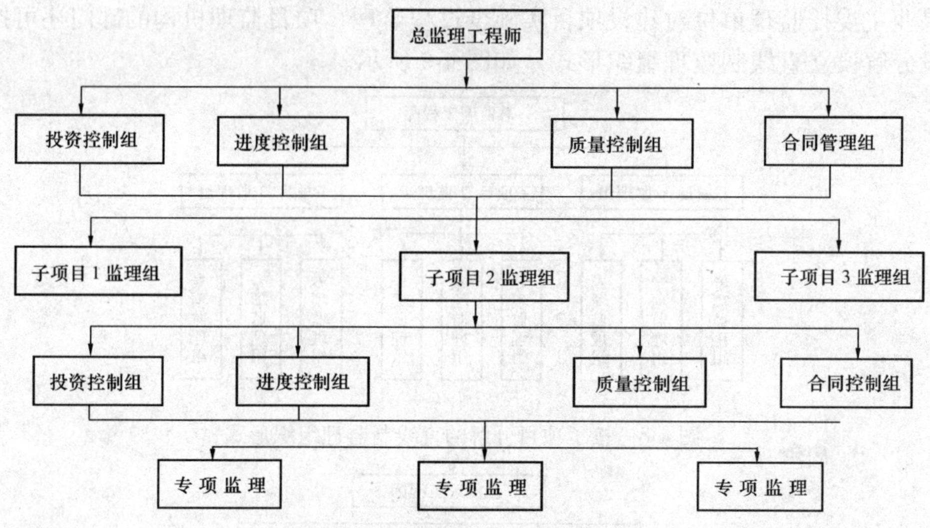

图 4-11 职能制监理组织形式

的专业管理作用，提高管理效率，减轻总监理工程师负担。但由于下级人员受多头领导，如果上级指令相互矛盾，将使下级在工作中无所适从。

（三）直线—职能制监理组织形式

直线—职能制监理组织形式是吸收了直线制监理组织形式和职能制监理组织形式的优点而形成的一种组织形式。这种组织形式把管理部门和人员分为两类：一类是直线指挥部门的人员，他们拥有对下级实行指挥和发布命令的权力，并对该部门的工作全面负责；另一类是职能部门和人员，他们是直线指挥人员的参谋，他们只能对下级部门进行业务指导，而不能对下级部门直接进行指挥和发布命令，如图 4-12 所示。

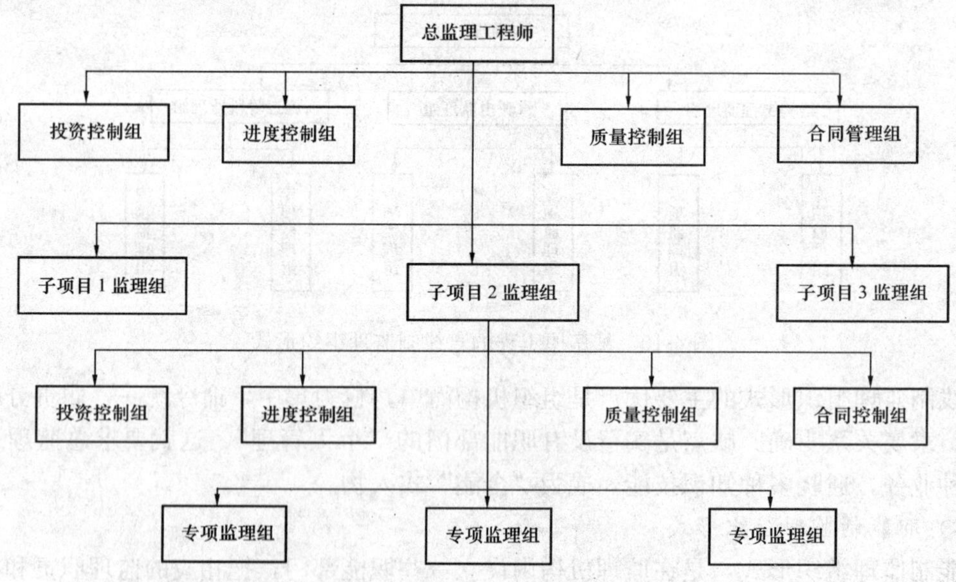

图 4-12 直线职能制监理组织形式

这种形式保持了直线制组织实行直线领导、统一指挥、职责清楚的优点，另一方面又保持了职能制组织目标管理专业化的优点；其缺点是职能部门与指挥部门易产生矛盾，信息传递路线长，不利于互通情报。

(四) 矩阵制监理组织形式

矩阵制监理组织形式是由纵横两套管理系统组成的矩阵形组织结构，一套是纵向的职能系统；另一套是横向的子项目系统，如图 4-13 所示。

这种形式的优点是加强了各职能部门的横向联系，具有较大的机动性和适应性，把上下左右集权与分权实行最优的结合，有利于解决复杂难题，有利于监理人员业务能力的培养；缺点是纵横向协调工作量大，处理不当会造成扯皮现象，产生矛盾。

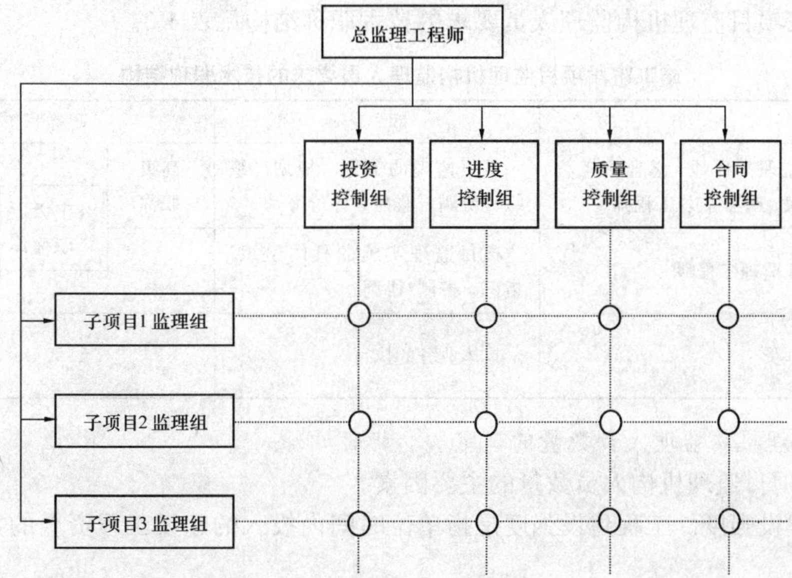

图 4-13　矩阵制监理组织形式

三、项目监理机构的人员配备及职责分工

(一) 项目监理机构的人员配备

项目监理机构中配备监理人员的数量和专业应根据监理的任务范围、内容、期限以及工程的类别、规模、技术复杂程度、工程环境等因素综合考虑，并应符合委托监理合同中对监理深度和密度的要求，能体现项目监理机构的整体素质，满足监理目标控制的要求。

1. 项目监理机构的人员结构

项目监理机构应具有合理的人员结构，包括以下两方面的内容：

(1) 合理的专业结构。项目监理机构应由与监理工程的性质（民用项目或专业性强的生产项目）及业主对工程监理的要求（全过程监理或某一阶段如设计或施工阶段的监理；投资、质量、进度的多目标控制或某一目标的控制）相适应的各专业人员组成，也就是各专业人员要配套。

一般来说，项目监理机构应具备与所承担的监理任务相适应的专业人员。但是，当监理工程局部有某些特殊性，或业主提出某些特殊的监理要求而需要采用某种特殊的监控手段时，如局部的钢结构、网架、罐体等质量监控需采用无损探伤、X 光及超声探测仪，水下及地下混凝土桩基需采用遥测仪器探测等，应将这些局部的专业性强的监控工作另行委托给有相应资质的咨询机构来承担。

（2）合理的技术职务、职称结构。为了提高管理效率和经济性，项目监理机构的监理人员应根据建设工程的特点和建设工程监理工作的需要确定其技术职称、职务结构。合理的技术职称结构表现在高级职称、中级职称和初级职称有与监理工作要求相称的比例。一般来说，决策阶段、设计阶段的监理，具有高级职称及中级职称的人员在整个监理人员构成中应占绝大多数。施工阶段的监理，可有较多的初级职称人员从事实际操作，如旁站、填记日志、现场检查、计量等。这里说的初级职称是指助理工程师、助理经济师、技术员、经济员，还可包括具有相应能力的实践经验丰富的工人（应能看懂图纸、正确填报有关原始凭证）。施工阶段项目监理机构监理人员要求的技术职称结构见表4-3。

表4-3　施工阶段项目监理机构监理人员要求的技术职称结构

<table>
<tr><th>层次</th><th>人员</th><th>职能</th><th colspan="3">职称职务要求</th></tr>
<tr><td>决策层</td><td>总监理工程师、总监理工程师代表、专业监理工程师</td><td>项目监理的策划、规划；组织、协调、监控、评价等</td><td>高级职称</td><td rowspan="2">中级职称</td><td></td></tr>
<tr><td>执行层/协调层</td><td>专业监理工程师</td><td>项目监理实施的具体组织、指挥、控制/协调</td><td></td><td rowspan="2">初级职称</td></tr>
<tr><td>作业层/操作层</td><td>监理员</td><td>具体业务的执行</td><td></td><td></td></tr>
</table>

2. 项目监理机构监理人员数量的确定

（1）影响项目监理机构人员数量的主要因素。

1）工程建设强度。工程建设强度是指单位时间内投入的建设工程资金的数量，用下式表示

工程建设强度＝投资/工期

其中，投资和工期是指由监理单位所承担的那部分工程的建设投资和工期。一般投资费用可按工程估算、概算或合同价计算，工期根据进度总目标及其分目标计算。

显然，工程建设强度越大，需投入的项目监理人数越多。

2）建设工程复杂程度。根据一般工程的情况，工程复杂程度涉及以下各项因素：设计活动多少、工程地点位置、气候条件、地形条件、工程地质、施工方法、工程性质、工期要求、材料供应、工程分散程度等。

根据上述各项因素的具体情况，可将工程分为若干工程复杂程度等级。不同等级的工程需要配备的项目监理人员数量有所不同。例如，可将工程复杂程度按五级划分：简单、一般、一般复杂、复杂、很复杂。工程复杂程度等级可采用定量办法定级：对构成工程复杂程度的每一因素通过专家评估，根据工程实际情况给出相应权重，将各影响因素的评分加权平均后根据其值的大小确定该工程的复杂程度等级。例如，将工程复杂程度按10分制计评，则平均分值1～3分、3～5分、5～7分、7～9分者依次为简单工程、一般工程、一般复杂工程和复杂工程，9分以上为很复杂工程。

显然，简单工程需要的项目监理人员较少，而复杂工程需要的项目监理人员较多。

3）监理单位的业务水平。每个监理单位的业务水平和对某类工程的熟悉程度不完全相同，在监理人员素质、管理水平和监理的设备手段等方面也存在差异，这都会直接影响到监理效率的高低。高水平的监理单位可以投入较少的监理人力完成一个建设工程的监理工作，

而一个经验不多或管理水平不高的监理单位则需投入较多的监理人力。因此，各监理单位应当根据自己的实际情况制定监理人员需要量定额。

4）项目监理机构的组织结构和任务职能分工。项目监理机构的组织结构情况关系到具体的监理人员配备，务必使项目监理机构任务职能分工的要求得到满足。必要时，还需要根据项目监理机构的职能分工对监理人员的配备做进一步的调整。

有时监理工作需要委托专业咨询机构或专业监测、检验机构进行。这样，项目监理机构的监理人员数量可适当减少。

（2）项目监理机构人员数量的确定方法。

项目监理机构人员数量的确定方法可按如下步骤进行：

1）项目监理机构人员需要量定额。根据监理工程师的监理工作内容和工程复杂程度等级，测定、编制项目监理机构监理人员需要量定额，见表 4-4。

表 4-4　监理人员需要量定额　千万元/年

工程复杂程度	监理工程师	监理员	行政、文秘人员
简单工程	0.20	0.75	0.10
一般工程	0.25	1.00	0.10
一般复杂工程	0.35	1.10	0.25
复杂工程	0.50	1.50	0.35
很复杂工程	＞0.50	＞1.50	＞0.35

2）确定工程建设强度。根据监理单位承担的监理工程，确定工程建设强度。

例如：某工程分为 2 个子项目，合同总价为 39 000 万元，其中子项目 1 合同价为 21 000 万元，子项目 2 合同价为 18 000 万元，合同工期为 30 个月。

工程建设强度：39 000÷30×12＝15 600（万元/年）＝15.6（千万元/年）

3）确定工程复杂程度。按构成工程复杂程度的 10 个因素考虑，根据本工程实际情况分别按 10 分制打分，具体结果见表 4-5。

表 4-5　工程复杂程度等级评定表

项　次	影响因素	子项目 1	子项目 2
1	设计活动	5	6
2	工程位置	9	5
3	气候条件	5	5
4	地形条件	7	5
5	工程地质	4	7
6	施工方法	4	6
7	工期要求	5	5
8	工期性质	6	6
9	材料供应	4	5
10	分散程度	5	5
平均分值		5.4	5.5

根据计算结果，此工程为一般复杂工程等级。

4）根据工程复杂程度和工程建设强度套用监理人员需要量定额。从表 4-4 中可查到相应项目监理机构监理人员需要量定额如下（千万元/年）：

监理工程师：0.35；监理员 1.1；行政文秘人员 0.25。

因此各类监理人员数量如下：

监理工程师 0.35×15.6=5.46 人，按 6 人考虑；

监理员 1.10×15.6=17.16 人，按 17 人考虑；

行政文秘人员 0.25×15.6=3.9 人，按 4 人考虑。

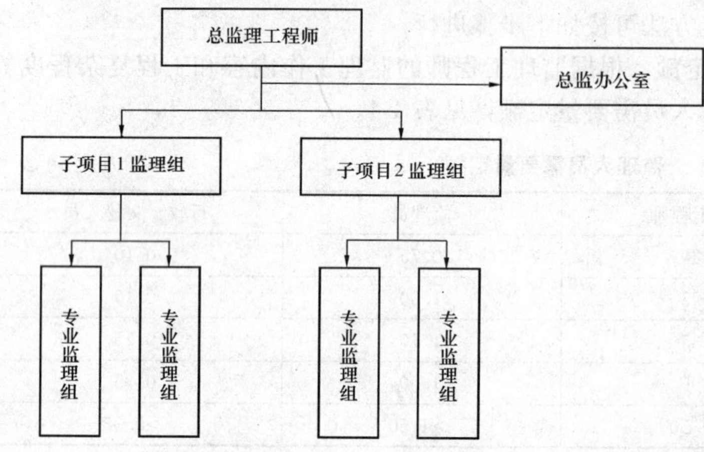

图 4-14 项目监理机构的直线制组织结构

5）根据实际情况确定监理人员数量。该建设工程的项目监理机构的直线制组织结构如图 4-14 所示。

根据项目监理机构情况决定每个部门各类监理人员如下：

监理总部（包括总监理工程师、总监理工程师代表和总监理工程师办公室）：总监理工程师 1 人，总监理工程师代表 1 人，行政文秘人员 2 人。

子项目 1 监理组：专业监理工程师 2 人，监理员 9 人，行政文秘人员 1 人。

子项目 2 监理组：专业监理工程师 2 人，监理员 8 人，行政文秘人员 1 人。

施工阶段项目监理机构的监理人员数量一般不少于 3 人。

项目监理机构的监理人员数量和专业配备应随工程施工进展情况做相应的调整，从而满足不同阶段监理工作的需要。

（二）项目监理机构各类人员的基本职责

监理人员的基本职责应按照工程建设阶段和建设工程的情况确定。

施工阶段，按照《建设工程监理规范》的规定，项目总监理工程师、总监理工程师代表、专业监理工程师和监理员应分别履行以下职责：

1. 总监理工程师职责

（1）确定项目监理机构人员的分工和岗位职责；

（2）主持编写项目监理规划、审批项目监理实施细则，并负责管理项目监理机构的日常工作；

（3）审查分包单位的资质，并提出审查意见；

（4）检查和监督监理人员的工作，根据工程项目的进展情况可进行人员调配，对不称职的人员应调换工作；

（5）主持监理工作会议，签发项目监理机构的文件和指令；

（6）审定承包单位提交的开工报告、施工组织设计、技术方案、进度计划；

（7）审核签署承包单位的申请、支付证书和竣工结算；

(8) 审查和处理工程变更；

(9) 主持或参与工程质量事故的调查；

(10) 调解建设单位与承包单位的合同争议、处理索赔、审批工程延期；

(11) 组织编写并签发监理月报、监理工作阶段报告、专题报告和项目监理工作总结；

(12) 审核签认分部工程和单位工程的质量检验评定资料，审查承包单位的竣工申请，组织监理人员对待验收的工程项目进行质量检查，参与工程项目的竣工验收；

(13) 主持整理工程项目的监理资料。

总监理工程师不得将下列工作委托总监理工程师代表：

(1) 主持编写项目监理规划、审批项目监理实施细则；

(2) 签发工程开工/复工报审表、工程暂停令、工程款支付证书、工程竣工报验单；

(3) 审核签认竣工结算；

(4) 调解建设单位与承包单位的合同争议、处理索赔；

(5) 根据工程项目的进展情况进行监理人员的调配，调换不称职的监理人员。

2. 总监理工程师代表职责

(1) 负责总监理工程师指定或交办的监理工作；

(2) 按总监理工程师的授权，行使总监理工程师的部分职责和权力。

3. 专业监理工程师职责

(1) 负责编制本专业的监理实施细则；

(2) 负责本专业监理工作的具体实施；

(3) 组织、指导、检查和监督本专业监理员的工作，当人员需要调整时，向总监理工程师提出建议；

(4) 审查承包单位提交的涉及本专业的计划、方案、申请、变更，并向总监理工程师提出报告；

(5) 负责本专业分项工程验收及隐蔽工程验收；

(6) 定期向总监理工程师提交本专业监理工作实施情况报告，对重大问题及时向总监理工程师汇报和请示；

(7) 根据本专业监理工作实施情况做好监理日记；

(8) 负责本专业监理资料的收集、汇总及整理，参与编写监理月报；

(9) 核查进场材料、设备、构配件的原始凭证、检测报告等质量证明文件及其质量情况，根据实际情况认为有必要时对进场材料、设备、构配件进行平行检验，合格时予以签认；

(10) 负责本专业的工程计量工作，审核工程计量的数据和原始凭证。

4. 监理员职责

(1) 在专业监理工程师的指导下开展现场监理工作；

(2) 检查承包单位投入工程项目的人力、材料、主要设备及其使用、运行状况，并做好检查记录；

(3) 复核或从施工现场直接获取工程计量的有关数据并签署原始凭证；

(4) 按设计图及有关标准，对承包单位的工艺过程或施工工序进行检查和记录，对加工制作及工序施工质量检查结果进行记录；

（5）担任旁站工作，发现问题及时指出并向专业监理工程师报告；

（6）做好监理日记和有关的监理记录。

第三节 建设工程监理的组织协调

建设工程监理目标的实现，需要监理工程师扎实的专业知识和对监理程序的有效执行。此外，还要求监理工程师有较强的组织协调能力。通过组织协调，使影响监理目标实现的各方主体有机配合，使监理工作实施和运行过程顺利。

一、建设工程监理组织协调概述

（一）组织协调的概念

协调就是联结、联合、调和所有的活动及力量，使各方配合得适当，其目的是促使各方协同一致，以实现预定目标。协调工作应贯穿于整个建设工程实施及其管理过程中。

建设工程系统就是一个由人员、物质、信息等构成的人为组织系统。用系统方法分析，建设工程的协调一般有三大类：一是“人员/人员界面”；二是“系统/系统界面”；三是“系统/环境界面”。

建设工程组织是由各类人员组成的工作班子，由于每个人的性格、习惯、能力、岗位、任务、作用的不同，即使只有两个人在一起工作，也有潜在的人员矛盾或危机。这种人和人之间的间隔，就是所谓的“人员/人员界面”。

建设工程系统是由若干个子项目组成的完整体系，子项目即子系统。由于子系统的功能、目标不同，容易产生各自为政的趋势和相互推诿的现象。这种子系统和子系统之间的间隔，就是所谓的“系统/系统界面”。

建设工程系统是一个典型的开放系统。它具有环境适应性，能主动从外部世界取得必要的能量、物质和信息。在取得的过程中，不可能没有障碍和阻力。这种系统与环境之间的间隔，就是所谓的“系统/环境界面”。

项目监理机构的协调管理就是在“人员/人员界面”、“系统/系统界面”、“系统/环境界面”之间，对所有的活动及力量进行联结、联合、调和的工作。系统方法强调，要把系统作为一个整体来研究和处理，因为总体的作用规模要比各子系统的作用规模之和大。为了顺利实现建设工程系统目标，必须重视协调管理，发挥系统整体功能。在建设工程监理中，要保证项目的参与各方围绕建设工程开展工作，使项目目标顺利实现。组织协调工作最为重要，也最为困难，是监理工作能否成功的关键，只有通过积极的组织协调才能实现整个系统全面协调控制的目的。

（二）组织协调的范围和层次

从系统方法的角度看，项目监理机构协调的范围分为系统内部的协调和系统外部的协调，系统外部协调又分为近外层协调和远外层协调。近外层和远外层的主要区别是，建设工程与近外层关联单位一般有合同关系，与远外层关联单位一般没有合同关系。

二、项目监理机构组织协调的工作内容

（一）项目监理机构内部的协调

1. 项目监理机构内部人际关系的协调

项目监理机构是由人组成的工作体系，工作效率很大程度上取决于人际关系的协调程

度，总监理工程师应首先抓好人际关系的协调，激励项目监理机构成员。

（1）在人员安排上要量才录用。对项目监理机构各种人员，要根据每个人的专长进行安排，做到人尽其才。人员的搭配应注意能力互补和性格互补，人员配置应尽可能少而精，防止力不胜任和忙闲不均现象。

（2）在工作委任上要职责分明。对项目监理机构内的每一个岗位，都应订立明确的目标和岗位责任制，应通过职能清理，使管理职能不重不漏，做到事事有人管、人人有专责，同时明确岗位职权。

（3）在成绩评价上要实事求是。谁都希望自己的工作做出成绩，并得到肯定。但工作成绩的取得，不仅需要主观努力，而且需要一定的工作条件和相互配合。要发扬民主作风，实事求是评价，以免人员无功自傲或有功受屈，使每个人热爱自己的工作，并对工作充满信心和希望。

（4）在矛盾调解上要恰到好处。人员之间的矛盾总是存在的，一旦出现矛盾就应进行调解，要多听取项目监理机构成员的意见和建议，及时沟通，使人员始终处于团结、和谐、热情高涨的工作气氛之中。

2. 项目监理机构内部组织关系的协调

项目监理机构是由若干部门（专业组）组成的工作体系。每个专业组都有自己的目标和任务。如果每个子系统都从建设工程的整体利益出发，理解和履行自己的职责，则整个系统就会处于有序的良性状态。否则，整个系统便处于无序的紊乱状态。导致功能失调，效率下降。

项目监理机构内部组织关系的协调可从以下几方面进行：

（1）在职能划分的基础上设置组织机构，根据工程对象及委托监理合同所规定的工作内容，确定职能划分，并相应设置配套的组织机构。

（2）明确规定每个部门的目标、职责和权限，最好以规章制度的形式作出明文规定。

（3）事先约定各个部门在工作中的相互关系。在工程建设中许多工作是由多个部门共同完成的，其中有主办、牵头和协作、配合之分，事先约定，才不至于出现误事、脱节等贻误工作的现象。

（4）建立信息沟通制度，如采用工作例会、业务碰头会，发会议纪要、工作流程图或信息传递卡等方式来沟通信息，这样可使局部了解全局，服从并适应全局需要。

（5）及时消除工作中的矛盾或冲突。总监理工程师应采用民主的作风，注意从心理学、行为科学的角度激励各个成员的工作积极性；采用公开的信息政策，让大家了解建设工程实施情况、遇到的问题或危机；经常性地指导工作，和成员一起商讨遇到的问题，多倾听他们的意见、建议，鼓励大家同舟共济。

3. 项目监理机构内部需求关系的协调

建设工程监理实施中有人员需求、试验设备需求、材料需求等，而资源是有限的，因此，内部需求平衡至关重要。需求关系的协调可从以下环节进行：

（1）对监理设备、材料的平衡。建设工程监理开始时，要做好监理规划和监理实施细则的编写工作，提出合理的监理资源配置，要注意抓住期限上的及时性、规格上的明确性、数量上的准确性、质量上的规定性。

（2）对监理人员的平衡。要抓住调度环节，注意各专业监理工程师的配合。一个工程包括多个分部分项工程，复杂性和技术要求各不相同，这就存在监理人员配备、衔接和调度问题。例如，土建工程的主体阶段，主要是钢筋混凝土工程或预应力钢筋混凝土工程；工程设备安装阶段，材料、工艺和测试手段就不同；还有配套、辅助工程等。监理力量的安排必须考虑到工程进展情况，作出合理的安排，以保证工程监理目标的实现。

（二）与业主的协调

监理实践证明，监理目标的顺利实现和与业主协调的好坏有很大的关系。

我国长期的计划经济体制使得业主合同意识差、随意性大，主要体现在：一是沿袭计划经济时期的基建管理模式，搞“大统筹，小监理”，在一个建设工程上，业主的管理人员要比监理人员多或管理层次多，对监理工作干涉多，并插手监理人员应做的具体工作；二是不把合同中规定的权力交给监理单位，致使监理工程师有职无权，发挥不了作用；三是科学管理意识差，在建设工程目标上压工期、压造价，在建设工程实施过程中变更多或时效不按要求，给监理工作的质量、进度、投资控制带来困难。因此，与业主的协调是监理工作的重点和难点。监理工程师应从以下几方面加强与业主的协调：

（1）监理工程师首先要理解建设工程总目标，理解业主的意图。对于未能参加项目决策过程的监理工程师，必须了解项目构思的基础、起因、出发点，否则可能对监理目标及完成任务有不完整的理解，会给他的工作造成很大的困难。

（2）利用工作之便做好监理宣传工作，增进业主对监理工作的理解，特别是对建设工程管理各方职责及监理程序的理解；主动帮助业主处理建设工程中的事务性工作，以自己规范化、标准化、制度化的工作去影响和促进双方工作的协调一致。

（3）尊重业主，与业主一起投入建设工程全过程的管理。尽管有预定的控制目标，但建设工程实施必须执行业主的指令，使业主满意。对业主提出的某些不适当的要求，只要不属于原则问题，都可先执行，然后利用适当时机，采取适当方式加以说明或解释；对于原则性问题，可采取书面报告等方式说明原委，尽量避免发生误解，以使建设工程顺利实施。

（三）与承包商的协调

监理工程师对质量、进度和投资的控制都是通过承包商的工作来实现的，所以做好与承包商的协调工作是监理工程师组织协调工作的重要内容。

1. 坚持原则，实事求是，严格按规范、规程办事，讲究科学态度

监理工程师在监理工作中应强调各方面利益的一致性和建设工程总目标；监理工程师应鼓励承包商将建设工程实施状况、实施结果和遇到的困难和意见向他汇报，以寻找对目标控制可能的干扰。双方了解得越多越深刻，监理工作中的对抗和争执就越少。

2. 协调不仅是方法、技术问题，更多的是语言艺术、感情交流和用权适度问题

有时尽管协调意见是正确的，但由于方式或表达不妥，反而会激化矛盾。而高超的协调能力则往往能起到事半功倍的效果，令各方面都满意。

3. 施工阶段的协调工作内容

（1）与承包商项目经理关系的协调。从承包商项目经理及其工地工程师的角度来说，他们最希望监理工程师是公正、通情达理并容易理解别人的；希望从监理工程师处得到明确而不是含糊的指示，并且能够对他们所询问的问题给予及时的答复；希望监理工程师的指示能够在他们工作之前发出。他们可能对本本主义者以及工作方法僵硬的监理工程师最为反感。这些心理现象，作为监理工程师来说，应该非常清楚。一个既懂得坚持原则，又善于理解承

包商项目经理的意见，工作方法灵活，随时可能提出或愿意接受变通办法的监理工程师肯定是受欢迎的。

(2) 进度问题的协调。由于影响进度的因素错综复杂，因而进度问题的协调工作也十分复杂。实践证明，有两项协调工作很有效：一是业主和承包商双方共同商定一级网络计划，并由双方主要负责人签字，作为工程施工合同的附件。二是设立提前竣工奖，由监理工程师按一级网络计划节点考核，分期支付阶段工期奖。如果整个工程最终不能保证工期，由业主从工程款中将已付的阶段工期奖扣回并按合同规定予以罚款。

(3) 质量问题的协调。在质量控制方面应实行监理工程师质量签字认可制度。对没有出厂证明、不符合使用要求的原材料、设备和构件，不准使用；对工序交接实行报验签证；对不合格的工程部位不予验收签字，也不予计算工程量，不予支付工程款。在建设工程实施过程中，设计变更或工程内容的增减经常出现，有些是合同签订时无法预料和明确规定的。对于这种变更，监理工程师要认真研究，合理计算价格，与有关方面充分协商，达成一致意见，并实行监理工程师签证制度。

(4) 对承包商违约行为的处理。在施工过程中，监理工程师对承包商的某些违约行为进行处理是一件很慎重而又难免的事情。当发现承包商采用一种不适当的方法进行施工，或是用了不符合合同规定的材料时，监理工程师除了立即制止外，可能还要采取相应的处理措施。遇到这种情况，监理工程师应该考虑的是自己的处理意见是否是监理权限以内的，根据合同要求，自己应该怎么做等。在发现质量缺陷并需要采取措施时，监理工程师必须立即通知承包商。监理工程师要有时间期限的概念，否则承包商有权认为监理工程师对已完成的工程内容是满意或认可的。

监理工程师最担心的可能是工程总进度和质量受到影响。有时，监理工程师会发现，承包商的项目经理或某个工地工程师不称职。此时明智的做法是继续观察一段时间，待掌握足够的证据时，总监理工程师可以正式向承包商发出警告。万不得已时，总监理工程师有权要求承包商撤换其项目经理或工地工程师。

(5) 合同争议的协调。对于工程中的合同争议，监理工程师应首先采用协商解决的方式，协商不成时才由当事人向合同管理机关申请调解。只有当对方严重违约而使自己的利益受到重大损失且不能得到补偿时才采用仲裁或诉讼手段。如果遇到非常棘手的合同争议问题，不妨暂时搁置，等待时机，另谋良策。

(6) 对分包单位的管理。主要是对分包单位明确合同管理范围，分层次管理。将总包合同作为一个独立的合同单元进行投资、进度、质量控制和合同管理，不直接和分包合同发生关系。对分包合同中的工程质量、进度进行直接跟踪监控，通过总包商进行调控、纠偏。分包商在施工中发生的问题，由总包商负责协调处理，必要时，监理工程师帮助协调。当分包合同条款与总包合同发生抵触时，以总包合同条款为准。此外，分包合同不能解除总包商对总包合同所承担的任何责任和义务。分包合同发生的索赔问题，一般由总包商负责，涉及总包合同中业主义务和责任时，由总包商通过监理工程师向业主提出索赔，由监理工程师进行协调。

(7) 处理好人际关系。在监理过程中，监理工程师处于一种十分特殊的位置。业主希望得到独立、专业的高质量服务，而承包商则希望监理单位能对合同条件有一个公正的解释。因此，监理工程师必须善于处理各种人际关系，既要严格遵守职业道德，礼貌而坚决地拒收任何礼物，以保证行为的公正性，也要利用各种机会增进与各方面人员的友谊与合作，以利于工程的进展。否则，便有可能引起业主或承包商对其可信赖程度的怀疑。

（四）与设计单位的协调

监理单位必须协调与设计单位的工作，以加快工程进度，确保质量，降低消耗。

（1）真诚尊重设计单位的意见。例如，组织设计单位向承包商介绍工程概况、设计意图、技术要求、施工难点等，把标准过高、设计遗漏、图纸差错等问题解决在施工之前；施工阶段，严格按图施工；结构工程验收、专业工程验收、竣工验收等工作，邀请设计代表参加；若发生质量事故，认真听取设计单位的处理意见等。

（2）施工中发现设计问题，应及时向设计单位提出，以免造成大的直接损失。若监理单位掌握比原设计更先进的新技术、新工艺、新材料、新结构、新设备，可主动向设计单位推荐。为使设计单位有修改设计的余地而不影响施工进度，可与设计单位达成协议，限定一个期限，争取设计单位、承包商的理解和配合。

（3）注意信息传递的及时性和程序性。监理工程师联系设计单位申报表或设计变更通知单的传递，要按设计单位（经业主同意）→监理单位→承包商之间的程序进行。

这里要注意的是，在施工监理的条件下，监理单位与设计单位都是受业主委托进行工作的，两者之间并没有合同关系，所以监理单位主要是和设计单位做好交流工作，协调要靠业主的支持。设计单位应就其设计质量对建设单位负责，因此《建筑法》指出：工程监理人员发现工程设计不符合建筑工程质量标准或者合同约定的质量要求的，应当报告建设单位要求设计单位改正。

（五）与政府部门及其他单位的协调

一个建设工程的开展还存在政府部门及其他单位的影响，如政府部门、金融组织、社会团体、新闻媒介等，它们对建设工程起着一定的控制、监督、支持、帮助作用，这些关系若协调不好，建设工程实施也可能严重受阻。

1. 与政府部门的协调

（1）工程质量监督站是由政府授权的工程质量监督的实施机构，对委托监理的工程，质量监督站主要是核查勘察设计、施工单位的资质和工程质量检查。监理单位在进行工程质量控制和质量问题处理时，要做好与工程质量监督站的交流和协调。

（2）重大质量事故，在承包商采取急救、补救措施的同时，应敦促承包商立即向政府有关部门报告情况，接受检查和处理。

（3）建设工程合同应送公证机关公证，并报政府建设管理部门备案；征地、拆迁、移民要争取政府有关部门支持和协作；现场消防设施的配置，宜请消防部门检查认可；要敦促承包商在施工中注意防止环境污染，坚持做到文明施工。

2. 协调与社会团体的关系

一些大中型建设工程建成后，不仅会给业主带来效益，还会给该地区的经济发展带来好处，同时给当地人民生活带来方便，因此必然会引起社会各界关注。业主和监理单位应把握机会，争取社会各界对建设工程的关心和支持。这是一种争取良好社会环境的协调。

对本部分的协调工作，从组织协调的范围看是属于远外层的管理，监理单位有组织协调的主持权，但重要协调事项应当事先向业主报告。根据目前的工程监理实践，对外部环境协调，应由业主负责主持，监理单位主要是针对一些技术性工作协调。如业主和监理单位对此有分歧，可在委托监理合同中详细注明。

三、建设工程监理组织协调的方法

（一）会议协调法

会议协调法是建设工程监理中最常用的一种协调方法，实践中常用的会议协调法包括第一次工地会议、监理例会、专业性监理会议等。

1. 第一次工地会议

第一次工地会议是建设工程尚未全面展开前，履约各方相互认识、确定联络方式的会议，也是检查开工前各项准备工作是否就绪并明确监理程序的会议。第一次工地会议应在项目总监理工程师下达开工令之前举行，会议由总监理工程师和建设单位联合主持召开，总承包单位的授权代表参加，也可邀请分包单位参加，必要时邀请有关设计单位人员参加。

2. 监理例会

（1）监理例会是由监理工程师组织与主持，按照一定程序召开的，研究施工中出现的计划、进度、质量及工程款支付等问题的工地会议。监理工程师将会议讨论的问题和决定记录下来，形成会议纪要，供与会者确认和落实。

（2）监理例会应当定期召开，宜每周召开一次。

（3）参加人包括项目总监理工程师（也可为总监理工程师代表）、其他有关监理人员、承包商项目经理、承包单位其他有关人员。需要时，还可邀请其他有关单位代表参加。

（4）会议的主要议题为：①对上次会议存在问题的解决和纪要的执行情况进行检查；②工程进展情况；③对下月（或下周）的进度预测；④施工单位投入的人力、设备情况；⑤施工质量、加工订货、材料的质量与供应情况；⑥有关技术问题；⑦索赔工程款支付；⑧业主对施工单位提出的违约罚款要求等。

（5）会议记录（或会议纪要）。会议记录由监理工程师形成纪要，经与会各方认可，然后分发给有关单位。会议纪要内容为：①会议地点及时间；②出席者姓名、职务及他们代表的单位；③会议中发言者的姓名及所发表的主要内容；④决定事项；⑤诸事项分别由何人何时执行。

3. 专业性监理会议

除定期召开工地监理例会以外，还应根据需要组织召开一些专业性协调会议，例如加工订货会、业主直接分包的工程内容承包单位与总包单位之间的协调会、专业性较强的分包单位进场协调会等，均由监理工程师主持会议。

（二）交谈协调法

在实践中，并不是所有问题都需要开会来解决，有时可采用“交谈”这一方法，包括面对面的交谈和电话交谈两种形式。

无论是内部协调还是外部协调，这种方法使用频率都是相当高的，其原因在于：

（1）它是保持信息畅通的最好渠道。由于交谈本身没有合同效力及其方便性和及时性，所以建设工程参与各方之间及监理机构内部都愿意采用这一方法进行。

（2）它是寻求协作和帮助的最好方法。在寻求别人帮助和协作时，往往要及时了解对方的反应和意见，以便采取相应的对策。另外，相对于书面寻求协作，人们更难于拒绝面对面的请求。因此，采用交谈方式请求协作和帮助比采用书面方法实现的可能性要大。

（3）它是正确及时地发布工程指令的有效方法。在实践中，监理工程师一般都采用交谈方式先发布口头指令，这样，一方面可以使对方及时地执行指令，另一方面可以和对方进行交流，了解对方是否正确理解了指令。随后，再以书面形式加以确认。

（三）书面协调法

当会议或者交谈不方便或不需要时，或者需要精确地表达自己的意见时，就会用到书面协调的方法。书面协调方法的特点是具有合同效力，一般常用于以下几方面：

（1）不需双方直接交流的书面报告、报表、指令和通知等。

（2）需要以书面形式向各方提供详细信息和情况通报的报告、信函和备忘录等。

（3）事后对会议记录、交谈内容或口头指令的书面确认。

（四）访问协调法

访问法主要用于外部协调中，有走访和邀访两种形式。走访是指监理工程师在建设工程施工前或施工过程中，对与工程施工有关的各政府部门、公共事业机构、新闻媒介或工程毗邻单位等进行访问，向他们解释工程的情况，征求他们的意见。邀访是指监理工程师邀请上述各单位（包括业主）代表到施工现场对工程进行指导性巡视，了解现场工作。因为在多数情况下，这些有关方面并不了解工程，不清楚现场的实际情况，如果进行一些不恰当的干预，会对工程产生不利影响。这个时候，采用访问法可能是一个相当有效的协调方法。

（五）情况介绍法

情况介绍法通常是与其他协调方法紧密结合在一起的，它可能是在一次会议前，或是在一次交谈前，或是一次走访或邀访前向，对方进行的情况介绍，形式上主要是口头的，有时也伴有书面的，介绍往往作为其他协调的引导，目的是使别人首先了解情况。因此，监理工程师应重视任何场合下的每一次介绍，要使别人能够理解介绍的内容、问题和困难、想得到的协助等。

总之，组织协调是一种管理艺术和技巧，监理工程师尤其是总监理工程师需要掌握领导科学、心理学、行为科学方面的知识和技能，如激励、交际、表扬和批评的艺术，开会的艺术，谈话的艺术，谈判的技巧等。只有这样，监理工程师才能进行有效的协调。

第四节　建设工程监理文件及监理规划的编写

一、建设工程监理工作文件的构成

建设工程监理工作文件是指监理单位投标时编制的监理大纲、监理合同签订以后由项目总监主持编制的监理规划和专业监理工程师编制的监理实施细则。

（一）监理大纲

监理大纲又称监理方案，它是监理单位在业主开始委托监理的过程中，特别是在业主进行监理招标过程中，为承揽到监理业务而编写的监理方案性文件。

监理单位编制监理大纲有以下两个作用：一是使业主认可监理大纲中的监理方案，从而承揽到监理业务；二是为项目监理机构今后开展监理工作制定基本的方案。为使监理大纲的内容和监理实施过程紧密结合，监理大纲的编制人员应当是监理单位经营部门或技术管理部门人员，也应包括拟定的项目总监理工程师。项目总监理工程师参与编制监理大纲有利于监理规划的编制。监理大纲的内容应当根据业主所发布的监理招标文件的要求而制定，一般来说，应该包括如下主要内容：

1. 拟派往项目监理机构的监理人员情况介绍

在监理大纲中，监理单位需要介绍拟派往所承揽或投标工程的项目监理机构的主要监理人员，并对他们的资格情况进行说明。其中，应该重点介绍拟派往投标工程的项目总监理工程师的情况，这往往决定承揽监理业务的成败。

2. 拟采用的监理方案

监理单位应当根据业主所提供的工程信息，并结合自己为投标所初步掌握的工程资料，制定出拟采用的监理方案。监理方案的具体内容包括项目监理机构的方案、建设工程三大目标的具体控制方案、工程建设各种合同的管理方案、项目监理机构在监理过程中进行组织协调的方案等。

3. 将提供给业主的监理阶段性文件

在监理大纲中，监理单位还应该明确未来工程监理工作中向业主提供的阶段性的监理文件，这将有助于满足业主掌握工程建设过程的需要，有利于监理单位顺利承揽该建设工程的监理业务。

（二）监理规划

监理规划是监理单位接受业主委托并签订委托监理合同之后，在项目总监理工程师的主持下，根据委托监理合同，在监理大纲的基础上，结合工程的具体情况，广泛收集工程信息和资料的情况下制定，经监理单位技术负责人批准，用来指导项目监理机构全面开展监理工作的指导性文件。

从内容范围上讲，监理大纲与监理规划都是围绕着整个项目监理机构所开展的监理工作来编写的，但监理规划的内容要比监理大纲更具体、更全面。

（三）监理实施细则

监理实施细则简称监理细则，其与监理规划的关系可以比作施工图设计与初步设计的关系。也就是说，监理实施细则是在监理规划的基础上，由项目监理机构的专业监理工程师针对建设工程中某一专业或某一方面的监理工作编写，并经总监理工程师批准实施的操作性文件。

监理实施细则的作用是指导本专业或本子项目具体监理业务的开展。

（四）三者之间的关系

监理大纲、监理规划、监理实施细则是相互关联的，都是建设工程监理工作文件的组成部分，它们之间存在着明显的依据性关系：在编写监理规划时，一定要严格根据监理大纲的有关内容来编写；在制定监理实施细则时，一定要在监理规划的指导下进行。

一般来说，监理单位开展监理活动应当编制以上工作文件。但这也不是一成不变的，就像工程设计一样。对于简单的监理活动只编写监理实施细则就可以了，而有些建设工程也可以制定较详细的监理规划，而不再编写监理实施细则。

二、建设工程监理规划的作用

（一）指导项目监理机构全面开展监理工作

监理规划的基本作用就是指导项目监理机构全面开展监理工作。

建设工程监理的中心目的是协助业主实现建设工程的总目标。实现建设工程总目标是一个系统的过程。它需要制定计划，建立组织，配备合适的监理人员，进行有效的领导，实施工程的目标控制。只有系统地做好上述工作，才能完成建设工程监理的任务，实施目标控制。在实施建设监理的过程中，监理单位要集中精力做好目标控制工作。因此，监理规划要对项目监理机构开展的各项监理工作做出全面、系统的组织和安排。它包括确定监理工作目标，制定监理工作程序，确定目标控制、合同管理、信息管理、组织协调等各项措施和确定各项工作的方法和手段。

（二）监理规划是建设监理主管部门对监理单位监督管理的依据

政府建设监理主管部门对建设工程监理单位要实施监督、管理和指导，对其人员素质、专业配套和建设工程监理业绩要进行核查和考评，以确认其资质和资质等级，以使我国整个建设工程监理行业能够达到应有的水平。要做到这一点，除了进行一般性的资质管理工作之外，更为重要的是通过监理单位的实际监理工作来认定它的水平。而监理单位的实际水平可从监理规划和它的实施中充分地表现出来。因此，政府建设监理主管部门对监理单位进行考核时，应当十分重视对监理规划的检查，也就是说，监理规划是政府建设监理主管部门监督、管理和指导监理单位开展监理活动的重要依据。

（三）监理规划是业主确认监理单位履行合同的主要依据

监理单位如何履行监理合同，如何落实业主委托监理单位所承担的各项监理服务工作，作为监理的委托方，业主不但需要而且应当了解和确认监理单位的工作。同时，业主有权监督监理单位全面、认真地执行监理合同。而监理规划正是业主了解和确认这些问题的最好资料，是业主确认监理单位是否履行监理合同的主要说明性文件。监理规划应当能够全面而详细地为业主监督监理合同的履行提供依据。

（四）监理规划是监理单位内部考核的依据和重要的存档资料

从监理单位内部管理制度化、规范化、科学化的要求出发，需要对各项目监理机构（包括总监理工程师和专业监理工程师）的工作进行考核，其主要依据就是经过内部主管负责人审批的监理规划。通过考核，可以对有关监理人员的监理工作水平和能力作出客观、正确的评价，从而有利于今后在其他工程上更加合理地安排监理人员，提高监理工作效率。

由建设工程监理控制的过程可知，监理规划的内容必然随着工程的进展而逐步调整、补充和完善。它在一定程度上真实地反映了一个建设工程监理工作的全貌，是最好的监理工作过程记录。因此，它是每一家工程监理单位的重要存档资料。

三、建设工程监理规划编写的依据

（一）工程建设方面的法律、法规

1. 国家颁布的有关工程建设的法律、法规和政策

这是工程建设相关法律、法规的最高层次。在任何地区或任何部门进行工程建设必须遵守国家颁布的工程建设方面的法律、法规、政策。

2. 工程所在地或所属部门颁布的工程建设相关的法规、规定和政策

一项建设工程必然是在某一地区实施的，也必然是归属于某一部门的，这就要求工程建设必须遵守建设工程所在地颁布的工程建设相关的法规、规定和政策，同时也必须遵守工程所属部门颁布的工程建设相关规定和政策。

3. 工程建设的各种标准、规范

工程建设的各种标准、规范也具有一定的法律地位，也必须遵守和执行。

（二）建设工程外部环境调查研究资料

（1）自然条件方面的资料。包括建设工程所在地点的地质、水文、气象、地形以及自然

灾害发生情况等方面的资料。

（2）社会和经济条件方面的资料。包括建设工程所在地政治局势、社会治安、建筑市场状况、相关单位（勘察和设计单位、施工单位、材料和设备供应单位、工程咨询和建设工程监理单位）、基础设施（交通设施、通信设施、公用设施、能源设施）、金融市场情况等方面的资料。

（三）政府批准的工程建设文件

（1）政府工程建设主管部门批准的可行性研究报告、立项批文。

（2）政府规划部门确定的规划条件、土地使用条件、环境保护要求、市政管理规定。

（四）建设工程监理合同

在编写监理规划时，必须依据建设工程监理合同以下内容：监理单位和监理工程师的权利和义务，监理工作范围和内容，有关建设工程监理规划方面的要求。

（五）其他建设工程合同

在编写监理规划时，也要考虑其他建设工程合同关于业主和勘察设计单位、承建单位、材料设备供应等单位的权利和义务的内容。

（六）业主的正当要求

根据监理单位应竭诚为客户服务的宗旨，在不超出合同职责范围的前提下，监理单位应最大限度地满足业主的正当要求。

（七）监理大纲

监理大纲中的监理组织计划，拟投入的主要监理人员，投资、进度、质量控制方案，合同管理方案，信息管理方案，定期提交给业主的监理工作阶段性成果等内容都是监理规划编写的依据。

（八）工程实施过程输出的有关工程信息

这方面的内容包括方案设计、初步设计、施工图设计文件，工程招标投标情况，工程实施状况，重大工程变更，外部环境变化等。

四、建设工程监理规划编写的要求

（一）基本构成内容应当力求统一

监理规划在总体内容组成上应力求做到统一。这是监理工作规范化、制度化、科学化的要求。

监理规划基本构成内容的确定，首先应考虑整个建设监理制度对建设工程监理的内容要求。建设工程监理的主要内容是控制建设工程的投资、工期和质量，进行建设工程合同管理，协调有关单位间的工作关系。这些内容无疑是构成监理规划的基本内容。如前所述，监理规划的基本作用是指导项目监理机构全面开展监理工作。因此，对整个监理工作的组织、控制、方法、措施等将成为监理规划必不可少的内容。这样，监理规划构成的基本内容就可以确定下来。至于某一个具体建设工程项目的监理规划，则要根据监理单位与业主签订的监理合同所确定的监理实际范围和深度来加以取舍。

归纳起来，监理规划基本构成内容应当包括目标规划、项目组织、监理组织、目标控制、合同管理和信息管理。施工阶段监理规划统一的内容要求应当在建设监理法规文件或监理合同中明确下来。

（二）具体内容应具有针对性

监理规划基本构成内容应当统一，但各项具体的内容则要有针对性。这是因为，监理规划是指导某一个特定建设工程监理工作的技术组织文件，它的具体内容应与这个建设工程相适应。由于所有建设工程都具有单件性和一次性的特点，也就是说，每个建设工程都有自身的特点，而且每一个监理单位和每一位总监理工程师对某一个具体建设工程在监理思想、监理方法和监理手段等方面都会有自己的独到之处。因此，不同的监理单位和不同的监理工程师在编写监理规划的具体内容时，必然会体现出自己鲜明的特色。或许有人会认为这样难以有效辨别建设工程监理规划编写的质量。实际上，由于建设工程监理的目的就是协助业主实现其投资目的。因此，某一个建设工程监理规划只要能够对有效实施该工程监理做好指导工作，能够圆满地完成所承担的建设工程监理业务，就是一个合格的建设工程监理规划。

每一个监理规划都是针对某一个具体建设工程的监理工作计划，都必然有它自己的投资目标、进度目标、质量目标，有它自己的项目组织形式，有它自己的监理组织机构，有它自己的目标控制措施、方法和手段，有它自己的信息管理制度，有它自己的合同管理措施。只有具有针对性，建设工程监理规划才能真正起到指导具体监理工作的作用。

（三）监理规划应当遵循建设工程的运行规律

监理规划是针对一个具体建设工程编写的，而不同的建设工程具有不同的工程特点、工程条件和运行方式。这也决定了建设工程监理规划必然与工程运行客观规律具有一致性，必须把握、遵循建设工程运行的规律。只有把握建设工程运行的客观规律，监理规划的运行才是有效的，才能实施对这项工程的有效监理。

因此，监理规划要随着建设工程的展开进行不断的补充、修改和完善。它由开始的“粗线条”或“近细远粗”逐步变得完整、完善起来。在建设工程的运行过程中，内外因素和条件不可避免地要发生变化，造成工程的实施情况偏离计划，往往需要调整计划乃至目标，这就必然造成监理规划在内容上也要相应地调整，其目的是使建设工程能够在监理规划的有效控制之下，不能让它成为脱缰之马，变得无法驾驭。

监理规划要把握建设工程运行的客观规律，就需要不断地收集大量的编写信息。如果掌握的工程信息很少，就不可能对监理工作进行详尽的规划。例如，随着设计的不断进展、工程招标方案的出台和实施，工程信息量越来越多，监理规划的内容也就越来越趋于完整。就一项建设工程的全过程监理规划来说，想一气呵成的做法是不实际的，也是不科学的，即使编写出来也是一纸空文，没有任何实施的价值。

（四）项目总监理工程师是监理规划编写的主持人

监理规划应当在项目总监理工程师主持下编写制定，这是建设工程监理实施项目总监理工程师负责制的必然要求。当然，编制好建设工程监理规划，还要充分调动整个项目监理机构中专业监理工程师的积极性，要广泛征求各专业监理工程师的意见和建议，并吸收其中水平比较高的专业监理工程师共同参与编写。

在监理规划编写的过程中，应当充分听取业主的意见，最大限度地满足他们的合理要求，为进一步搞好监理服务奠定基础。

作为监理单位的业务工作，在编写监理规划时还应当按照本单位的要求进行编写。

（五）监理规划一般要分阶段编写

如前所述，监理规划的内容与工程进展密切相关，没有规划信息也就没有规划内容。因此，监理规划的编写需要有一个过程，需要将编写的整个过程划分为若干个阶段。

监理规划编写阶段可按工程实施的各阶段来划分，这样，工程实施各阶段所输出的工程信息就成为相应的监理规划信息，例如，可划分为设计阶段、施工招标阶段和施工阶段。设计的前期阶段，即设计准备阶段应完成规划的总框架并将设计阶段的监理工作进行“近细远粗”的规划，使监理规划内容与已经掌握的工程信息紧密结合；设计阶段结束，大量的工程信息能够提供出来，所以施工招标阶段，监理规划的大部分内容能够落实；随着施工招标的进展，各承包单位逐步确定下来，工程施工合同逐步签订，施工阶段监理规划所需的工程信息基本齐备，足以编写出完整的施工阶段监理规划。在施工阶段，有关监理规划的主要工作是根据工程进展情况进行调整、修改，使监理规划能够动态地控制整个建设工程正常进行。

在监理规划的编写过程中需要进行审查和修改，因此，监理规划的编写还要留出必要的审查和修改的时间。为此，应当对监理规划的编写时间事先作出明确的规定，以免编写时间过长，从而耽误了监理规划对监理工作的指导，使监理工作陷于被动和无序。

（六）监理规划的表达方式应当格式化、标准化

现代科学管理应当讲究效率、效能和效益，其表现之一就是使控制活动的表达方式格式化、标准化，从而使控制的规划显得更明确、更简洁、更直观。因此，需要选择最有效的方式和方法来表示监理规划的各项内容。比较而言，图、表和简单的文字说明应当是采用的基本方法。我国的建设监理制度应当走规范化、标准化的道路，这是科学管理与粗放型管理在具体工作上的明显区别。可以这样说，规范化、标准化是科学管理的标志之一。所以，编写建设工程监理规划各项内容时应当采用什么表格、图示以及哪些内容需要采用简单的文字说明，应当作出统一规定。

（七）监理规划应该经过审核

监理规划在编写完成后需进行审核并经批准。监理单位的技术主管部门是内部审核单位，其负责人应当签认，同时，还应当按合同约定提交给业主，由业主确认并监督实施。

从监理规划编写的上述要求来看，它的编写既需要由主要负责者（项目总监理工程师）主持，又需要形成编写班子。同时，项目监理机构的各部门负责人也有相关的任务和责任。监理规划涉及建设工程监理工作的各方面，所以，有关部门和人员都应当关注它，使监理规划编制得科学、完备，真正发挥全面指导监理工作的作用。

第五节　建设工程监理规划的内容及其审核

一、建设工程监理规划的内容

建设工程监理规划应将委托监理合同中规定的监理单位承担的责任及监理任务具体化，并在此基础上制定实施监理的具体措施。

施工阶段建设工程监理规划通常包括以下内容：

（一）建设工程概况

(1) 建设工程名称。

(2) 建设工程地点。

(3) 建设工程组成及建筑规模。

(4) 主要建筑结构类型。

(5) 预计工程投资总额。预计工程投资总额可以按以下两种费用编列：

1) 建设工程投资总额；

2）建设工程投资组成简表。

（6）建设工程计划工期。可以以建设工程的计划持续时间或以建设工程开、竣工的具体日历时间表示：

1）以建设工程的计划持续时间表示：建设工程计划工期为“××个月”或“×××天”；

2）以建设工程的具体日历时间表示：建设工程计划工期由____年____月____日至____年____月____日。

（7）工程质量要求。应具体提出建设工程的质量目标要求。

（8）建设工程设计单位及施工单位名称。

（9）建设工程项目结构图与编码系统。

（二）监理工作范围

监理工作范围是指监理单位所承担的建设工程的监理任务的工程范围。如果监理单位承担全部建设工程的监理任务，监理范围为全部建设工程，否则应按监理单位所承担的建设工程的建设标段或子项目划分确定建设工程监理范围。

（三）监理工作内容

1．设计阶段建设监理工作的主要内容

（1）结合建设工程特点，收集设计所需的技术经济资料；

（2）编写设计要求文件；

（3）组织建设工程设计方案竞赛或设计招标，协助业主选择好勘察设计单位；

（4）拟订和商谈设计委托合同内容；

（5）向设计单位提供设计所需的基础资料；

（6）配合设计单位开展技术经济分析，搞好设计方案的比选，优化设计；

（7）配合设计进度，组织设计单位与有关部门，如消防、环保、土地、人防、防汛、园林以及供水、供电、供气、供热、电信等部门的协调工作；

（8）组织各设计单位之间的协调工作；

（9）参与主要设备、材料的选型；

（10）审核工程估算、概算、施工图预算；

（11）审核主要设备、材料清单；

（12）审核工程设计图纸；

（13）检查和控制设计进度；

（14）组织设计文件的报批。

2．施工招标阶段建设监理工作的主要内容

（1）拟定建设工程施工招标方案并征得业主同意；

（2）准备建设工程施工招标条件；

（3）办理施工招标申请；

（4）编写施工招标文件；

（5）标底经业主认可后，报送所在地方建设主管部门审核；

（6）组织建设工程施工招标工作；

（7）组织现场勘察与答疑会，回答投标人提出的问题；

(8) 组织开标、评标及定标工作；

(9) 协助业主与中标单位商签施工合同。

3. 材料、设备采购供应的建设监理工作主要内容

对于由业主负责采购供应的材料、设备等物资，监理工程师应负责制定计划监督合同的执行和供应工作。具体内容包括：

(1) 制定材料、设备供应计划和相应的资金需求计划。

(2) 通过质量、价格、供货期、售后服务等条件的分析和比选，确定材料、设备等物资的供应单位。重要设备尚应访问现有使用用户，并考察生产单位的质量保证体系。

(3) 拟定并商签材料、设备的订货合同。

(4) 监督合同的实施，确保材料、设备的及时供应。

4. 施工准备阶段建设监理工作的主要内容

(1) 审查施工单位选择的分包单位的资质；

(2) 监督检查施工单位质量保证体系及安全技术措施，完善质量管理程序与制度；

(3) 检查设计文件是否符合设计规范及标准，检查施工图纸是否能满足施工需要；

(4) 协助做好优化设计和改善设计工作；

(5) 参加设计单位向施工单位的技术交底；

(6) 审查施工单位上报的实施性施工组织设计，重点对施工方案、劳动力、材料、机械设备的组织及保证工程质量、安全、工期和控制造价等方面的措施进行监督，并向业主提出监理意见；

(7) 在单位工程开工前检查施工单位的复测资料，特别是两个相邻施工单位之间的测量资料、控制桩橛是否交接清楚，手续是否完善，质量有无问题，并对贯通测量、中线及水准桩的设置、固桩情况进行审查；

(8) 对重点工程部位的中线、水平控制进行复查；

(9) 监督落实各项施工条件，审批一般单项工程、单位工程的开工报告，并报业主备查。

5. 施工阶段建设监理工作的主要内容

(1) 施工阶段的质量控制。

1) 对所有的隐蔽工程在进行隐蔽以前进行检查和办理签证，对重点工程要派监理人员驻点跟踪监理，签署重要的分项工程、分部工程和单位工程质量评定表；

2) 对施工测量放样等进行检查，对发现的质量问题应及时通知施工单位纠正，并做好监理记录；

3) 检查确认运到现场的工程材料、构件和设备质量，并应查验试验、化验报告单、出厂合格证是否齐全、合格，监理工程师有权禁止不符合质量要求的材料、设备进入工地和投入使用；

4) 监督施工单位严格按照施工规范、设计图纸要求进行施工，严格执行施工合同；

5) 对工程主要部位、主要环节及技术复杂工程加强检查；

6) 检查施工单位的工程自检工作，数据是否齐全，填写是否正确，并对施工单位质量评定自检工作作出综合评价；

7) 对施工单位的检验测试仪器、设备、度量衡定期检验，不定期地进行抽验，保证度

量资料的准确；

8）监督施工单位对各类土木和混凝土试件按规定进行检查和抽查；

9）监督施工单位认真处理施工中发生的一般质量事故，并认真做好监理记录；

10）对重大质量事故以及其他紧急情况，应及时报告业主。

（2）施工阶段的进度控制。

1）监督施工单位严格按施工合同规定的工期组织施工；

2）对控制工期的重点工程，审查施工单位提出的保证进度的具体措施，如发生延误，应及时分析原因，采取对策；

3）建立工程进度台账，核对工程形象进度，按月、季向业主报告施工计划执行情况、工程进度及存在的问题。

（3）施工阶段的投资控制。

1）审查施工单位申报的月、季度计量报表，认真核对工程数量，不超计、不漏计，严格按合同规定进行计量支付签证；

2）保证支付签证的各项工程质量合格、数量准确；

3）建立计量支付签证台账，定期与施工单位核对清算；

4）按业主授权和施工合同的规定审核变更设计。

6. 施工验收阶段建设监理工作的主要内容

（1）督促、检查施工单位及时整理竣工文件和验收资料，受理单位工程竣工验收报告，提出监理意见；

（2）根据施工单位的竣工报告，提出工程质量检验报告；

（3）组织工程预验收，参加业主组织的竣工验收。

7. 建设监理合同管理工作的主要内容

（1）拟定本建设工程合同体系及合同管理制度，包括合同草案的拟定、会签、协商、修改、审批、签署、保管等工作制度及流程；

（2）协助业主拟定工程的各类合同条款，并参与各类合同的商谈；

（3）合同执行情况的分析和跟踪管理；

（4）协助业主处理与工程有关的索赔事宜及合同争议事宜。

8. 委托的其他服务

监理单位及其监理工程师受业主委托，还可承担以下几方面的服务：

（1）协助业主准备工程条件，办理供水、供电、供气、电信线路等申请或签订协议；

（2）协助业主制定产品营销方案；

（3）为业主培训技术人员。

（四）监理工作目标

建设工程监理目标是指监理单位所承担的建设工程的监理控制预期达到的目标。通常以建设工程的投资、进度、质量三大目标的控制值来表示。

（1）投资控制目标：以________年预算为基价，静态投资为________万元（或合同价为________万元）；

（2）工期控制目标：________个月或自________年________月________日至________年________月________日；

(3) 质量控制目标：建设工程质量合格及业主的其他要求。

(五) 监理工作依据

(1) 工程建设方面的法律、法规以及相关规程规范；

(2) 政府批准的工程建设文件；

(3) 建设工程监理合同；

(4) 其他建设工程合同。

(六) 项目监理机构的组织形式

项目监理机构的组织形式应根据建设工程监理要求选择。

项目监理机构可用组织结构图表示。

(七) 项目监理机构的人员配备计划

项目监理机构的人员配备应根据建设工程监理的进程合理安排，见表 4-6。

表 4-6 某项目监理机构的人员配备计划

时　间	3 月	4 月	5 月	……	12 月
专业监理工程师	8	9	10		6
监理员	24	26	30		20
文秘人员	3	4	4		4

(八) 项目监理机构的人员岗位职责

详见本章第二节。

(九) 监理工作程序

监理工作程序比较简单明了的表达方式是监理工作流程图。一般可对不同的监理工作分别制定监理工作程序，例如：

(1) 分包单位资质审查基本程序，如图 4-15 所示。

(2) 工程延期管理基本程序，如图 4-16 所示。

(3) 工程暂停及复工管理的基本程序，如图 4-17 所示。

(十) 监理工作方法及措施

建设工程监理控制目标的方法与措施应重点围绕投资控制、进度控制、质量控制这三大控制任务展开。

1. 投资控制目标方法与措施

(1) 投资目标分解。

1) 按建设工程的投资费用组成分解；

2) 按年度、季度分解；

3) 按建设工程实施阶段分解；

4) 按建设工程组成分解。

(2) 投资使用计划。投资使用计划可列表编制，见表 4-7。

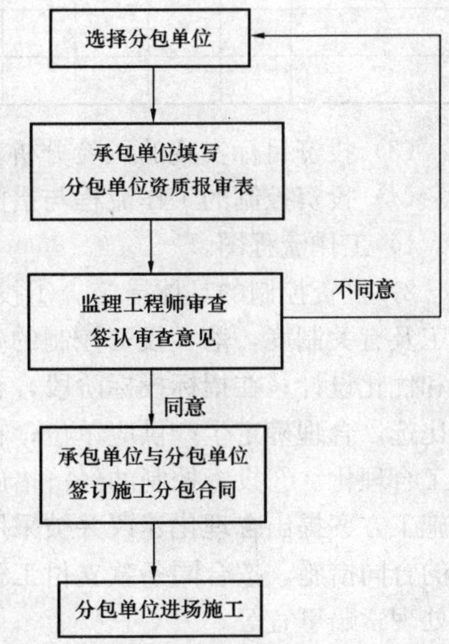

图 4-15 分包单位资质审查基本程序

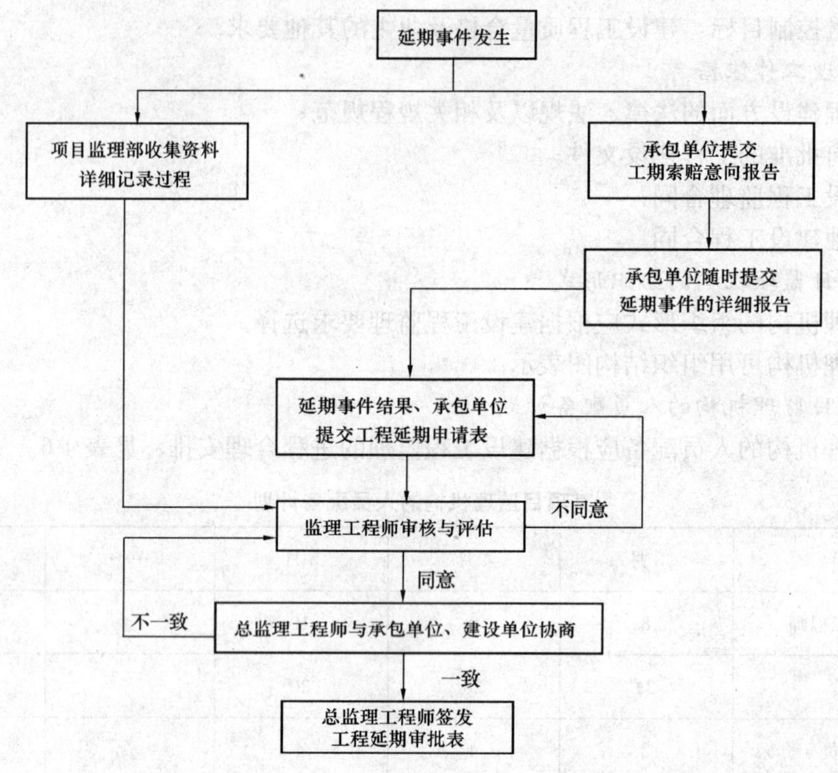

图 4-16　工程延期管理基本程序

表 4-7　　投资使用计划表

工程名称	××年度				××年度				××年度				总　额
	一	二	三	四	一	二	三	四	一	二	三	四	

（3）投资目标实现的风险分析。

（4）投资控制的工作流程与措施。

1）工作流程图。

2）投资控制的具体措施。①投资控制的组织措施。建立健全项目监理机构，完善职责分工及有关制度，落实投资控制的责任。②投资控制的技术措施。在设计阶段，推行限额设计和优化设计；在招标投标阶段，合理确定标底及合同价；对材料、设备采购，通过质量价格比选，合理确定生产供应单位；在施工阶段，通过审核施工组织设计和施工方案，使组织施工合理化。③投资控制的经济措施。及时进行计划费用与实际费用的分析比较。对原设计或施工方案提出合理化建议并被采用，由此产生的投资节约按合同规定予以奖励。④投资控制的合同措施。按合同条款支付工程款，防止过早、过量的支付。减少施工单位的索赔，正确处理索赔事宜等。

（5）投资控制的动态比较。

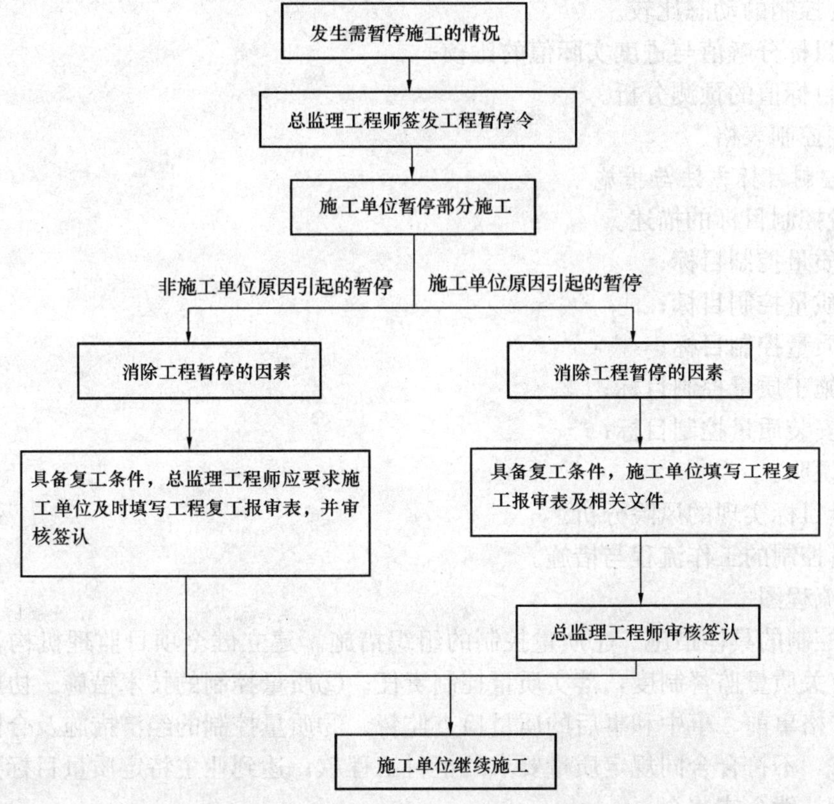

图 4-17　工程暂停及复工管理的基本程序

1）投资目标分解值与概算值的比较；

2）概算值与施工图预算值的比较；

3）合同价与实际投资的比较。

（6）投资控制表格。

2. 进度控制目标方法与措施

（1）工程总进度计划。

（2）总进度目标的分解。

1）年度、季度进度目标；

2）各阶段的进度目标；

3）各子项目进度目标。

（3）进度目标实现的风险分析。

（4）进度控制的工作流程与措施。

1）工作流程图。

2）进度控制的具体措施。①进度控制的组织措施。落实进度控制的责任，建立进度控制协调制度。②进度控制的技术措施。建立多级网络计划体系，监控承建单位的作业实施计划。③进度控制的经济措施。对工期提前者实行奖励；对应急工程实行较高的计件单价；确保资金的及时供应等。④进度控制的合同措施。按合同要求及时协调有关各方的进度，以确保建设工程的形象进度。

（5）进度控制的动态比较。

1）进度目标分解值与进度实际值的比较；

2）进度目标值的预测分析。

（6）进度控制表格。

3. 质量控制目标方法与措施

（1）质量控制目标的描述。

1）设计质量控制目标；

2）材料质量控制目标；

3）设备质量控制目标；

4）土建施工质量控制目标；

5）设备安装质量控制目标；

6）其他说明。

（2）质量目标实现的风险分析。

（3）质量控制的工作流程与措施。

1）工作流程图。

2）质量控制的具体措施。①质量控制的组织措施。建立健全项目监理机构，完善职责分工，制定有关质量监督制度，落实质量控制责任。②质量控制的技术措施。协助完善质量保证体系；严格事前、事中和事后的质量检查监督。③质量控制的经济措施及合同措施。严格质检和验收，不符合合同规定质量要求的拒付工程款；达到业主特定质量目标要求的，按合同支付质量补偿金或奖金。

（4）质量目标状况的动态分析。

（5）质量控制表格。

4. 安全监理的方法与措施

（1）安全监理的职责；

（2）安全监理责任的风险分析；

（3）安全监理的工作流程和措施；

（4）安全监理状况的动态分析；

（5）安全监理工作图表。

5. 合同管理的方法与措施

（1）合同结构。可以以合同结构图的形式表示。

（2）合同目录一览表（见表 4-8）。

表 4-8　合同目录一览表

序号	合同编号	合同名称	承包商	合同价	合同工期	质量要求

（3）合同管理的工作流程与措施。

1）工作流程图；

2）合同管理的具体措施。

（4）合同执行状况的动态分析。

（5）合同争议调解与索赔处理程序。

（6）合同管理表格。

6. 信息管理的方法与措施

（1）信息分类表（见表4-9）。

表4-9　　信息分类表

序　号	信息类别	信息名称	信息管理要求	责任人

（2）机构内部信息流程图。

（3）信息管理的工作流程与措施。

1）工作流程图；

2）信息管理的具体措施。

（4）信息管理表格。

7. 组织协调的方法与措施

（1）与建设工程有关的单位。

1）建设工程系统内的单位：主要有业主、设计单位、施工单位、材料和设备供应单位、资金提供单位等。

2）建设工程系统外的单位：主要有政府建设行政主管机构、政府其他有关部门、工程毗邻单位、社会团体等。

（2）协调分析。

1）建设工程系统内的单位协调重点分析；

2）建设工程系统外的单位协调重点分析。

（3）协调工作程序。

1）投资控制协调程序；

2）进度控制协调程序；

3）质量控制协调程序；

4）其他方面工作协调程序。

（4）协调工作表格。

（十一）监理工作制度

1. 施工招标阶段

（1）招标准备工作有关制度；

（2）编制招标文件有关制度；

（3）标底编制及审核制度；

（4）合同条件拟订及审核制度；

（5）组织招标实务有关制度等。

2. 施工阶段

(1) 设计文件、图纸审查制度；

(2) 施工图纸会审及设计交底制度；

(3) 施工组织设计审核制度；

(4) 工程开工申请审批制度；

(5) 工程材料、半成品质量检验制度；

(6) 隐蔽工程分项（部）工程质量验收制度；

(7) 单位工程、单项工程总监验收制度；

(8) 设计变更处理制度；

(9) 工程质量事故处理制度；

(10) 施工进度监督及报告制度；

(11) 监理报告制度；

(12) 工程竣工验收制度；

(13) 监理日志和会议制度。

3. 项目监理机构内部工作制度

(1) 监理组织工作会议制度；

(2) 对外行文审批制度；

(3) 监理工作日志制度；

(4) 监理周报、月报制度；

(5) 技术、经济资料及档案管理制度；

(6) 监理费用预算制度。

（十二）监理设施

业主提供满足监理工作需要的如下设施：

(1) 办公设施；

(2) 交通设施；

(3) 通信设施；

(4) 生活设施。

根据建设工程类别、规模、技术复杂程度、建设工程所在地的环境条件，按委托监理合同的约定，配备满足监理工作需要的常规检测设备和工具（见表 4-10）。

表 4-10　　常规检测设备和工具

序号	仪器设备名称	型　号	数　量	使用时间	备　注
1					
2					
3					
4					
5					
6					
…					

二、建设工程监理规划的审核

建设工程监理规划在编写完成后需要进行审核并经批准。监理单位的技术主管部门是内部审核单位，负责人应当签认。监理规划审核的内容主要包括以下几个方面：

（一）监理范围、工作内容及监理目标的审核

依据监理招标文件和委托监理合同，看其是否理解了业主对该工程的建设意图，监理范围、监理工作内容是否包括了全部委托的工作任务，监理目标是否与合同要求和建设意图相一致。

（二）项目监理机构和人员结构的审核

1. 组织机构的审核

在组织形式、管理模式等方面是否合理，是否结合了工程实施的具体特点，是否能够与业主的组织关系和承包方的组织关系相协调等。

2. 人员结构的审核

(1) 派驻监理人员的专业满足程度。应根据工程特点和委托监理任务的工作范围审查，不仅考虑专业监理工程师如土建监理工程师、机械监理工程师等能否满足开展监理工作的需要，而且还要看其专业监理人员是否覆盖了工程实施过程中的各种专业要求，以及高、中级职称和年龄结构的组成。

(2) 人员数量的满足程度。主要审核从事监理工作人员在数量和结构上的合理性。按照我国已完成监理工作的工程资料统计测算，在施工阶段，大中型建设工程每年完成 100 万元人民币的工程量所需监理人员为 0.6～1 人，专业监理工程师、一般监理人员和行政文秘人员的结构比例为 0.2∶0.6∶0.2。专业类别较多的工程的监理人员数量应适当增加。

(3) 专业人员不足时采取的措施是否恰当。大中型建设工程由于技术复杂、涉及的专业面宽，当监理单位的技术人员不足以满足全部监理工作要求时，对拟临时聘用的监理人员的综合素质应认真审核。

(4) 派驻现场人员计划表。对于大中型建设工程，不同阶段对监理人员人数和专业等方面的要求不同，应对各阶段所派驻现场监理人员的专业、数量计划是否与建设工程的进度计划相适应进行审核；还应平衡正在其他工程上执行监理业务的人员，是否能按照预定计划进入本工程参加监理工作。

（三）工作计划审核

在工程进展中各个阶段的工作实施计划是否合理、可行，审查其在每个阶段中如何控制建设工程目标以及组织协调的方法。

（四）投资、进度、质量控制方法的审核

对三大目标的控制方法和措施应重点审查，看其如何应用组织、技术、经济、合同措施保证目标的实现，方法是否科学、合理、有效。

（五）监理工作制度审核

主要审查监理的内、外工作制度是否健全。

第六节　建设项目监理规划的实施与控制

一、责任落实

根据编制的监理规划建立健全监理组织，明确和完善有关人员的职责分工，落实监理工

作责任。

二、规划交底

规划交底由项目总监理主持，对编制的监理规划逐级和分专业向监理人员进行交底。

1. 为什么做

业主对监理工作的要求是什么，监理工作要达到的目标是什么，都要通过项目和投资控制、质量控制、工期目标体现出来。

2. 做什么

达到监理工作的目标、监理工作的范围和工作内容是什么。

3. 如何做

在监理工作中具体采用的监理措施，如组织方面的措施、技术方面的措施、经济方面的措施、合同方面的措施是什么等。

三、制定监理实施细则

监理实施细则是进行监理工作的“施工图设计”，是在监理规划的基础上对监理工作“做什么”、“如何做”的具体化和补充，应根据监理项目的具体情况，由专业监理工程师负责编写。

1. 设计阶段的实施细则

这一阶段应围绕下列主要内容来制定实施细则。

（1）协助业主组织设计竞赛或设计招标，优选设计方案和设计单位；

（2）协助设计单位开展限额设计和设计方案的技术经济比较，优化设计；

（3）协助设计单位开展限额设计和设计方案的技术经济比较，优化设计，保证项目使用功能安全可靠，经济合理；

（4）向设计单位提供满足功能和质量要求的设备，主要材料的有关价格、生产厂家的资料；

（5）组织协调各设计单位。

2. 施工招标阶段实施细则

引进竞争机制，通过招标投标，正确选择施工承包单位和材料设备供应单位；合理确定工程承包和材料、设备合同价；正确拟订承包合同和订货合同条款等。

3. 施工阶段实施细则

（1）投资控制实施细则。①在承包合同价款内，尽量减少所增工程费用；②全面履约，减少对方提出索赔的机会；③按合同支付工程款等。

（2）质量控制实施细则。一方面，要求施工单位推行全面质量管理，建立健全质量保证体系，做到开工有报告，施工有措施，技术有交底，定位有复查，材料、设备有试验，隐蔽工程有记录，质量有自检、专检，交工有资料；另一方面，也应制定一套具体的质监措施，特别是质量预控措施。

质量措施与方法：①对主要工程材料、半成品、设备质量的预控措施，应列成表格。审核产品技术合格证及质保证明，抽样试验，考察生产厂家等。②对重要工程部位及容易出现质量问题的分部（项）工程制定质量预控措施。

（3）进度控制的实施细则。施工阶段的进度控制应围绕以下内容制定具体实施细则。

1）严格审查施工单位编制的施工组织设计，要求编制网络计划，并切实按计划组织施工。

2）由业主负责供应的材料和设备应按计划及时到位，为施工单位创造有利条件。

3）检查落实施工单位劳动力、机具设备、周转料、原材料的准备情况。

4）要求施工单位编制月施工作业计划，将进度按日分解，以保证月计划的落实。

5）检查施工单位的进度落实情况，按网络计划控制，做好计划统计工作；制定工程形象进度图表，每月检查一次上月的进度和安排下月的进度。

6）协调各施工单位间的关系，使它们相互配合、相互支持，很好衔接。

7）利用工程付款签证权，督促施工单位按计划完成任务。

必须指出，当处于边设计、边供料、边施工状态时，从一定程度上说，决定工程进度的是设计工作的进度，即施工图的出图顺序和日期能否满足工程施工的需求。为此，要按项目施工进度的要求，与设计单位具体商定施工图的出图顺序和日期，并订出相应的协议作为设计合同的补充。

（4）安全监理的实施细则。①及时观察与发现安全隐患；②出现安全事故应及时报告；③协助施工单位处理安全事故。

四、实施监理规划中的检查和控制

监理规划在实施过程中要定期进行贯彻情况的检查。检查的主要内容如下：

1. 监理工作进行情况

业主为监理工作创造的条件是否具备；管理工作是否按监理规划或实施细则展开；监理工作制度是否认真执行；监理工作还存在哪些问题或制约因素。

2. 监理工作的效果

在监理过程中，监理工作的效果只能分阶段表现出来，如工程进度是否符合计划要求，工程质量及工程投资是否处于受控状态等。

根据检查中发现的问题和对其原因的分析，以及监理实施过程中各方面发生的新情况和新变化，需要对原来制订的规划进行调整或修改，主要是调整或修改监理工作内容和深度，以及相应的监理工作措施。凡监理目标的调整或修改，除中间过程的目标外，影响最终监理目标的应与业主协商并取得认可。监理规划的修改或调整与编制时的职责分工相同，也应按照拟订方案、审核、批准的程序进行。

思　考　题

1. 建设工程监理实施的程序是什么？
2. 建设工程监理实施的基本原则有哪些？
3. 简述建立项目监理机构的步骤。
4. 项目监理机构中的人员如何配备？
5. 项目监理机构中各类人员的基本职责是什么？
6. 项目监理机构协调的工作内容有哪些？
7. 建设工程监理组织协调的常用方法有哪些？
8. 简述建设工程监理大纲、监理规划、监理实施细则三者之间的关系。
9. 建设工程监理规划有何作用？

10. 编写建设工程监理规划应注意哪些问题？
11. 建设工程监理规划编写的依据是什么？
12. 建设工程监理规划一般包括哪些主要内容？
13. 监理工作中一般需要制定哪些工作制度？

第五章 建设工程施工阶段的监理工作

第一节 制定监理程序的一般规定

规范化、程序化、制度化是监理活动科学性在管理工作上的体现。所以，在工程项目质量控制过程中，应事先制定监理工作的一般程序。

制定监理工作程序应遵循以下基本规定：

1. 制定监理工作总程序应根据专业工程特点，并按工作内容分别制定具体的监理工作程序

监理工作程序根据所针对的工作范围不同可分为总程序、子程序等。针对整个项目总体的监理工作程序称为总程序，它对整个监理工作的“三控制、两管理、一协调”作出总体的规定。子程序则是在总程序的规定之下，针对某一方面监理工作所做的具体规定。子程序之下还可以有针对更具体的监理工作所制定的更具体的程序。例如，项目监理总程序（如图5-1所示）之下可能有质量控制程序、进度控制程序等子程序，而质量控制程序之下又可以有原材料质量控制程序、构配件质量控制程序等。

监理工作程序的制定要有针对性。各类不同的专业工程都有自己的实施的规律和特点。同时，各类专业工程又都有本专业的管理制度和规定，因此，不同专业工程的监理工作程序就会有一定的差别，制定时一定要符合专业工程的特点。

2. 制定监理工作程序应体现事前控制和主动控制的要求

控制分为被动控制和主动控制。

所谓被动控制就是在系统的控制过程中，控制者把跟踪检查中获得的信息，与计划进行比较，从而确定实施过程所发生的偏差，然后再对偏差产生原因进行分析，针对原因制定纠偏措施、调整计划，使系统的偏差得到纠正。被动控制是一种反馈控制、事中控制。

所谓主动控制就是预先分析目标偏离的可能性，并拟订和采取各项预防性措施，以使计划目标得以实现。主动控制是一种面对未来的控制，它可以解决传统控制过程中存在的时滞影响，尽最大可能改变偏差已经成为事实的被动局面，从而使控制更为有效。主动控制是一种前馈式控制，当它根据已掌握的可靠信息分析预测得出系统将要输出偏离计划的目标时，就制定纠正措施并向系统输入，以使系统因此而不发生目标的偏离。主动控制是一种事前控制，它必须在事情发生之前采取控制措施。

虽然，被动控制和主动控制一样，都是监理控制不可缺少的控制方式。但是，由于被动控制是通过不断纠正偏差来实现的，因而这种偏差对控制工作来说，是一种损失。可以说，监理过程中的被动控制总是以某种程度上的损失为代价的。另一方面，主动控制虽然比被动控制好，然而仅仅采取主动控制措施却是不可能的。因为建设工程实施工程中有相当多的风险因素是不可预见的，甚至是无法防范的。从技术经济的角度上分析，有时被动控制可能是较好的选择。因此对于目标控制来讲，两种控制缺一不可，应将两者紧密结合起来。

3. 制定监理工作程序应结合工程项目的特点，注重监理工作的效果

监理工作程序中应明确工作内容、行为主体、考核标准、工作时限。若程序只是规定了

监理工作的开展顺序，而没有规定工作的范围和具体内容，没有规定实施的主体，那么该程序很容易流于形式，无人执行或执行过程中挂一漏万，达不到制定程序的目的。若程序没规定监理工作的考核标准和工作时限，则执行过程中就无法对其进行检查和纠偏，执行完毕也无法进行效果的评价。因此，在制定监理工作程序时，要按照监理工作开展的先后次序，明确每一阶段完成的工作内容、行为主体、工作时限和考核（检查）标准。

4. 当涉及建设方和承包商的工作时，监理工作程序应符合委托监理合同和施工合同的规定

委托监理合同和施工承包合同都是监理工作开展的依据。监理委托合同界定了建设方和监理方双方的责权利，监理工作涉及建设方工作时必须以此为依据来确定工作程序。施工承包合同虽然界定的是建设方和承包商的责权利关系，但由于监理方是受建设方委托而代表建设方对工程建设实施管理的，因此，监理方就可以以此为依据与承包商发生工作联系。因而监理工作程序也应以此为依据进行编制。

5. 在监理工作实施过程中，应根据实际情况的变化对监理工作程序进行调整和完善

在实际监理过程中，由于工程项目的具体情况，可能会产生监理工作内容的增减或工作程序颠倒的现象。如果监理工作程序一成不变，必将导致程序被束之高阁，监理工作的开展就会秩序紊乱，纰漏百出。因此，监理工作程序必须根据项目实施过程的具体情况的变化，加以调整和完善。但无论出现何种变化都必须坚持监理工作“先审核后实施、先验收后施工”的基本原则，而不能迁就有关各方的不正确的要求对监理工作程序进行随意变更。

第二节　施工准备阶段的监理工作

一、质量管理体系审查

项目控制目标的实现有赖于承包商建立健全的质量管理体系、技术管理体系和质量保证体系。如果承包商不建立质量管理体系、技术管理体系和质量保证体系，施工合同就难以全面得到履行。因此，工程项目开工前，总监理工程师应审查承包商现场项目管理机构的质量管理体系、技术管理体系和质量保证体系，确能保证工程项目施工质量时予以确认。对质量管理体系、技术管理体系和质量保证体系应审核以下内容：

（1）质量管理、技术管理和质量保证的组织机构；

（2）质量管理、技术管理制度；

（3）专职管理人员和特种作业人员的资格证、上岗证。

二、设计交底

设计交底是由建设方组织设计方向有关各方进行设计意图和质量要求交底的技术活动。施工图会审是建设方、承包商、监理方就施工图的差错、可操作性等向设计方提出疑问，由设计方进行解答或由各方共同探讨修改意见的技术活动。设计交底和施工图会审往往同时进行，合而为一，统称为设计交底和施工图会审。

施工图是项目实施的依据，当然也就是监理的依据。因此，透彻理解设计意图、依据和质量要求，纠正施工图中存在的差错，论证设计方案的可操作性以及对进度和投资的影响，是监理的一项重要技术准备工作。同时，督促承包商认真参与和做好上述工作也是监理方的重要工作职责。

在设计交底前，总监理工程师应组织监理人员熟悉设计文件，并对图纸中存在的问题通过建设方向设计方提出书面意见和建议。

项目总监理工程师组织监理人员熟悉施工图是监理预先控制的一项重要工作，其目的是熟悉图纸，了解工程特点、工程关键部位的施工方法、质量要求，以督促承包商按图施工。虽然监理方对设计问题不承担责任，但如发现图纸中存在按图施工困难、影响工程质量以及图纸错误等问题，应通过建设方向设计方提出书面意见和建议。

项目监理人员应参加由建设方组织的设计技术交底会，总监理工程师应对设计技术交底会议纪要进行签认。

项目监理人员参加设计技术交底会应了解的基本内容如下：

(1) 设计主导思想、建筑艺术构思和要求、采用的设计规范，确定的抗震等级、防火等级，基础、结构、内外装修及机电设备设计（设备选型）等；

(2) 对主要建筑材料、构配件和设备的要求，所采用的新技术、新工艺、新材料、新设备的要求以及施工中应特别注意的事项等；

(3) 对建设方、承包商和监理方提出的对施工图的意见和建议的答复。

在设计交底会上确认的工程变更应由建设方、设计方、承包商和监理方会签。

三、施工组织设计（方案）审查

（一）审查程序

工程项目开工前，总监理工程师应组织专业监理工程师审查承包商报送的施工组织设计（方案），提出审查意见，并经总监理工程师审核、签认后报建设方。

审查施工组织设计的工作程序及基本要求如下：

(1) 承包商必须完成施工组织设计的编制及自审工作，并填写施工组织设计（方案）报审表，报送项目监理方。

(2) 总监理工程师应在约定时间内，组织专业监理工程师审查，提出审查意见后，由总监理工程师审定批准。需要承包商修改时，由总监理工程师签发书面的意见，退回承包商修改后再报审，总监理工程师再重新审定。

(3) 已审定的施工组织设计（方案）由监理方报送建设方。

(4) 承包商应按审定的施工组织设计（方案）组织施工。如需对其内容做较大变更，应在实施前将变更内容书面报送监理方重新审定。

(5) 对规模大、结构复杂或属于新结构、特种结构的工程，项目监理方应在审查施工组织设计（方案）后，报送监理方技术负责人审查，其审查意见由总监理工程师签发。必要时，与建设方协商，组织有关专家会审。

（二）审查内容和注意事项

(1) 施工组织设计（方案）的编制、审查和批准应符合规定的程序。

(2) 施工组织设计（方案）应符合国家的政策法规、规范标准、设计文件和承包合同的规定，突出“质量第一，安全第一”的原则。

(3) 施工组织设计（方案）应有针对性，必须充分掌握了工程的特点和难点，充分分析施工现场地质地貌、水文气象和周边建筑和管线情况，充分了解项目的技术、市场和社会环境。

(4) 施工组织设计（方案）应有可操作性，施工方案必须切实可行，应符合基本施工顺序要求，符合工艺和质量要求。

（5）施工方案应有先进性，方案应先进适用，技术必须成熟可靠。

（6）施工方案应在施工部署、施工起点流向、流水段划分和工作持续时间等方面与进度计划具有高度的一致性。

（7）施工方案应在设备、场地、道路、管线等方面与施工总平面图一致。

（8）质量管理、技术管理和质量保证体系应健全。

（9）质量和工期的保证措施必须真实可信。

（10）安全、环保、消防和文明施工措施符合有关规定和切实可行。

（11）重要的分项工程或工序，除在施工组织设计中作出主要规定外，承包商还应在开工前另向监理方提交详细的包含施工方法、施工机械设备、人员配备、材料准备以及质量管理措施和进度安排等内容的专项施工方案。方案同样须经监理方审查确认方可实施。

（12）在满足上述有关规定和要求的前提下，承包商的技术和管理的自主权应得到尊重。

四、分包单位资质审查

分包工程的质量和进度关系到整个项目目标的实现，而确保分包工程质量和进度的首要控制点是分包单位的素质水平。因此，对分包单位的资质控制是监理方的一项重要工作。

分包工程开工前，专业监理工程师应审查承包商报送的分包单位资格报审表和分包单位有关资质资料，符合有关规定后，由总监理工程师予以签认。

如在施工合同中未指明分包单位，监理方应对该分包单位的资格进行审查。

（1）分包单位资格报审表应附以下资料：

1）分包单位的营业执照、企业资质等级证书、特殊行业施工许可证、国外（境外）企业在国内承包工程许可证；

2）分包单位的业绩；

3）拟分包工程的内容和范围；

4）专职管理人员和特种作业人员的资格证、上岗证；

5）施工设备和仪器的完好性证明资料和检定证书；

6）分包合同草案等其他必要资料；

7）总包单位的分包工程管理制度。

（2）监理方对分包单位资质的审查，主要包含以下方面：

1）国家政策法规是否容许该部分工程分包；

2）施工总承包合同是否容许该部分工程分包，分包的内容和范围是否超越合同规定；

3）分包单位是否具有承担该分包工程的资质和能力，必要时应进行调查、考察；

4）分包单位是否承诺在该工程投入足够的符合要求的人员和设备；

5）总包单位对分包单位的约束条件，以及总包单位对分包工程的管理制度，是否能保证施工总承包合同的全面履行。

五、测量放线验收

工程测量放线是建设工程产品由设计转化为实物的第一步。施工测量质量的好坏，直接影响工程产品的整体质量，并且制约着施工过程中有关工序的质量。例如，测量控制基准点或标高有误，会导致建筑物或结构的位置或高程出现误差，从而影响整体质量。因此，工程测量控制可以说是施工事前控制的一项基础工作，是施工准备阶段的一项重要的监理工作内容。

专业监理工程师应按以下要求对承包商报送的测量放线控制成果及保护措施进行检查，符合要求时，专业监理工程师对承包商报送的施工测量成果报验申请表予以签认。

（1）检查承包商专职测量人员的岗位证书及测量设备检定证书；

（2）复核控制桩的校核成果、平面控制网、高程控制网和临时水准点的测量成果；

（3）检查测量成果保护措施。

六、施工设备检查

施工设备的数量涉及施工进度，施工设备的完好性涉及工程质量和施工安全，而施工的测量仪器和计量设备更直接关系到工程产品的质量。因此，工程开工前，监理方应对施工设备（施工机械设备、工具、测量计量仪器的统称）进行事前控制。

（1）施工方进场以后应立即向监理方报送施工设备报验表。报验表应附以下资料：

1）施工机具设备的出厂合格证、产品说明书和施工方的验收记录；

2）测量、计量仪器设备的计量检定证书（国家法定的计量单位核发）。

（2）监理方对进场施工设备的审查主要包括以下内容：

1）符合性，设备种类和数量是否符合投标文件和施工组织设计的规定；

2）适用性，设备的选型是否适合工程特点；

3）满足性，设备的性能指标和数量上是否满足质量、进度目标的需要；

4）完好性，设备是否安全、可靠，是否能保持一定的运行周期。

七、开工报告审批

工程开工前，监理方应对现场的施工准备工作进行认证核查，督促承包商充分做好施工准备工作，符合条件后方可批准其开工。同时也要防止边拆迁、边设计、边施工的现象发生，为项目控制目标得到全面实现打下基础。

承包商报送的工程开工报审表及相关资料先由专业监理工程师进行审查，确认具备以下开工条件时，再由总监理工程师签发，并报建设方：

（1）施工许可证已获政府主管部门批准；

（2）征地拆迁工作能满足工程进度的需要；

（3）进场道路及水、电、通信等已满足开工要求；

（4）设计文件已满足施工需要；

（5）质量、安全保证体系及相应的管理人员、特殊工种人员的上岗资格已经监理审查通过；

（6）施工组织设计已获总监理工程师批准；

（7）承包商现场管理人员已到位，机具、施工人员已进场，主要工程材料已落实；

（8）轴线控制点和水准控制点已经监理复核；

（9）《建设工程施工质量验收统一标准》中的附录 A 及《施工现场质量管理检查记录》中规定的其他要求已满足。

八、第一次工地会议

第一次工地会议是监理方经建设方授权，与承包商建立工作关系的程序环节，同时也是监理方对开工条件进行检查和协调的工作形式。会议由建设方召集和主持，监理方、承包商以及其他有关各方参加。第一次工地例会很重要，是项目开展前的宣传通报会，总监理工程师进行监理规划交底的要点有监理程序、监理工作制度、人员分工及建设方、承包商和监理单位三方的关系等。会议的议程包括以下主要内容：

（1）各方介绍各自驻现场的组织机构、人员及其分工。

1）各方通报自己的单位正式名称、地址、通信方式。

2）建设方代表介绍建设方的办事机构、职责、主要人员名单，并就有关办公事项做出说明。

3）总监理工程师宣布其授权的监理人员的职权，将授权的有关文件交承包商与建设方，宣布监理机构的组织机构框图、全体人员名单及相应的职责范围，并交建设方与承包商。

4）承包商应书面提出现场代表授权书、主要人员名单、职能机构框图、职责范围及有关人员的资质材料，以获得监理工程师的批准。

（2）建设方根据委托监理合同宣布对总监理工程师的授权。

（3）建设方介绍工程开工准备情况，内容包括建设程序手续办理情况、三通一平情况、图纸供应情况、规划放线情况等。

（4）检查承包商进度计划。承包商的进度计划应在中标后，合同规定的时限提交监理工程师，监理工程师应于第一次工地例会对进度计划作出审批意见，内容包括进度计划将于何时批准，或哪些分项工程已获批准；根据批准或将要批准的进度计划，承包商何时可以开始进行哪些工程施工；有哪些重要或复杂的分项工程还应补充详细的进度计划。

（5）检查承包商施工准备情况，内容包括主要人员是否进场，现场管理网络是否建立，管理人员是否有相应的上岗资格，现场管理制度是否齐全；用于工程的材料、机械、仪器和其他设施是否进场或何时进场；施工场地、临时工程建设进展情况；工地实验室及设备是否安装就绪，并检查试验人员及设备清单；施工测量的基础资料是否复核；履约保证金及各种保险是否办理；施工组织设计是否报审；图纸会审是否已进行；其他与开工有关的内容及事项。

建设方和总监理工程师对施工准备情况提出意见和要求。

（6）总监理工程师介绍监理规划的主要内容，重点是监理工作程序和监理工作制度。

（7）研究确定各方在施工过程中参加工地例会的主要人员，召开工地例会周期、地点及主要议题。

首次工地会议纪要应由监理方负责起草，并经与会各方代表会签。

第三节 工地例会制度

一、工地例会

工地例会是监理人员检查目标控制状态，下达监理指令，进行组织协调的有效方式。在施工过程中，总监理工程师应定期（一般为一周或两周，具体时间在第一次工地例会上确定，并可根据工程进展调整会议频率）主持召开工地例会。建设方、承包商、监理方必须参加会议。勘察单位、设计单位、分包单位必要时也应参加会议。

工地例会的决定与其他各种监理指令具有同等的作用。工地例会的会议纪要是一种重要的监理文件，因此，必须做到记录真实、准确。会议纪要宜由与会各方进行会签或签收。

工地例会的主要议程如下：

（1）检查上次例会议定事项的落实情况。哪些决定已执行，执行的效果如何；哪些决定未执行或未完全执行，什么原因，如何补救。

（2）检查进度情况。

1）检查计划执行情况，进度的偏差，落后的原因，补救措施；下期进度计划，拟采取的保证措施。

2）检查人力资源投入情况，工地劳动力是否与资源计划相符；技术人员是否满足工作需要；如果人员不足，拟采取什么措施。

3）检查设备投入情况。施工设备与承包商提供的技术方案或操作工艺方案要求是否相符；施工机械运转状态是否良好；设备能否满足工程进度要求；如发现设备方面存在问题，承包商拟采取什么措施。

4）检查材料质量与供应情况。材料质量与供应情况；材料的分类堆放与保管情况。

（3）检查质量情况。是否按已审批的施工方案和有关规范标准要求施工；人、机、料、法、环的状态能否满足工程质量要求；有关各方发现的质量问题，承包商拟采取的补救措施等。

（4）计量与支付情况。预付款与进度款支付审批情况、价格调整的处理、工程计量记录与核实、计日工支付记录、工程变更令、违约罚金等。

（5）协调事宜。承包商与建设方关系协调；承包商与平行发包单位关系协调；与外部相关部门或单位关系协调；专业工程配合协调等。

（6）检查施工安全情况。是否按已审批的施工安全专项方案施工；是否违反强制性条文和有关操作规程；安全设施配备是否符合有关规定；安全检查发现的问题及整改措施。

（7）其他事项。

工地例会举行次数过多，容易流于形式。监理工程师应根据工程进展情况确定分阶段的例会协调要点，保证监理目标控制的需要。例会要点应进行预先筹划，使会议内容丰富，针对性强，可以真正发挥协调的作用。

二、专题现场协调会

对于一些工程中的重大问题，以及不宜在工地例会上解决的问题，根据工程施工需要，可召开有相关人员参加的现场协调会，如设计交底、施工方案或施工组织设计审查、材料供应、复杂技术问题的研讨、重大工程质量事故的分析和处理、工程延期、费用索赔等进行协调，提出解决办法，并要求各方及时落实。

专题会议一般由总监理工程师提出，或由承包商提出后，由总监理工程师确定。

参加专题会议的人员应根据会议的内容确定，除建设方、承包商和监理单位的有关人员外，还可以邀请设计人员和有关部门人员参加。

由于专题会议研究的问题重大，又较复杂，因此会前应与有关单位一起，做好充分的准备，如进行调查、收集资料，以便介绍情况。有时为了使协调会达到更好的共识，避免在会议上形成冲突或僵局，或为了更快地达成一致，可以先将议程打印发给各位参加者，并可以就议程与一些主要人员进行预先磋商，这样才能在有限的时间内，让有关人员充分地研究并得出结论。会议过程中，主持人应能驾驭会议局势，防止不正常的干扰影响会议的正常秩序；应善于发现和抓住有价值的问题，集思广益，补充解决方案；应通过沟通和协调，使大家意见一致，使会议富有成效。会议的目的是使大家取得协调一致，以积极的态度完成工作。对于专题会议，应有会议记录和会议纪要，并作为监理工程师发出的相关指令文件的附件或存档备查的文件。

第四节 工程建设项目三大目标的控制工作

一、工程质量控制工作

（一）施工过程的质量控制

1. 施工方法控制

经监理方审批的施工组织设计（方案）是监理的依据之一，承包商必须严格按此执行。若有违反，监理方应要求其改正。同时，若遇以下情况，监理方应要求承包商补报相关资料，经监理方审批确认后方可实施。审批程序和要求与施工组织设计（方案）审批相同。

（1）在施工过程中，当承包商对已批准的施工组织设计进行调整、补充或变动时，应经专业监理工程师审查，并应由总监理工程师签认。监理方应要求承包商严格按照批准的（或经过修改后重新批准的）施工组织设计（方案）组织施工。

（2）专业监理工程师应要求承包商报送重点部位、关键工序的施工工艺和确保工程质量措施，审核同意后予以签认。

（3）当承包商采用新材料、新工艺、新技术、新设备时，专业监理工程师应要求承包商报送相应的施工工艺措施和证明材料，组织专题论证，经审定后予以签认。

2. 技术复核

监理方应对承包商在施工过程中报送的施工测量放线成果进行复验和确认。承包商在测量放线完毕，应进行自检，合格后填写施工测量放线报验申请表，并附上放线的依据材料及放线成果表报送监理方。专业监理工程师应实地查验放线精度是否符合规范及标准要求，施工轴线控制桩的位置、轴线和高程的控制标志是否牢靠、明显等。经审核、查验合格，签认施工测量报验申请表。

除对上述施工测量放线成果进行复核以外，凡涉及施工作业技术活动基准和依据的技术工作，监理方都要进行复核性检查。例如：土石方工程中的开挖范围与边线、标高；基础工程检查复核轴线、模板尺寸、标高、预留孔洞、预埋件位置等；砌体工程检查和复核墙身轴线、皮数杆、楼层标高、预留孔洞位置尺寸、砂浆配合比等；钢筋混凝土工程检查复核轴线、标高、模板尺寸、位置、预留孔洞、混凝土配合比等；设备安装工程检查复核平面定位尺寸及标高；电气工程检查变电位置、配电位置、高低压进出口方向、电缆沟位置、标高、送电方向等；给排水工程检查管道走向、坡度、标高、平面定位尺寸、支吊架间距；消火栓栓口高度及距箱侧及箱后尺寸；卫生器具间距及标高；市政工程中的各类管线的走向、标高等的复核检查。

上述检查称为技术复核。承包商在自行进行技术复核后，应将复核结果报送监理方，经监理方复核确认后，才能进行后续的相关施工。监理方应将技术复核工作列入质量控制计划，把它作为一项经常性工作任务，贯穿于整个施工阶段监理活动中间。

3. 试验室控制

承包商施工过程中的材料进场复试和施工质量试验可委托专业的独立试验机构承担，也可以由承包商自有的试验室承担。监理方则应核对委托试验的范围是否与试验室的资质条件相符，相符的予以确认。监理方确认后，承包商才可以委托试验。

社会独立的专业试验机构必须具有国家建设行政主管部门核定的试验资质，并通过国家法定计量部门的检定。承包商在委托试验前应将上述有关证明资料报送监理方，并明确委托试验的范围。监理方应审查试验室的资质等级与委托试验范围是否相符，试验室具有法定计量部门对试验设备出具的计量检定证明是否在有效期内。

当承包商拟委托的试验室为承包商自有的试验室时，监理方则应从以下五个方面进行考核：

(1) 试验室的资质等级及其试验范围；

(2) 法定计量部门对试验设备出具的计量检定证明；

(3) 试验室的管理制度；

(4) 试验人员的资格证书；

(5) 该工程的试验项目及其要求。

4. 建筑材料、设备控制

专业监理工程师应对承包商报送的拟进场工程材料、构配件和设备的“工程材料、构配件、设备报审表”及其质量证明资料进行审核，并对进场的实物按照委托监理合同约定或有关工程质量管理文件规定的比例采用平行检验或见证取样方式进行抽检。

对于用于工程主体结构的主要材料或构配件、大批量的或高级的装饰材料、主要建筑设备，必须要求承包商在采购以前进行供应商资质报审，其中包括营业执照、企业资质、生产许可证和产品的质保书、样本等。必要时，应对生产厂家进行实地考察，了解厂家的生产工艺、机械设备、材料质量、工人水平以及质量保证体系。经审批同意后方能容许承包商进行采购。

材料、设备进场时，承包商应填写“工程材料、构配件、设备报审表”，同时随附材料、设备清单和产品合格证和质保书、材料设备的进货凭证以及铭牌的复印件。监理人员在收到报验表后应首先检查实物出厂编号和质保资料是否相符，然后检查质保资料是否符合国家的有关标准。上述符合性要求满足时可容许材料、设备进场。但这些材料、设备要投入使用还需经进场复试或检查验收。

对国家规范、标准及地方建设行政主管部门规定必须进行进场复试的形成主体结构的主要材料、预制结构构件、涉及使用安全和耐久性的材料，在进场以后，监理人员应对其进行见证取样，送资质经过审核的试验单位进行试验。试验合格，试验报告应报送监理方审查(准用报审)，经监理人员审查批准后，方可用于工程。材料、设备复试的频度应满足上述规范、标准和规定的要求。

上述范围以外的工程材料和设备进场报验后，监理人员应对其进行检查或测试（必要时，测试应由专业测试单位进行)。检测合格后，方能容许这些材料和设备投入使用。

对未经监理人品验收或验收不合格的工程材料、构配件、设备，监理人员应拒绝签认，并应签发监理工程师通知单，书面通知承包商限期将不合格的建筑材料、构配件、设备撤出现场。

经过上述检测合格的材料、设备，若监理人员在监理工程中仍发现其有疑点，应进行平行检测，即在与承包商共同抽样后送往由监理单位委托的试验单位进行试验。若试验不合格，监理方仍可以要求该批材料或设备退场。

对新材料、新产品，承包商应报送经有关部门鉴定、确认的证明文件。

对进口材料、构配件和设备，承包商还应报送进口商检证明文件，并按照事先约定，由建设方、承包商、供货单位、监理方及其他有关单位进行联合检查。

5. 施工设备、仪器控制

监理方应经常检查承包商的直接影响工程质量的测量仪器和计量设备的性能、精度和检定有效期，使其处于良好状态之中。

计量设备是指施工中使用的衡器、量具、计量装置等设备。

6. 施工过程监督、检查

总监理工程师应安排监理人员对施工过程进行巡视和检查。对隐蔽工程的隐蔽过程、下道工序施工完成后难以检查的重点部位，专业监理工程师应安排监理员进行旁站监理。

巡视是监理最常用的工作方法，监理人员通过巡视对施工方案的实施情况、工序质量以及资源配备情况进行检查，及时发现问题，及时要求承包商改正。检查的主要内容如下：

(1) 是否按照设计文件、施工规范和批准的施工组织（方案）施工；

(2) 是否使用合格的材料、构配件和设备；

(3) 施工现场管理人员，尤其是质检人员是否到岗到位；

(4) 施工操作人员的技术水平、操作条件是否满足工艺操作要求，特种操作人员是否持证上岗；

(5) 施工环境是否对工程质量产生不利影响；

(6) 已施工部位是否存在质量缺陷。

对施工过程中出现的较大质量问题或质量隐患，监理工程师宜采用照相、录像等手段予以记录。

旁站监理就是由监理人员对施工过程进行全过程、连续的跟班检查和监督。

旁站监理人员实施旁站监理时，发现施工方有违反工程建设强制性标准行为的，有权责令施工方立即整改；发现其施工活动已经或者可能危及工程质量的，应及时向监理工程师或者总监理工程师报告，由总监理工程师下达局部暂停施工指令或者其他应急措施。

7. 隐蔽工程验收

隐蔽工程就是会被后续工序施工所隐蔽和覆盖的分部、分项（或验收批）工程。例如，预制桩接头焊接，混凝土工程中的钢筋工程、预埋件设置，砌体工程中的拉结筋设置，屋面防水工程（每层），装饰工程中的夹墙封闭、吊顶封闭，各类安装的预埋管数量，避雷接地，管道保温，设备安装中的预埋地脚螺栓及预埋铁件尺寸及位置，市政工程中的各类管线。

隐蔽工程隐蔽前，专业监理工程师应根据承包商报送的隐蔽工程报验申请表和自检结果进行现场检查，符合要求予以签认。对未经监理人员验收或验收不合格的工序，监理人员应拒绝签认，并严禁承包商进行隐蔽施工。

8. 工程质量验收

专业监理工程师应对承包商报送的检验批和分项工程质量验收资料进行审核，符合要求后予以签认。总监理工程师应组织监理人员对承包商报送的分部工程和单位工程质量验收资料进行审核和现场检查，符合要求后予以签认。

(1) 质量验收的内容。

1) 检验基本要求。主控项目和一般项目的质量经抽样检验合格，施工依据和质检资料完整。

2）分项工程。分项工程所含的检验批均符合合格质量的规定，检验批验收记录完整。应核对分项工程是否包含全部的检验批。

3）分部（子分部）工程。分部（子分部）工程所含的分项工程的质量均应验收合格，质量控制资料完整，地基基础、主体结构和设备安装等分部安全及功能的检验和抽样检测符合规定，观感质量验收符合要求。

4）单位（子单位）工程。单位（子单位）工程所含的分部工程质量均验收合格，质量控制资料完整，单位（子单位）工程所含的分部工程的有关安全、功能检测资料完整，主要功能抽查结果符合相关专业质量验收规范的规范规定，观感质量验收符合要求。

（2）施工质量验收的组织。

1）检验批和分项工程验收。由专业监理工程师组织，施工方项目专业质量（技术）负责人参加。

2）分部工程验收。由总监理工程师组织，施工方项目负责人和技术、质量负责人参加。其中地基基础、主体结构等分部勘察、设计单位的工程项目负责人和施工企业的技术、质量部门负责人也应参加。

3）单位工程验收。单位工程完工后，承包商应自行组织有关人员进行检查评定，然后向建设方提交工程验收报告；建设方收到工程验收报告后，应由项目负责人组织承包商（包括分包单位）、设计、监理等单位（项目）负责人进行验收。当参加验收的各方意见不一致时，由当地建设行政主管部门或质量监督机构协调处理。单位工程质量验收合格后，建设方应在规定时间内将工程竣工验收报告和有关文件报建设行政主管部门备案。

9. 质量缺陷控制

在建设工程中通常所称的工程质量缺陷，一般是指工程不符合国家或行业现行有关技术标准、设计文件及合同中对质量的要求。

（1）处理施工中出现的质量缺陷，是监理方在施工阶段监理中的一项重要工作，监理应按以下程序进行：

1）对施工过程中出现的一般质量缺陷，专业监理工程师应及时下达监理工程师通知，承包商则必须采用《质量（安全）问题处理方案报审表》的形式向监理方提交整改方案，方案经监理方审批后，承包商实施整改。整改完毕，承包商向监理方提交整改复验报告，然后监理方对整改结果进行验收。验收合格方可进入下道工序施工。

2）监理人员发现施工存在重大质量隐患，可能造成质量事故或已经造成质量事故，应通过总监理工程师及时下达工程暂停令，要求承包商停工整改。整改需制定整改方案，整改方案需经监理方审批，审批同意后方能实施。必要时，方案应经设计单位确认或通过专家论证，方可付诸实施。整改完毕并经监理人员复查，符合规定要求后，总监理工程师签署工程复工报审表。总监理工程师下达工程暂停令和签署工程复工报审表，宜事先向建设方报告。

（2）对上述较严重的质量缺陷，监理方应按以下规定验收：

1）经返工或更换器具、设备的检验批，重新进行验收。

2）经有资质的检测单位检测鉴定能够达到设计要求的检验批予以验收。

3）经有资质的检测单位检测鉴定达不到设计要求，但经原设计单位核算认可能够满足结构安全和使用功能要求的检验批，可予以验收。

4）经返修或加固处理的分部、分项工程，虽改变外形尺寸但仍能满足安全使用要求的，按技术处理方案和协商文件进行验收。

5）经返修或加固处理仍不能满足安全使用要求的分部工程、单位（子单位）工程，严禁验收。

10. 质量事故处理

由于工程质量不合格和质量缺陷，而造成或引发经济损失、工期延误或危及人的生命和社会正常秩序的事件，称为工程质量事故。

对需要返工处理或加固补强的质量事故，总监理工程师应责令承包商报送质量事故调查报告和经设计单位等相关单位认可的处理方案，项目监理机构应对质量事故的处理过程和处理结果进行跟踪检查和验收。

工程质量事故发生后，监理工程师可按以下程序进行处理，如图 5-1 所示。

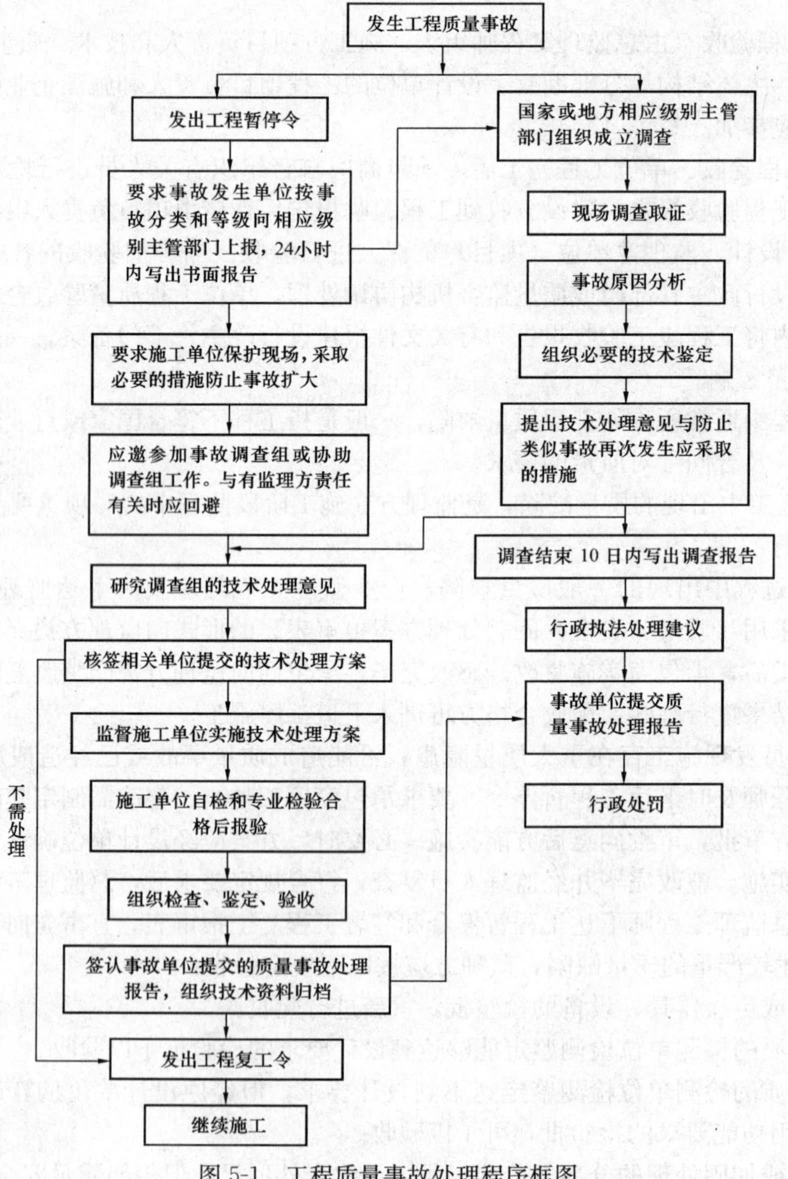

图 5-1 工程质量事故处理程序框图

(1) 工程质量事故发生后，总监理工程师应签发工程暂停令并要求停止进行质量缺陷部位和与其有关联部位及下道工序施工，应要求施工单位采取必要的措施，防止事故扩大并保护好现场。同时，要求质量事故发生单位迅速按类别和等级向相应的主管部门上报，并于24小时内写出书面报告。质量事故报告应包括以下主要内容：

1) 事故发生的单位名称，工程（产品）名称、部位、时间、地点；

2) 事故概况和初步估计的直接损失；

3) 事故发生原因的初步分析；

4) 事故发生后采取的措施；

5) 相关各种资料（有条件时）。

(2) 各级主管部门处理权限及组成调查组权限如下：

特别重大质量事故由国务院按有关程序和规定处理；重大质量事故由国家建设行政主管部门归口管理；严重质量事故由省、自治区、直辖市建设行政主管部门归口管理；一般事故由市、县级建设行政主管部门归口管理。

工程质量事故调查组由事故发生地的市、县以上建设行政主管部门或国务院有关主管部门组织成立。特别重大质量事故调查组组成由国务院批准；一、二级重大质量事故由省、自治区、直辖市建设行政主管部门提出组成意见，人民政府批准；三、四级重大质量事故由市、县级行政主管部门提出组成意见，相应级别人民政府批准；严重质量事故，调查组由省、自治区、直辖市建设行政主管部门组织；一般质量事故，调查组由市、县级建设行政主管部门组织；事故发生单位属国务院部委的，由国务院有关主管部门或其授权部门会同当地建设行政主管部门组织调查组。

(3) 监理工程师在事故调查组展开工作后，应积极协助，客观地提供相应证据。若监理方无责任，监理工程师可应邀参加调查组，参与事故调查；若监理方有责任则予以回避，但应配合调查组工作。质量事故调查组的职责如下：

1) 事故发生的原因、过程、事故的严重程度和经济损失情况。

2) 表明事故的性质、责任单位和主要责任人。

3) 组织技术鉴定。

4) 明确事故主要责任单位和次要责任单位，承担经济损失的划分原则。

5) 提出技术处理意见及防止类似事故再次发生应采取的措施。

6) 提出对事故责任单位和责任人的处理建议。

7) 提出事故调查报告。

(4) 当监理工程师接到质量事故调资组提出的技术处理意见后，可组织相关单位研究并责成相关单位完成技术处理方案，并予以审核签认。质量事故技术处理方案，一般应委托原设计单位提出，由其他单位提供的技术处理方案应经原设计单位同意签认。技术处理方案的制订，应征求建设单位意见。技术处理方案必须依据充分，应在质量事故的部位、原因全部查清的基础上制定。必要时，应委托法定工程质量检测单位进行质量鉴定或请专家论证，以确保技术处理方案可靠、可行，保证结构安全和使用功能。

(5) 技术处理方案核签后，监理工程师应要求施工单位制定详细的施工方案。必要时应编制监理实施细则，对工程质量事故技术处理施工质量进行监理。技术处理过程中的关键部位和关键工序应进行旁站，并会同设计、建设等有关单位共同检查认可。

（6）对施工单位完工自检后报验结果，组织有关各方进行检查验收，必要时应进行处理结果鉴定。要求事故单位整理编写质量事故处理报告，并审核签认。

工程质量事故处理报告主要内容如下：

1）工程质量事故情况、调查情况、原因分析（选自质量事故调查报告）。

2）质量事故处理的依据。

3）质量事故技术处理方案。

4）实施技术处理施工中有关问题和资料。

5）对处理结果的检查鉴定和验收。

6）质量事故处理结论。

（6）签发复工令，恢复正常施工。

（二）工程质量的事后控制

工程完工后，监理方应及时组织对工程项目进行竣工预验收，参加由建设方组织的工程竣工验收。在工程保修阶段，应检查、鉴定工程质量状况和工程使用状况，对出现的质量问题，区分责任，督促修复。在保修期结束后，检查工程保修状况，移交保修资料。

1. 竣工验收

（1）总监理工程师应组织专业监理工程师，依据有关法律、法规、工程建设强制性标准、设计文件及施工合同，对承包商报送的竣工资料进行审查，并对工程质量进行竣工预验收。对存在的问题应及时要求承包商整改，整改完毕由总监理工程师签署工程竣工报验单，并应在此基础上编写工程质量评估报告。工程质量评估报告应经总监理工程师和监理方技术负责人审核签字。

（2）竣工预验收的程序。

1）单位工程达到竣工验收条件后，承包商应在自审、自查、自评工作完成后，填写工程竣工报验单，并将全部竣工资料报送项目监理机构，申请竣工验收。

2）总监理工程师应组织各专业监理工程师对竣工资料及各专业工程的质量情况进行全面检查，对检查出的问题，应督促承包商及时整改。

3）需要进行功能试验的工程项目（包括单机试车和无负荷试车），监理工程师应督促承包商及时进行试验，并对重要项目进行现场监督、检查，必要时请建设方和设计单位参加；监理工程师应认真审查试验报告单。

4）监理工程师应督促承包商搞好成品保护和现场清理。

5）经监理方对竣工资料及实物全面检查、验收合格后，由总监理工程师签署工程竣工报验单，并向建设方提出质量评估报告。

（3）监理方应参加由建设方组织的竣工验收，并提供相关监理资料。对验收中提出的整改问题，监理方应要求承包商进行整改。工程质量符合要求，由总监理工程师会同参加验收的各方签署竣工验收报告。

2. 工程质量保修期的监理工作

（1）监理方应依据委托监理合同约定的工程质量保修期监理工作的时间、范围和内容开展工作。

（2）建设工程质量保修期按《建设工程质量管理条例》的规定和施工合同的约定确定。在质量保修期内的监理工作期限，应由监理方与建设方根据工程实际情况，在委托监理合同中的约定。

(3) 承担质量保修期监理工作时，监理方应安排监理人员对建设方提出的工程质量问题进行检查和记录，对承包商的修复施工的质量进行验收，合格后予以签认。

(4) 在承担工程质量保修期的监理工作时，监理方可不设立项目监理机构，宜在参加施工阶段监理工作的监理人员中保留必要的人员。

(5) 监理人员应对工程质量问题的原因进行调查分析并确定责任归属，对非承包商原因造成的工程质量问题，监理人员应核实修复工程的费用和签署工程款支付证书，并报建设方。

二、工程造价控制工作

施工阶段投资控制即造价控制，一般包括以下工作内容。

(一) 控制规划

工程开工前，总监理工程师应组织相关的专业监理工程师和造价工程师对项目的造价控制风险和降低造价的潜力进行分析，并据此制定控制措施，编入监理规划或监理细则。

造价控制常见的风险有：建设方因功能、装修标准等方面的需要而提出的变更，设计单位因施工图差错以及设计方案可行性出现问题而进行的变更，承包商因设计方案实施的困难或者经济目的要求的变更，预算定额固有的活口，合同条款的缺陷，质量、进度控制过程中产生的对造价控制的干扰，社会、市场等外部因素的干扰及施工索赔等。

降低造价的潜力往往存在于设计方案优化、施工方案优化、材料设备采购、定额和合同活口的利用。

造价控制的措施一般有：①组织措施。例如，监理人员分工并建立造价控制方面的责任制，编制造价控制监理细则，编制控制的工作流程图，建立报表制度，制定严密的变更审批程序和支付审批程序等。②技术措施。例如：对控制目标进行分解确定分段控制目标，探讨设计和施工方案优化的可能性和具体途径，对变更方案进行技术论证，对合同文件和预算书进行技术分析并研究合理利用活口的办法等。③经济措施。例如，编制资金计划降低资金成本，及时准确地进行工程计量，认真细致地做好支付审批工作，收集确定市场价，建议建设方在合同许可的范围内自行采购大宗或贵重的材料和设备，协助建设方通过招标的方式采购材料和设备等。④合同措施。例如，建立合同管理日记并收集相关佐证资料，从控制造价的角度出发提出合同修改的建议，客观公证地处理施工索赔等。

(二) 计量和支付

项目监理机构应按下列程序进行工程计量和工程款支付工作：

承包商统计经专业监理工程师质量验收合格的工程量，按施工合同的约定填报工程量清单和工程款支付申请表。

专业监理工程师进行现场计量，按施工合同的约定审核工程量清单和工程款支付申请表，报总监理工程师签署工程款支付证书，并报建设方。

总监理工程师签署工程款支付证书，报建设方。

按照建设部和国家工商行政管理局颁布的《建设工程施工合同(示范文本)》(GF-1999-0201)中的有关规定，工程计量的一般程序是承包方按专用条款约定的时间，向监理工程师提交已完工程量的报告。监理工程师接到报告后 7 天内按设计图纸核实已完工程量，并在计量前 24 小时通知承包方。承包方为计量提供便利条件并派人参加。承包方不参加计量，发包方自行进行的计量结果有效，作为工程价款支付的依据。监理工程师收到承包方报告后 7 天内未进行计量，从第 8 天起，承包商报告中开列的工程量即视为被确认，作为工程价款支付的依据。监理工程师不按照约定时间通知承包方，使承包方不能参加计量，计量结果无效。

计量依据一般有质量合格证明文件、工程量清单前言、合同中的有关计量支付条款和设计图纸。

监理工程师一般只对如下三方面的工程项目进行计量：工程量清单中的全部项目、合同文件中规定的项目、经监理工程师审批的工程变更项目。

常用的计量方法：①均摊法，即对清单中某些每月均有发生的项目按合同工期平均计量；②凭据法，即按照承包商提供的凭据进行计量；③估价法，即按合同文件的规定根据监理工程师估算确定已完工程量；④断面法，主要用于取土坑或填筑路堤土方的计量；⑤图纸法，即按设计图纸所示的尺寸进行计算计量；⑥分解计量法，即将一个项目根据工序或部位分解为若干子项，对已完的各子项进行计量。

工程在符合以下条件时，由总监理工程师签复工程款支付申请：

（1）工程质量合格。工程质量不合格的部分一律不予支付。

（2）符合合同条件。一切支付均需要符合合同规定的要求。例如，承包预付款的支付款比例要符合合同规定等。

（3）变更项目必须有经总监理工程师审批的联系单或变更洽商单。没有监理工程师的指示，承包商不得作任何变更，如果承包商擅自进行变更，建设方将不予支付。

（4）累计支付金额未突破合同规定的限额，如预算或合同价。

（5）承包商的工作使监理工程师满意，承包商在质量、进度等方面的工作未违反合同规定。

专业监理工程师应及时建立月完成工程量、工作量和支付台账，对实际完成量进行比较、分析，制定调整措施，并应在监理月报中向建设方报告。

（三）工程变更控制

详见本书第六章第二节。

（四）竣工结算

竣工结算是承包商在所承包的工程全部完工并交付之后向建设方最后一次办理结算工程价款的手续，也是监理方对总监理工程师控制的最后环节。造价控制的成效最终将体现在对竣工结算价款上。

1. 竣工结算的程序

项目监理机构应按下列程序进行竣工结算：

（1）承包商按施工合同规定填报竣工结算报表；

（2）专业监理工程师审核承包商报送的竣工结算报表；

（3）总监理工程师审定竣工结算报表，与建设方、承包商协商一致后，签发竣工结算文件和最终的工程款支付证书报建设方。

（4）当总监理工程师无法就竣工结算的价款总额与建设方和承包商协商一致时，应按合同争议的规定进行处理。

2. 竣工结算的依据

竣工结算控制应以全面占有结算依据为前提，这些依据包括：

(1) 工程竣工验收单报告；

(2) 竣工图；

(3) 工程合同和有关规定；

(4) 经审批的施工图预算和补充修正预算；

(5) 预算外费用现场签证；

(6) 材料、设备和其他各项费用的调整依据；

(7) 有关定额、费用调整的补充规定；

(8) 工程变更联系单和工程变更洽商单；

(9) 建设方、承包商合签的图纸会审记录；

(10) 隐蔽工程检查验收记录。

3. 竣工结算审查内容

监理方对竣工结算的审核一般包括政策性审核、合同性审核、结算书审核和扣减款项审核等方面。

(1) 政策性审核。包括工程项目及施工图预算是否在批准的工程计划和设计概算范围内；施工图预算外的费用是否符合国家规定；工程变更增减内容是否符合项目批准文件的规定等。

(2) 合同性审核。包括结算范围和内容是否符合合同的规定；工程变更的责任和费用承担的区分；取费标准是否符合合同规定等。

(3) 结算书审核。包括工程量审核、单价审核、直接费审核和间接费审核等。

① 审核工程量。审核工程量必须先熟悉施工图纸、预算定额和工程量计算规则。监理公司对审核工程量人员的要求，应是详细按图计算全部分部分项工程量，列出计算公式，标出轴线号，必要时绘制计算简图；钢筋工程量，要按施工图逐根计算。工程量计算要详细列清单，便于复核。

根据实践经验，只有监理工程师亲自详细计算出各分部分项的工程量，并与承包商提出的工程量逐项核对准确无误之后，才获得真正达到审核要求的工程量。

工程量审核是否认真、准确，直接关系到工程投资，这项较繁琐、细致的工作，应特别重视。

②审核单价。审核单价不但要审核工程名称、种类、规格、计量单位，与预算定额或单位估价表上所列的内容是否一致，而且要审核换算单价、补充单价和协商价。

审核换算单价。预算定额规定允许换算部分的分项工程单价，应根据预算定额的分部分项说明附注和有关规定进行换算；预算定额规定不允许换算部分的分项工程单价，则不得强调工程特殊或其他原因而任意加以换算，以保持定额的法令性和统一性。

审核补充单价。目前各省、市、自治区都有统一编制经过审批的地区单位估价表，是有法令性的指标，就无需再进行审核。但对于某些采用新结构、新技术、新材料的工程，在定额中确实缺少这些项目，尚需编制补充单位估价时，就应进行审核。审核其分项项目和工程量是否属实，套用单价是否正确；审核其补充单价的工料分析是根据工程测算数据，还是估算数字确定的。

审核协商价。当某些材料在单位估价表和地方信息价中找不到参考依据时，结算往往采用建设方和承包商商定的协商价。监理方对协商价的审核主要包括是否符合国家的政策法规的规定和协商的手续是否齐全等。

③审查直接费。决定直接费用的主要因素是各分部分项工程量及其预算定额（或单位估价表）单价。因此，审核直接费，也就是审核直接费部分的整个结算表，根据已经过审核的分项工程量和预算定额单价，审核单价套用是否准确，有否套错和应换算的单价是否已换算，以及换算是否正确等。审核时应注意：预算表上所列的各分项工程名称、内容、做法、规格及计量单位，与单位估价表中所规定的内容是否相符；在预算表中是否有错列已包括在定额内的项目，从而出现重复多算情况，或因漏列定额未包括的项目，而少算直接费的情况。

④审核间接费。依据工程项目的等级、投资性质和承包方式不同，间接费的费率和计算方法会有所区别。因此，主要审核以下内容：各种费用的计算基础是否符合规定；各种费用的费率是否按地区的有关规定计算；计划利润是否按国家规定标准计取；各种间接费采用是否正确合理；单项定额与综合定额有无重复计算情况等。

(4) 扣减款项审核。包括工程预付款、工程进度款、建设方提供材料设备款、非建设方责任的工程变更费用、对承包商的索赔费用、目标实现保证金、违约金等。

（五）索赔控制

详见本书第六章第三节。

三、工程进度控制工作

（一）施工阶段进度控制的监理工作内容

工程项目的施工进度控制从审查开工条件开始，直至工程项目保修期满为止，其主要工作内容如下：

(1) 制定施工进度控制工作流程。工程项目施工进度控制工作流程如图 5-2 所示。

(2) 编制施工阶段进度控制工作细则。施工阶段进度控制工作细则是在工程项目监理规划的指导下，由工程项目监理班子中进度控制监理工程师负责编制的，更具有实施性和操作性的监理业务文件，其主要内容包括：

1) 施工进度控制目标分解；

2) 施工进度控制的主要工作内容和深度；

3) 进度控制人员的具体分工；

4) 与进度控制有关各项工作的时间安排及工作流程；

5) 施工进度控制目标实现的风险分析；

6) 进度控制的具体措施（包括组织措施、技术措施、经济措施及合同措施等）；

7) 进度控制的方法（包括进度检查日期、数据收集方式、进度报表格式、统计分析方法等）；

8) 尚待解决的有关问题。

事实上，施工阶段进度控制工作细则是对工程项目监理规划中有关进度控制内容的进一步深化和补充，对监理工程师的进度控制实务工作起着具体的指导作用。

(3) 编制或审核施工进度计划。为了保证工程项目的施工任务按期完成，监理工程师必须审核承包商提交的施工进度计划。对于大型工程项目，由于单项工程较多，施工工期长，且采取分期分批发包又没有一个负责全部工程的总承包商时，监理工程师就要负责编制施工总进度计划；或者当工程项目由若干个承包商平行承包时，监理工程师也有必要编制施工总

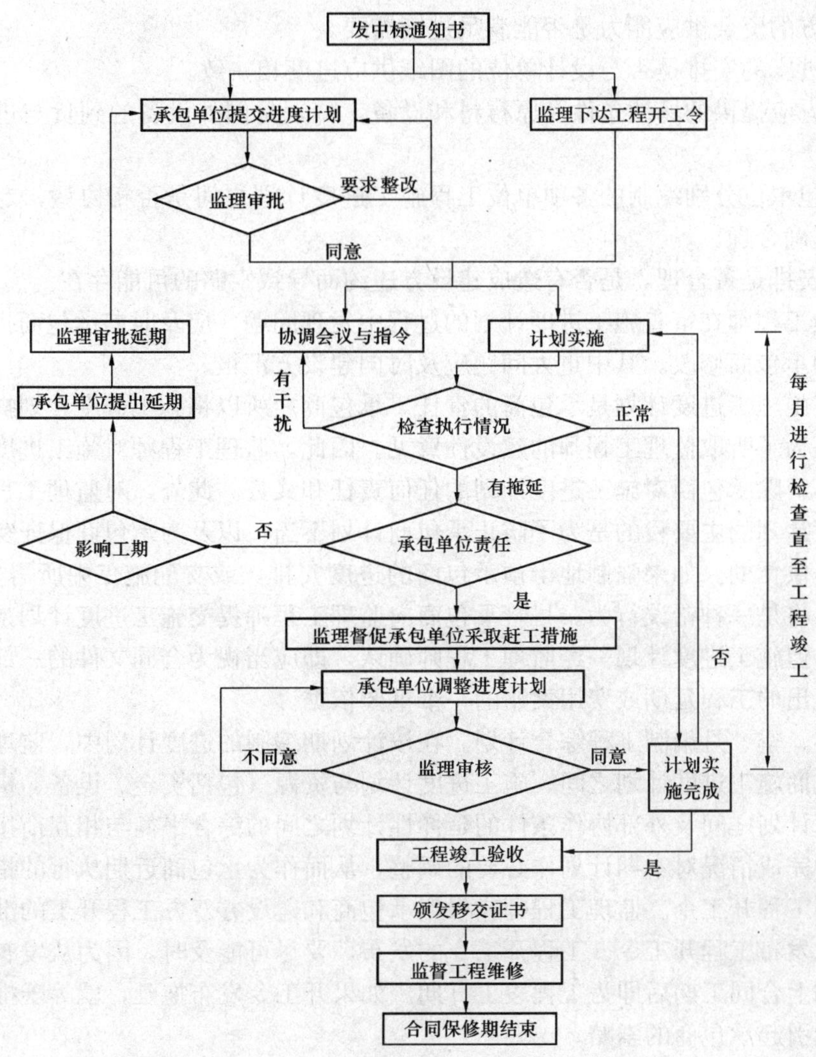

图 5-2　工程项目施工进度控制工作流程

进度计划。施工总进度计划应确定分期分批的项目组成；各批工程项目的开工、竣工顺序及时间安排；全场性准备工作，特别是首批准备工作的内容与进度安排等。

当工程项目有总承包商时，监理工程师只需对总承包商提交的施工总进度计划进行审核即可，而无需承担进度计划编制任务。

施工进度计划审核的主要内容如下：

1）进度安排是否符合工程项目建设总进度计划中总目标和分目标的要求，是否符合施工合同中开、竣工日期的规定。

2）施工总进度计划中的项目是否有遗漏，分期施工是否满足分批交付使用的需要和配套动用的要求。

3）施工顺序的安排是否符合施工工艺和施工程序的要求。

4）劳动力、材料、构配件、机具和设备的供应计划是否能保证进度计划的实现，供应是否均衡，需求高峰期是否有足够能力实现计划供应。

5）建设方的资金供应能力是否能满足进度需要。

6）施工进度的安排是否与设计单位的图纸供应进度相一致。

7）建设方应提供的场地条件及原材料和设备，特别是国外设备的到货与进度计划是否衔接。

8）总分包单位分别编制的各项单位工程施工进度计划之间是否相协调，专业分工与计划衔接是否明确合理。

9）进度安排是否合理，是否有造成建设方违约而导致索赔的可能存在。

如果监理工程师在审查施工进度计划的过程中发现问题，应及时向承包商提出书面修改意见，并协助承包商修改。其中重大问题应及时向建设方汇报。

编制和实施施工进度计划是承包商的责任。承包商之所以将施工进度计划提交给监理工程师审查，是为了听取监理工程师的建设性意见。因此，监理工程师对施工进度计划的审查或批准，并不解除承包商对施工进度计划的任何责任和义务。此外，对监理工程师来讲，其审查施工进度计划的主要目的是为了防止承包商计划不当，以及为承包商保证实现合同规定的进度目标提供帮助。如果强制地干预承包商的进度安排，或支配施工中所需要的劳动力、设备和材料，将是一种错误行为。尽管承包商向监理工程师提交施工进度计划是为了听取建设性的意见，但施工进度计划一经监理工程师确认，即应当视为合同文件的一部分，是以后处理承包商提出的工程延期或费用索赔的一个重要依据。

（4）按年、季、月编制工程综合计划。在按计划期编制的进度计划中，监理工程师应着重解决各承包商施工进度计划之间、施工进度计划与资源（包括资金、设备、机具、材料及劳动力）保障计划之间及外部协作条件的延伸性计划之间的综合平衡与相互衔接问题，并根据上期计划的完成情况对本期计划作必要的调整，从而作为承包商近期执行的指令性计划。

（5）下达工程开工令。监理工程师应根据承包商和建设方双方工程开工的准备情况，选择合适的时机发布工程开工令。工程开工令的发布，要尽可能及时，因为从发布工程开工令之日算起，加上合同工期后即为工程竣工日期。如果开工令发布拖延，就等于推迟了竣工时间，甚至可能引起承包商的索赔。

监理工程师应在建设方组织召开的第一次工地会议上对双方的施工准备情况进行检查。建设方应按照合同规定，做好征地拆迁工作，及时提供施工用地；做好现场的三通一平（部分地区为五通一平或七通一平）工作；完成建设程序规定的施工审批和登记手续；及时做好财务方面的准备工作，以便能及时向承包商支付工程预付款。而承包商则应当充分准备好开工所需要的人力、材料及设备；建立管理网络和管理制度；编制好施工组织设计；按要求向监理方提交施工设备报验表和建筑材料进场报验等。

（6）监督施工进度计划的实施。这是工程项目施工阶段进度控制的经常性工作。监理工程师不仅要及时检查承包商报送的施工进度报表和分析资料，同时还要进行必要的现场实地检查，核实所报送的已完项目时间及工程量，杜绝虚报现象。

在对工程实际进度资料进行整理的基础上，监理工程师应将其与计划进度相比较，以判定实际进度是否出现偏差。如果出现进度偏差，监理工程师应进一步分析此偏差对进度控制目标的影响程度及其产生的原因，以便研究对策，并督促承包商采取纠偏措施。必要时，还应对后期工程进度计划作适当的调整。

（7）组织现场协调会。监理工程师应定期组织召开不同层级的工地例会，以解决工程施工过程中的相互协调配合问题。在每月召开的高级协调会上通报工程项目建设的重大变更事项，协商其后果处理，解决各个承包商之间以及建设方与承包商之间的重大协调配合问题；在每周召开的管理层工地例会上，通报各自进度状况、存在的问题及下周的安排，解决施工中的相互协调配合问题。这些协调问题通常包括各承包商之间的进度协调问题；工作面交接和阶段成品保护责任问题；场地与公用设施利用中的矛盾问题；某一方面断水、断电、断路、开挖要求对其他方面影响的协调问题，以及资源保障、外协条件配合问题等。

在平行、交叉承包商多，工序交接频繁且工期紧迫的情况下，现场协调会甚至需要每日召开。在会上通报和检查当天的工程进度，确定薄弱环节，部署当天的赶工任务，以便为次日正常施工创造条件。

对于某些未曾预料的突发情况，监理工程师还可以通过发布紧急协调指令，督促有关单位采取应急措施，维护工程施工的正常秩序。

(8) 签发工程进度款支付凭证。监理工程师应对承包商申报的已完分项工程量进行核实或计量，在质量监理人员通过检查验收后签发工程进度款支付凭证。

(9) 审批工程延期（详见第六章第四节）。

（二）进度控制的风险因素

监理工程师对工程进度的控制应立足于事前控制。所谓事前控制就是预先分析目标偏离的可能性，并拟订和采取各项预防性措施，以使计划目标得以实现。因此，编制进度控制监理细则前，监理工程师应充分掌握进度控制的风险因素。

进度控制常见的风险因素如下：

1. 承包商自身原因引起的风险

(1) 计划不合理。包括施工顺序不符合设计、规范标准、施工工艺和施工程序要求而无法实施；未采用合适的施工组织方式，如流水施工、平行施工等；施工内容有漏项；专业之间、总分包之间、建设方和承包商之间和平行发包单位之间的配合未经周密协调等。

(2) 资源投入不足。包括管理力量不足，劳动力不足和素质不满足进度要求，施工的机械设备、周转材料不足，建筑材料和设备供应强度不足，周转资金不足等。

(3) 技术实力不足。包括现场技术管理人员素质低下、公司技术保证力量不足、企业缺少类似施工经验等。

(4) 施工方法失当。包括施工部署不合理、施工方案不合理、施工机械选型不合理等。

(5) 部门、专业配合不默契。包括专业之间、总分包之间、建设方和承包商之间和平行发包单位之间施工交叉矛盾，技术配合矛盾，材料设备供应矛盾等。

(6) 质量、安全发生问题。包括质量缺陷的返工、返修和加固处理，质量事故的调查和测试、处理方案的论证和实施，安全施工的调查和处理等。

2. 建设方引起的风险

(1) 建设程序规定的开工手续办理不及时。包括建设规划许可证、施工许可证、质监登记等办理不及时。

(2) 开工准备工作不充分。包括施工现场的拆迁和三通一平（部分地区为五通一平或七通一平）未及时完成；设计文件未及时提供等。

(3) 平行发包过多，没落实总包协调单位，配合协调问题不能有效解决。

(4) 建设方供应的建筑材料、设备进场不及时或质量有问题。

（5）建设方的随意变更。

（6）资金准备不足，不能按时支付工程款。

3. 自然条件引起的风险

（1）现场实际地质条件与勘察报告有较大的出入。

（2）水文、气候条件不利于某些分部、分项工程施工。

（3）灾害性天气影响。

4. 社会环境引起的风险

（1）全社会建设投资过热，引起建筑材料价格暴涨或供不应求。

（2）环境保护单位对施工噪声、夜间灯光和施工排污的限制；市容管理机构对施工的限制等。

（3）各种原因的交通管制。

（4）节假日引起的工程停工及影响。

5. 监理单位引起的风险

（1）监理工程师发现偏差不及时，对施工进度的督促力度不足。

（2）各种审批、验收、签证手续不及时。

（3）监理质量错误。

6. 勘察、设计单位引起的风险

（1）勘察、设计文件质量不高，错、漏情况较多。

（2）设计方案不合理，实施困难。

（3）勘察、设计文件（设计变更联系单）提交不及时。

7. 不可抗力引起的风险

该风险包括地震、洪水、战争、动乱等引起的工程停工或影响。

（三）控制目标的分解与确定

保证工程项目按期建成交付使用，是工程建设施工阶段进度控制的最终目标。为了有效地控制施工进度，首先要对施工进度总目标从不同角度进行层层分解，形成施工进度控制目标体系，从而作为实施进度控制的依据。

工程建设不但要有项目建成交付使用的确切日期这个总目标，还要有各单项工程交工动用的分目标以及按承包商、施工阶段和不同计划期划分的分目标。各目标之间相互联系，共同构成工程建设施工进度控制目标体系。其中，下级目标受上级目标的制约，下级目标保证上级目标并最终保证施工进度总目标的实现。

1. 控制目标分解

（1）按项目组成分解。根据工程总进度目标确定各单项（单位）工程开工竣工日期。各单项（单位）工程的进度目标要在总进度计划及工程建设年度计划中体现出来，从而做到，通过对各单项（单位）工程的开工竣工用日期控制，来确保施工总进度目标的实现。

（2）按承包商分解。在一个单项工程中有多个承包商参加施工时，应按承包商将单项工程的进度目标分解，确定出各分包单位的进度目标，列入分包合同，以便落实分包责任，并根据各专业工程交叉施工方案和前后衔接条件，明确不同承包商工作面交接的条件和时间。

（3）按施工阶段分解。根据工程项目的特点，应将其施工分成几个阶段，如土建工程可分为基础、结构和内外装修等阶段。每一阶段的起止时间都要有明确的标志。特别是不同单位承包的不同施工段之间，更要明确划定时间分界点，以此作为形象进度的阶段性控制目标，从而使单项工程工期目标具体化。

（4）按计划期分解。将工程项目的施工进度按年度、季度、月（或旬）进行分解，并用实物工程量、货币工作量及形象进度表示，将更有利于监理工程师明确对各承包商的进度要求。同时，还可以据此监督其实施，检查其完成情况。计划期越短，进度目标越细，进度跟踪越紧密，发现进度偏差就越及时，采取的纠正措施才能更有效。

按照上述内容进行分解，在施工中就能形成一个总目标（长期目标）对阶段目标（短期目标）自上而下逐级控制、阶段目标（短期目标）对总目标（长期目标）自下而上逐级保证，逐项逐步趋近进度总目标的局面，最终实现工程项目按期竣工交付使用的目的。

2. 控制目标的确定

为了体现进度计划的预见性和主动性原则，在确定施工进度控制目标时，必须全面细致地分析与工程项目进度有关的各种有利因素和不利因素，制定出科学、合理的进度控制目标。确定施工进度控制目标的主要依据有工程建设总进度目标对施工工期的要求；工期定额、类似工程项目的实际进度、工程难易程度和工程条件的落实情况等。

在确定施工进度分解目标时，还要考虑以下各个方面：

（1）对于大型工程建设项目，集中力量分期分批建设以尽早提供可动用单元，以便尽早投入使用，尽快发挥投资效益。为保证每一动用单元能形成完整的生产能力，就要考虑这些动用单元交付使用时所必需的全部配套项目。因此，要处理好前期动用和后期建设的关系、每期工程中主体工程与辅助及附属工程之间的关系、地下工程与地上工程之间的关系、场外工程与场内工程之间的关系，在工程总体上协调一致，避免相互干扰和重复工作。

（2）合理安排土建与设备的综合施工。要按照它们各自的特点，合理安排土建施工与设备基础、设备安装的先后顺序及搭接、交叉或平行作业，明确设备工程对土建工程的要求和土建工程为设备工程提供施工条件的内容及时间。

（3）结合工程的特点，充分运用同类工程建设的经验，避免只按主观愿望盲目确定进度目标，以防在实施过程中造成进度失控。

（4）对建设方资金供应能力、承包商的资源（包括劳动力、施工机械设备、周转材料、建筑材料设备和流动资金等）配备能力进行深入调查，充分考虑资源条件对工程进度目标的影响。

（5）充分考虑外部协作条件的配合情况，包括施工过程中及项目竣工动用所需的水、电、气、通信、道路及其他社会服务项目的满足程序和满足时间。它们必须与有关项目的进度目标相协调。

（6）充分考虑工程项目所在地区地形、地质、水文、气象等方面的限制条件。

（四）施工进度的检查与调整

在施工进度计划的实施过程中，由于各种因素的影响，常常会打乱原始计划的安排而出现进度偏差。因此，监理工程师必须定期地、经常地对施工进度计划的执行情况进行检查和监督，并分析进度偏差产生的原因，以便为施工进度计划的调整提供必要的信息。

1. 施工进度的检查

在建设项目实施过程中，监理工程师要经常定期地检查进度计划的执行情况。对施工进度的检查主要包括以下工作：

（1）进度计划执行中的跟踪检查。跟踪检查的主要工作是定期收集反映实际工程进度的有关数据。收集的方式：一是承包商以报表的形式报告；二是监理人员进行现场实地检查；三是承包商通过会议汇报。收集的数据要完整、准确无误，不正确、不完整的进度数据将导致不全面或不正确的决策。

1）进度报表制度。进度报表是反映实际进度的主要方式之一，按照项目监理机构的进度控制制度规定的时间和报表内容，承包商要定期地填写进度报表，向监理方报告。监理工程师根据进度报表数据了解工程实际进度。

2）监理人员的现场检查。常驻现场的监理人员应该随时深入到承包商的工作现场，加强进度监测工作，掌握实际进度的第一手资料，使进度数据更真实、准确。检查不但应包括工程的实际进展，而且应包含承包商的技术素质状况和各种资源强度状况。检查应及时记录。

3）会议汇报。对工程进度的检查是工地例会的一项必不可少的议程，承包商应在会议上详细汇报会议周期内工程进度的进展情况，以及进度落后的补救措施，同时通过现场会议监理人员还可以对影响进度的各种因素进行协调。

进度控制的效果与收集信息资料的时间间隔有关。进度检查的时间间隔与工程项目的类型、规模、监理的对象和工程实施的阶段等多方面因素相关，可视具体情况，每月、每半月或每周进行一次，在特殊情况下，甚至可能每日进行一次。不经常定期地收集进度信息资料，就难以达到进度控制的效果。

（2）数据处理。监理人员应通过建立工程量台账和工作量台账对实际完成量、累计完成量、本期完成的百分比和累计完成的百分比等数据进行统计，通过对收集的数据进行的加工处理，使之成为与计划具有可比性的数据。

（3）实际进度与计划进度的对比 。实际进度与计划进度对比是将实际进度的数据与计划进度的数据进行比较。比较的方法有很多，如前锋线法、横道图法、进度曲线法、列表法等。这些方法都是利用表格和图形进行比较，从而使实际进度比计划进度滞后、超前还是持平一目了然。

2. 计划的调整

监理人员在进度检查过程中，一旦发现实际进度与计划进度不符，即出现进度偏差时，就必须认真分析产生的原因及对后续工作和总工期的影响，并督促承包商采取合理的调整措施，确保进度总目标的实现。进度计划调整的具体过程如下：

（1）分析产生偏差的原因。监理工程师了解到实际进度与计划进度产生偏差后，应深入现场，进行调查，分析产生偏差的原因，为采取调整措施提供依据。

偏差有滞后和超前两种，无论是哪种偏差，监理工程师都应该进行调查和分析，因为看似对进度计划有利的超前有可能是以牺牲质量或浪费资源为代价的。

（2）分析偏差对后续工作和总工期的影响。在做调整前，要分析偏差对后续工作和总工期的影响，确定调整的必要性。部分工作的滞后，是否超过总时差，是否已经或将要导致工期的延长；部分工作的超前能否给其他工作的超前创造机会，能否使总工期因此而缩短，都必须经过分析才能确定。只有通过这些分析才能对计划调整的必要性进行判断。

（3）确定调整的限制条件。如果需要采取一定的调整措施时，应当首先确定进度可调整的范围，主要指关键节点、后续工作的限制条件以及总工期允许变化的范围。它往往与签订的合同有关，要认真分析，尽量防止后续分包商提出索赔。同时，计划的调整还受各方的资源条件、自然和社会环境的限制，因此调整前还应该对这些限制条件进行分析。

（4）采取进度调整措施。监理方应根据上述的分析判断有针对性地对承包商提出要求和建议，督促承包商及时调整计划。计划调整的措施一般有以下两种：

1）压缩关键工作的持续时间。这种方法的特点是不改变工作之间的先后顺序关系，而通过缩短网络计划中关键线路上工作的持续时间来缩短工期。这时通常需要采取一定的措施来达到目的。具体措施包括：①组织措施。增加工作面，组织更多的施工队伍；增加每天的施工时间（如采用三班制等）；增加劳动力和施工机械的数量等。②技术措施。改进施工工艺和施工技术，缩短工艺技术间歇时间；采用更先进的施工方法，以减少施工过程的数量；采用更先进的施工机械等。③经济措施。实行包干奖励，高奖金数额，对所采取的技术措施给予相应的经济补偿等。④其他配套措施。改善外部配合条件，改善劳动条件，实施强有力的调度等。

一般来说，不管采取哪种措施，都会增加费用。因此，在调整施工进度计划时，应利用费用优化的原理选择费用增加最少的关键工作作为压缩对象。

2）组织搭接作业或平行作业。这种方法的特点是不改变工作的持续时间，而只改变工作的开始时间和完成时间。对于大型工程项目，由于单位工程较多且相互间的制约比较小，可调整的幅度比较大，所以容易采用平行作业的方法来调整施工进度计划。而对于单位工程项目，由于受工作之间施工工艺关系的限制，可调整的幅度比较小，所以通常采用搭接作业的方法来调整施工进度计划。但不管是搭接作业还是平行作业，工程项目在单位时间内的资源需求量将会增加。

除了分别采用上述两种方法来缩短工期外，有时由于工期拖延得太多，当采用某种方法进行调整，其可调整的幅度又受到限制时，还可以同时利用这两种方法对同一施工进度计划进行调整，以满足工期目标的要求。

（5）调整后的进度计划审批。监理工程师应对经过调整的计划进行审批。因施工进度计划一经监理工程师确认，即具有对合同进行解释的性质，可能成为以后处理承包商提出的工程延期或费用索赔的一个依据。因此，对调整计划进行确认必须十分谨慎，应事前与建设方沟通。

（五）工程延期审批

如前所述，在工程项目的施工过程中，工期的延长有两种情况：工期延误和工程延期。虽然它们都会使工程进度控制目标受到不利影响，但性质不同。因而建设方与承包商所承担的责任也就不同。如果是属于工期延误，则由此造成的一切损失均应由承包商承担。同时，建设方还有权对承包商施行违约误期罚款。而如果是属于工程延期，则承包商不仅有权要求延长工期，而且还有权向建设方提出赔偿费用的要求，以弥补由此造成的额外损失。因此，监理工程师是否将施工过程中施工进度的拖延批准为工程延期，对建设方和承包商都十分重要。

1. 工程延期的申报与审批

（1）申报工程延期的条件。由于以下原因导致工程拖期，承包商有权提出延长工期的申请，监理工程师应按合同规定，批准工程延期的时间。

1）监理工程师发出工程变更指令而导致工程量增加；

2）合同中所规定的任何可能造成工程延期的情况，如延期交图、非施工方原因的工程暂停、对合格工程的剥离检查而结果未能证明承包商过失以及不利的外界条件等；

3）合同中约定的异常恶劣的气候条件；

4）由建设方造成的任何延误、干扰或障碍，如未及时提供施工场地、未及时付款等；

5）除承包商自身以外的其他任何原因。

（2）工程延期的审批程序。当工程延期事件发生后，承包商应在合同规定的有效期内以书面形式通知监理工程师（工程延期意向通知），以便监理工程师尽早了解所发生的事件，及时做出一些减少延期损失的决定。随后，承包商应在合同规定的有效期内或监理工程师可能同意的合理期限内向监理工程师提交详细的申述报告，包括延期理由及依据等内容。监理工程师收到该报告后应及时进行调查核实，准确地确定出工程延期的时间。

当延期事件具有持续性，承包商在合同规定的有效期内不能提交最终详细的申述报告时，应先向监理工程师提交阶段性的详情报告。监理工程师应在调查核实阶段性报告的基础上，尽快做出延长工期的临时决定。临时决定的延期时间不宜太长，一般不应超过最终批准的延期时间。

待延期事件结束后，承包商应在合同规定的期限内向监理工程师提交最终的详情报告。监理工程师应复查详情报告的全部内容，然后确定该延期事件所需要的延期时间。

如果遇到比较复杂的延期事件，监理工程师可以成立专门小组进行处理。对于一时难以作出结论的延期事件，即使不属于持续性的事件，也可以采用先作出临时延期的决定，然后再作出最后决定的办法。这样既可以保证有充足的时间处理延期事件，又可以避免由于处理不及时而造成的损失或默认责任。

（3）工程延期的审批原则。监理工程师在审批工程延期时应遵循下列原则：

1）符合合同条件。监理工程师批准的工程延期必须符合合同条件。也就是说，确实是属于承包商自身以外的原因导致工期拖延的，否则不能批准为工程延期。这是监理工程师审批工程延期的一条根本原则。

2）根据工作性质。发生延期事件的工程部位，必须在施工进度计划的关键线路上时，才能批准工程延期。如果延期事件发生在非关键线路上，且延长的时间并未超过总时差时，即使符合批准为工程延期的合同条件，也不能批准工程延期。工程进度计划中的关键线路并非固定不变，它是随着工程的进展和情况的变化而转移的。监理工程师应以承包商提交的、经自己审核后的施工进度计划包括调整后的计划为依据来决定是否批准工程延期。

3）实事求是。批准的工程延期必须符合实际情况。为此，承包商应对延期事件发生后的各类有关细节进行详细地记载，并及时向监理工程师提交详细报告。与此同时，监理工程师也应对施工现场进行详细考察和分析，并做好有关记录，从而为合理确定工程延期时间提供可靠依据。

2. 工程延期的控制

发生工程延期事件，不仅会影响工程的进展，而且会给建设方带来损失。因此，合同各方均应做好有关方面的工作，严格履行合同，尽量减少或避免工程延期事件的发生。

（1）建设方的主要职责。为了减少或避免工程延期事件的发生，工程建设方应做好以下工作：

1）做好前期准备工作。建设方的前期准备工作是否充分，与工程延期关系很大。实际上，很多工程延期都是由于建设方的前期工作准备不好造成的。建设方的前期准备工作主要包括以下几个方面：

a. 及时提供施工场地。根据合同规定，建设方如果不能按照监理工程师批准的施工进度计划，在合理的时间范围内及时给承包商提供施工用地，承包商有权获得工程延期时间。目前在我国由于政府与地方之间对工程用地的征用问题不易解决，经常会影响到承包商对施工场地的及时占有。由此造成的工程延期是普遍存在的。因此，建设方应提前做好征地拆迁工作，确保能及时给承包商提供施工场地，减少或避免由此而引起的工程延期。

b. 抓紧工程设计工作进度，及时提供设计文件。为了避免由于设计图纸不能及时提供而造成的工程延期，建设方应抓好工程设计工作。在工程建设中，有些工程采用初步设计进行招标，但在开工之后施工图设计文件却不能及时提供。更普遍的问题是在施工过程中，由于建设方前期工作不够充分，导致设计中变更过多。加之有些变更未能提供变更图纸，往往又造成更大的工程延期。建设方如果能抓好前期的工程设计工作，这方面的工程延期是完全可以减少或避免的。

c. 落实资金，做好付款的准备工作。根据合同规定，如果建设方不能及时向承包商支付工程款项，承包商有权减缓施工进度或暂停工作，并有权获得工程延期时间。为了减少或避免由于延期支付而造成的工程延期，建设方应按照承包商的资金流动计划，做好付款的准备工作，保证按合同规定的时间支付工程款项。

2）在施工过程中少干预、多协调。合同中明确规定，由于建设方的干扰和阻碍导致工期延长时，承包商有权获得工程延期时间。由于受到我国长期管理工程习惯做法的影响，建设方对承包商在施工中的干预过多。特别是建设方与承包商同属于一个系统时，建设方甚至不通过监理工程师，直接以行政手段指挥承包商，改变合同内容，这是严重违反合同的行为。实践证明，建设方干预越少，工程干得越好。反之，由于建设方的干预往往会造成工程延期。因此，建设方应当少干预、多协调，在施工过程中帮助承包商与地方政府，特别是与当地老百姓在涉及工程中的一些问题进行协调，确保工程施工顺利进行。

（2）监理工程师的主要职责。监理工程师在减少或避免工程延期方面应尽到以下职责：

1）选择合适的时机下达工程开工令。监理工程师在下达工程开工令之前，应充分考虑建设方的前期准备工作是否充分。特别是征地、拆迁问题是否已解决，设计图纸能否及时提供，以及付款方面有无问题等，以避免由于上述问题缺乏准备而造成工程延期。

2）提醒建设方履行施工承包合同中所规定的职责。在施工过程中，监理工程师应当经常提醒建设方履行自己的职责。要根据承包商的施工进度计划以及实际工程进展情况，积极建议建设方提前做好有关征地、拆迁以及设计图纸的提供工作，保证在合理的时间内向承包商提供施工用地和设计图纸。监理工程师还应督促业主及时支付工程进度款，以减少或避免由此而造成的工程延期。

3）条件进行妥善处理。首先根据施工现场情况，在可能的条件下可指令承包商进行其他妥善处理工程延期事件。当工程延期事件发生之后，监理工程师应当根据合同项目或工程部的施工。例如，如果项目甲发生了延期事件，而项目乙可以施工时，则监理工程师可以令承包商进行项目乙的施工，这样既可以减少工程延期时间，也可以减少其他方面的损失。在详细调查研究的基础上，监理工程师应及时批准工程延期时间。

4）及时签署各种报表报告。监理工程师应及时开展各种监理活动，及时签署有关的报审表、报验表，以免应监理方的检查、审批的不及时而造成对进度的影响，从而导致工程延期。

3. 工期延误的制约

如果由于承包商自身的原因造成工期拖延，而承包商又未按照监理工程师的指令改变延期状态时，按照合同条件的规定，通常可以用下列手段予以制约：

（1）停止付款。当承包商的施工进度滞后，又不采取积极措施时，监理工程师可以采取停止付款的手段制约承包商。

（2）误期损失赔偿。停止付款一般是监理工程师在施工过程中制约承包商延误工期的手段，而误期损失赔偿则是当承包商未能按合同规定的工期完成合同范围内的工作时对其的处罚。按照合同条件规定，如果承包商未能按合同规定的工期和条件完成整个工程，则应向建设方支付投标书附件中规定的金额，作为该项违约的损失赔偿费。

（3）终止与承包商的合同。为了保证合同工期，按照合同条件规定，如果承包商严重违反合同，而又不采取补救措施，则建设方有权终止对其雇用。例如，承包商接到监理工程师的开工通知后，无正当理由推迟开工时间，或在施工过程中无任何理由要求延长工期，施工进度缓慢，又无视监理工程师的书面警告等，都有可能受到终止合同的处罚。

终止合同是对承包商违约的严厉制裁。因为建设方一旦终止合同，承包商不但要被驱逐出施工现场，而且还要承担由此而造成的建设方的损失费用。

思 考 题

1. 简述主动控制与被动控制的区别。
2. 监理工作程序应包含哪些内容？
3. 简述施工现场质量管理体系的审查内容。
4. 简述施工组织设计审查要点。
5. 简述分包单位资质审查内容。
6. 工地例会有什么作用？简述第一次工地例会和正常的工地例会的议程。
7. 简述技术复核和隐蔽工程验收的概念和具体内容。
8. 简述建筑材料、设备控制的主要工作内容。
9. 施工过程监督、检查的方式有哪几种？主要工作内容有哪些？
10. 简述存在质量缺陷的工程的验收规定。
11. 简述质量事故的概念。
12. 简述工程款支付的条件。
13. 简述工程变更的控制程序。
14. 简述竣工结算审核内容。
15. 什么情况下监理工程师应编制施工总进度计划？
16. 进度计划审查的内容有哪些？
17. 由承包商、建设方和监理方引起的进度风险有哪些？
18. 简述工程延期和工程延误的概念。
19. 简述常用的进度记录和比较方法。
20. 简述工程延期审批的程序。

第六章 建设工程施工合同管理工作

建设方与设计单位签订的建设工程勘察设计合同、建设方与承包商签订的建设工程施工合同以及建设方与材料、设备供应单位签订的材料、设备委托加工合同是监理方对工程建设实行监理的最根本的依据，对这些合同进行有效的管理是项目监理机构顺利实现工程项目控制目标的关键性工作。

第一节 工程暂停及复工

工程施工过程中，监理工程师会为了保证工程质量、保证施工安全或其他必须暂停施工的原因，而要求承包商暂停施工。虽然总监理工程师有权要求暂停施工，但无论是何种原因引起的停工都会对工程目标控制带来一些不利的影响。因此，监理工程师应慎重签发工程暂停令，严格执行工程暂停的控制程序。

一、工程暂停令的签发

在施工过程中，当发生以下情况时，总监理工程师在对暂停工程的影响范围和影响程度的初步评估后，有权根据合同和法规的有关规定签发工程暂停令。

(1) 建设方要求暂停施工，且工程确有暂停施工必要时。

(2) 工程施工中出现以下质量状态时：

1) 未按有关规定经监理工程师检验而进行下一道工序施工的；

2) 工程质量下降经监理工程师指出，未采取有效整改措施，或采取了一定措施而未达到预定要求，仍继续施工的；

3) 擅自采用未经监理工程师验收的材料、构配件和设备的；

4) 擅自变更设计图纸要求的；

5) 擅自将工程分包给资质未经监理工程师审查批准的分包单位的；

6) 没有可靠质量保证措施仍然施工而出现质量下降征兆的；

7) 其他违反国家有关规范、标准及规程而野蛮施工的；

8) 工程出现重大质量隐患的。

(3) 施工中出现安全隐患，总监理工程师认为必须停工消除隐患时；

(4) 施工现场发生了诸如自然、社会环境等的不可抗力的影响，基坑开挖遇到地下文物古迹需要保护处理等必须暂停施工的紧急事件时；

(5) 施工现场发生质量、安全事故必须停工保护现场或采取防止事态进一步扩大时。

二、暂停范围的确定

总监理工程师在签发工程暂停令前，应根据停工原因的影响范围和影响程度，慎重确定停工范围。

在必须暂停工程施工的诸多原因中，有些影响是全工地性的，如灾害性天气等，有些影响可能是局部的，如发现质量隐患等。正确地确定影响范围是确定工程停工范围的依据。

同时，项目监理机构还要对工程暂停的影响程度作出评估，特别是由于承包商原因引起的工程暂停，因为其容易引起费用索赔，监理机构要仔细地如实记录与工程暂停有关的情况，对照合同条款，分析工程暂停的必要性，对影响程度进行深入研究，在承担单位提出费用索赔要求时才能有备无患，对费用索赔要求进行反驳或减少费用索赔。

在确定停工原因的影响范围后，监理工程师作出全面停工，或部分工程暂停施工的建议。在总监理工程师签发工程暂停令时应具体说明要求停工的范围，对具备继续施工条件的单位工程或其他项目要求承包商继续施工。

三、复工令的签发

承包商应当按照工程师的要求停止施工，妥善保护已完工工程，并采取措施消除隐患。监理工程师应当在提出暂停施工要求后，在规定的时间内提出书面处理意见。承包商实施监理工程师作出的处理意见后，可提出书面复工要求，监理工程师应当在规定的时间内给予答复。如果监理工程师未能在规定时间内提出处理意见，或收到承包商复工要求后规定的时间内未予答复，承包商可以自行复工。

由于非承包商原因而发生工程暂停时，监理工程师应如实记录所发生的实际情况。总监理工程师应在施工暂停原因消失、具备复工条件时，及时签发工程复工令。

由于承包商原因导致施工暂停，在具备恢复施工条件时，监理工程师应审查承包商报送的复工申请以及有关资料，并检查施工现场整改的实际情况，符合要求后，方可由总监理工程师签署工程复工令。

四、对暂停造成影响的处理

总监理工程师在签发工程暂停令到签发工程复工令之间的时间内，宜召集有关各方按合同的约定，处理因工程暂停而引起的与工期、费用有关的问题。其中由于非承包商原因停工的，总监理工程师还应在工程暂停令签发前，就有关工期和费用等事宜与承包商进行协商。

工程暂停必然会影响承包商按计划组织施工工作，但并不是监理工程师发布工程暂停令后承包商就可以按此指令作为今后索赔的合理依据，而要根据指令发布的原因划分合同责任，由引起暂停施工的责任主体一方承担。其中，由于不可抗力引起的停工，若合同无明确规定，损失由双方各自承担；由于监理工程师不及时作出答复，导致承包商无法复工，所造成的损失，由建设方承担。

第二节 工程变更的管理

在工程项目的实施过程中，参加建设的各方主体为了各种需要而提出各种修改要求，从而导致工程的改变。这些在工程项目实施过程中按照合同约定的程序对部分或全部工程在材料、工艺、功能、构造、尺寸、技术指标、工程数量及施工方法等方面做出的改变，称为工程变更。

一、工程变更的分类

根据提出变更的主体，常见的工程变更可分为以下几类：

（1）建设方提出的工程变更。包括：建设方在项目的实施过程中，因需要对建筑的使用功能进行改变，或为了建筑物局部提前交付使用而要求设计单位对原设计进行的设计变更；建设方由于使用或投资控制的需要而改变装修标准的变更；建设方出于发展或使用功能的考虑而要求的工程增加或减少的变更等。

(2) 承包商提出的变更。包括：承包商为了方便施工而提出的变更；承包商为了降低工程成本而提出的变更；承包商为了加快施工进度而提出的变更；承包商为了弥补在合同谈判时因让步产生的损失而提出的变更等。

(3) 设计单位提出变更。包括：设计单位由于设计错误或遗漏提出的变更；设计单位在获得新的技术信息后为了进一步完善设计而提出的变更等。

(4) 监理工程师提出的变更。包括：为降低工程施工、维护和运行费用或提高永久工程投产后的工作效率、价值或可能为建设方带来其他利益等而提出的变更建议；监理工程师为了弥补工程控制目标偏离影响而提出的变更等。

(5) 政府或社会有关部门要求的变更。包括：由于城市功能、布局的调整，政府部门对原批准的文件提出新的要求，如对外墙立面的材料、色彩要求的变更等。

二、工程变更控制的重要性

工程变更通常与初始目标不一致，会打乱原来的施工方案和计划，使工程的质量、投资、进度控制受到严重干扰，从而影响工程项目的控制目标的实现。

工程变更会引起工程索赔。这对项目的投资目标控制不利，容易造成投资失控。

工程变更会引起停工、返工，会延迟项目的交付时间，对进度控制不利。工程变更不但会引起工程量的变化，而且会导致施工顺序的改变，因此打乱原有的进度计划。

变更对质量控制和合同管理也会产生诸多不利影响，变更的频繁还会增加监理工程师、建设方的项目管理的组织协调工作量。

因此，监理工程师应在施工过程中严格控制工程变更，尽量避免各种变更。

三、工程变更的控制程序

发生工程变更时需要能在一定的费用、计划进度范围内及时处理好变更，协调好建设方、设计单位和承包商的关系，把可能产生索赔的因素尽量消除。另外，当工程变更提出时监理工程师应尽可能地加以限制，以减少工程变更，这对目标控制有利。因此，监理工程师对工程变更的审查应有一个严格的程序。

对工程变更的控制程序可分为五个阶段：变更提出、变更评审、变更确认、总监审批、变更实施。

(1) 变更提出。当建设各方主体认为有必要对工程进行变更时，应书面向监理方提出变更意向报告。意向报告内容包括变更的理由、变更的初步方案等。

(2) 变更的评审。工程变更不但影响项目目标的实现，而且会引起合同上的纠纷，如承包商的索赔等。总监理工程师在接到工程变更意向报告后，必须组织专业监理工程师对合同的条款进行研究，从技术、经济和合同的角度分析工程变更可能引起的合同方面的问题。总监理工程师应组织专业监理工程师包括负责进度控制和造价控制的专业监理工程师对变更方案进行评审。评审内容包括变更要求的必要性和合理性，即评审工程是否必须变更，不变更会给项目带来什么影响，这种影响是否是十分严重的，是否可通过其他途径消除这种影响。同时，监理工程师还要从合同管理的角度评审变更是否超越合同文件的规定，即变更是否具有合理性。

如果评审表明该变更是完全合理和必要的，总监理工程师应组织专业监理工程师进一步对变更的方案进行评审。评审内容包括：方案在实施上是否可行，在结构安全性上是否能得到设计单位的确认；方案对工程质量、进度、造价的影响，这种影响是否可在今后的施工中被弥补，是否有更好的替代方案；当方案涉及施工安全和环保时，是否能通过政府有关管理部门的认可等。

工程变更是对工程设计修改、进度调整和质量标准的重新定义。工程变更必然会对项目目标产生影响，如打乱原有施工顺序，使进度拖后；改变已完成施工部位的结构，对质量产生不利影响等。项目监理机构应了解变更发生的实际情况，收集与工程变更有关的资料，监理工程师应就工程变更对项目的质量、进度、投资的影响进行具体分析。

监理方评审结论应及时反馈给变更提出方，或者同意，或者驳回，或者提出修改建议与有关方协商。

（3）变更方案的确认。工程变更方案经评审并最终通过后，监理方应将方案提交建设方确认。提交时，监理方应详细向建设方反映变更对工程的影响，包括对工程的安全和使用功能的影响，对外观的影响，对质量、进度和造价目标的影响。建设方应在慎重权衡上述影响后对变更方案进行确认。

当变更方案涉及工程的结构安全、使用功能和重要的观感效果时，在建设方对方案进行确认后，还应提交设计单位确认。设计在进行必要的复核和审查以后，签发设计变更联系单。

当变更不涉及工程的结构安全、使用功能和重要的观感效果时，建设方应签署工程变更（洽商）记录，见表 6-1。

表 6-1　　　　　　　　　　　　工程变更（洽商）记录

<table>
<tr><td>工程名称</td><td colspan="3"></td><td>编码</td><td></td></tr>
<tr><td colspan="2">监理/施工合同编号</td><td colspan="2">/</td><td>编号</td><td></td></tr>
<tr><td colspan="6">________（监理单位）
由于________原因，兹提出对________（工程部位）的变更要求，工程变更洽商内容如下：

请予以会审和批准。
附件（图）：
1.
2.
…

提出单位（盖章）________代表人________日期________</td></tr>
<tr><td colspan="2">业主单位意见：

业主代表（签名）：
（公章）
日期________</td><td colspan="2">设计单位意见：

设计代表（签名）：
（公章）
日期________</td><td colspan="2">监理单位意见：

总/专业监理工程师（签名）：
（公章）
日期________</td></tr>
</table>

当工程变更涉及安全、环保等内容时，应按规定由设计单位签发设计变更联系单。

(4) 变更的审批。设计变更联系或变更洽商单签发后，总监理工程师还要再次进行审批。不过，这次审批不是提出是否应该进行变更的意见，而是对变更会涉及的影响作出调整结论。审批意见应包括：如变更会对工程进度计划中的关键工作产生影响或会对非关键工作产生超过其总时差的影响，总监理工程师应作出是否同意工程延期或调整进度计划的结论；如变更影响工程造价，总监理工程师应作出由哪一方承担的结论，如应由建设方承担，总监理工程师应明确结算的口径，包括工程变更的工程量，工程变更的单价或总价；当变更涉及工程质量和安全时，总监理工程师应对承包商提出制定专项施工方案的要求。

总监理工程师在对设计变更联系单或变更洽商单签署审批意见前，还应就工程变更费用及工期的评估情况与承包商和建设方进行协调，就某些具体问题进行协商或谈判，特别是在发生工程变更后，对合同条款的如何再认识，在取得一致的情况下，总监理工程师签发工程变更单，并应尽快通知承包商，予以实施工程变更。在建设方和承包商未能就工程变更的费用等方面达成协议时，总监理工程师应提出一个暂定的价格，作为临时支付工程变更款的依据，以使工程变更及时得到实施，不影响工程的进度目标。该项工程款最终结算时，应以建设方和承包商达成的协议为依据。

如果项目监理机构在工程变更的质量、费用和工期管理方面未取得建设方授权，监理工程师应充分发挥咨询作用，就工程变更的上述问题协助建设方和承包商进行协商，并达成一致。

(5) 变更的实施。设计变更联系单或变更洽商单经总监理工程师审批后，方可付诸实施。任何未经审批的变更都是不合法的，将不被验收，自然也无从结算。

当变更涉及较多专业、分包单位或工作面时，实施开始前，监理方要进行专题协调。

确认工程变更的过程也是对变更所产生的实际和潜在问题的识别过程。在明确工程变更对工程项目目标影响的前提下，监理工程师应要求承包商提出实施工程变更的方案，并对其进行审核，以确保工程变更所产生的后果对投资、进度影响最小。工程变更方案的实施需要建设方、设计单位、承包商共同协调合作。

项目监理机构应根据工程变更单监督承包商实施。监理工程师在变更措施实施的过程中，应及时收集、检查进度、费用的实际数据，并与计划值进行比较，分析偏差程度，预测对项目目标的影响。

四、工程变更的管理

工程变更产生的直接后果是引起索赔，监理工程师在工程变更发生后应有充分的准备，以便对付承包商的施工索赔或者向承包商进行反索赔。这就需要监理工程师借助于一定的手段和工具，使得自己的工作标准化、规范化，积累丰富的项目原始资料，并及时有效地处理问题。

(1) 管理所有的工程变更单。包括专业监理工程师对工程变更单的论证、审核，总监理工程师对工程变更单的签发等。

工程变更单是监理工程师管理工程变更的有效工具，它使得项目管理工作标准化和系统化。工程变更单记录了有关单位对工程变更达成的一致意见，保证对工程变更认可的唯一性和合理性，能有效地防止承包商的索赔。

(2) 保留所有与工程变更有关的文件（来往函件、现场记录、会议记录、工程联系单）和工程现场的记录。在实施工程变更过程中保存完整的现场施工记录是防止索赔的有效手段，是监理工程师审核索赔时的原始资料。现场记录的内容包括：工程变更中实际需要的工程材料和施工场地条件；工程变更指令对工程进度、费用产生的实际影响；实际项目目标值的数据和内容及项目目标计划值的数据和内容；详细的材料、设备交付数据和工程进展的状态数据；质量不合要求的工作部位清单；实施工程变更所用的劳动力数量报表；工程变更实施过程中的天气状况；争议的记录。

在工程变更的决策、实施过程中发生的来往函件也是监理工程师处理索赔的原始依据，保留所有的来往函件是监理工程师管理变更、防止索赔的有效手段。对来往函件要加强管理，收集并保存所有与索赔有关的函件；函件中有争议的陈述和描述都需得到广泛的答复，因为任何函件都有可能形成索赔的一部分；在来往的函件中，监理工程师应记录所有与合同执行有关的重要内容，而不仅仅依赖于会议记录和现场施工日记。

（3）检查、审核未经认可的工程变更。

（4）编制合同管理台账，登记每月已认可和未经认可的工程变更情况。

（5）向建设方提供工程变更对项目目标影响的详细报告，包括对费用、进度、项目使用要求变化等的评估。

第三节　索赔的处理

一、索赔的概念

（一）索赔的定义

索赔是合同执行过程中，合同一方根据承包合同和法律法规的规定，对并非自己的过失所造成的损失，或承担了合同规定之外的工作所付出的额外支出，而向合同另一方提出的经济或时间上的补偿要求。承包商向建设方提出的索赔，常被称为施工索赔，而建设方向承包商提出的索赔也被称为反索赔。

从索赔定义上可以明确以下几点：

（1）索赔作为一种补偿要求，应发生在有实际经济或时间损失的前提下，且经济损失的责任并非由于自己的过错而造成，而是由合同中规定应由合同对方承担责任的情况引起的；

（2）索赔是正当合法的权力要求，不是无理争利，索赔的依据是当事人在合同中对造成经济损失的责任承担的约定，或者是法律法规的规定，或者是惯例的约定俗成；

（3）索赔是双向的，合同的双方都可以向对方提出索赔要求，被索赔（方）可以对索赔提出异议，阻止对方的不合理的索赔要求。

另外，根据有关规定，无论是承包商向建设方的索赔，还是建设方向承包商的索赔都应通过监理工程师予以解决。

在工程建设的各个阶段，都有可能发生索赔，但在施工阶段由于不确定因素多，索赔发生较多。对施工合同的双方来说，索赔是维护双方合法利益的权利，它与合同条件规定的双方合同责任一样，构成严密的合同制约关系。承包商可以向建设方提出索赔，建设方也可以向承包商提出索赔，因而约束也是双向的。

（二）索赔在合同管理中的意义

1．索赔在合同管理中的意义

（1）保证合同的正常实施。工程承包合同一经签订，建设方和承包商双方即产生了相互的权利和义务关系，这种关系既受法律保护，也受法律制约。索赔是合同法律效力的具体体现，并且由合同的性质决定。索赔和关于索赔的法律规定对双方都形成约束，警戒违约者违约的后果，在客观上保证合同得到实施，维护合同的尊严和正常的社会经济秩序。因此，索赔有助于工程双方更紧密地合作，有助于合同目标的实现。

(2) 落实和调整合同双方经济责任关系。权利、利益与责任是对等存在的。不履行责任，不但无法享受原有的权利与利益，而且将构成违约行为，造成对方损失，侵害对方权利，按照合同应承担相应的处罚，即赔偿对方由于乙方违约造成的损失。离开索赔，合同的责任就不能体现，合同双方的责权利关系就不平衡。

(3) 维护合同当事人正当权益。如果利用好合同中有关费用索赔的条款，索赔不但会成为一种保护自己、维护自己正当利益，避免损失的手段，而且也可成为增加自己利润的手段。合同双方只有精通索赔业务，开展有效的索赔，才能使自己遭受的损失得到合理及时的补偿，依法得到自己可以获得的利益。监理工程师只有精通对费用索赔的管理，有效地防范索赔，才能维护建设方的利益，实现项目控制的目标。

(4) 促使工程造价更合理。在合同双方签署承包合同时有许多不可预见的因素存在，索赔的应用使得合同双方在监理的协调下，把这些不可预见的费用变为按实际发生的损失支付，有助于降低工程报价，使工程造价更合理。

2. 索赔的必然性

索赔具有客观必然性。合同履行过程中，承包商向建设方提出索赔的要求是不可避免的。无论施工合同怎样精细，都无法避免索赔事件的发生，其主要原因如下：

(1) 建设承包合同往往是由建设方负责起草的，每个合同专用条件内的具体条款，都是由建设方自己或委托监理工程师、咨询单位编写后列入招标文件的。合同条款是站在建设方的立场上编制的。虽然承包商在投标书的致函内和与建设方合同谈判过程中，可以要求修改某些对他而言风险较大的条款的内容，但不能要求修改的条款数目过多，否则就构成对招标文件有实质上的背离被建设方拒绝。

(2) 投标的竞争性往往迫使承包商在投标阶段是以具有竞争性的报价取得合同。为了降低报价，善于利用索赔的承包商对招标文件进行认真分析后，对实施阶段有可能通过索赔获得补偿的风险部分，往往不预留风险基金，待施工阶段发生与此有关的索赔事件时，通过索赔获得补偿。

此外，由于通过索赔而获得的费用属于合同价格之外的支付，这就必然促使承包商寻找一切索赔的机会，来减轻自己所承担的风险。

(3) 在土木工程施工中不可预见事件普遍存在也使索赔不可避免。对土木工程项目来说，施工阶段工期长、技术复杂、工程量大，必然存在众多签约阶段不可能合理预见的事件发生。尽管合同准备工作非常细致，合同条款内容严谨、全面，建设方和承包商在合同履行过程中也非常守信誉，但由于工程项目施工的复杂性和人的预见能力有限，仍然或多或少地会发生索赔。

因此，一个好的施工承包合同，只能做到尽量减少索赔和有利于索赔事件发生后的处理工作，而不可能杜绝索赔。索赔属于合同履行过程中正常的风险管理。

(三) 索赔的分类

根据不同的划分方法和划分标准，索赔有多种方法。

（1）按索赔的目的分类，索赔可分为工期索赔和费用索赔。

工期索赔，即由于非承包商责任的原因而造成施工进程延误，要求批准延展合同工期的索赔。工期索赔形式上是承包商对权利的要求，以避免在原定合同竣工日不能完工时，被建设方追究拖延工期的违约责任。一旦获得批准，合同工期延展后，承包商不仅免除了承担拖延工期违约赔偿费的风险，而且可能因提前竣工而得到奖励。索赔的利益最终仍反映在经济上。

费用索赔，即当施工客观条件改变的造成承包商增加开支，承包商要求对超出合同价的附加开支给予补偿，以挽回不应由他承担的经济损失。费用索赔包括成本和利润两部分。

（2）按索赔的处理时间和方式分，可分为单项索赔和一揽子索赔。一揽子索赔又称总索赔。

单项索赔是指在工程实施工程中，出现了干扰合同实施的事件，合同一方为此单一事件向另一方提出的索赔。单项索赔往往在合同中规定，必须在索赔有效期内完成。如果超过规定的索赔有效期，则该索赔无效。因此，对于单项索赔，必须有合同管理人员对每一个事件进行跟踪观察，一旦发现问题，即应迅速研究决定是否提出索赔要求。单项索赔涉及的合同事件比较简单，责任分析和索赔值计算不太复杂，金额也不会太大，双方往往容易达成协议。

一揽子索赔是指合同双方在工程竣工前后，将施工中已提出但未解决的索赔汇总后，向另一方提出一份总报告的索赔。发生这种索赔的原因，一是在合同实施过程中，由于一些单项索赔问题比较复杂，不能立即解决，双方协商后同意留待以后解决。二是被索赔一方迟迟不予答复，使索赔谈判旷日持久。三是当事人管理水平差，平时没有注意对合同的管理，当工程将结束时才发现自己所遭受的损失，才提出索赔。

（3）按索赔发生的原因分类，常见的有以下几类。

建设方违约引起的索赔。建设方违约常常表现为建设方或其委托人未能按合同规定为承包商提供应由其提供的、使承包商得以施工的必要条件，或未能在规定的时间内付款。例如，建设方未能按规定时间向承包商提供场地使用权，监理工程师未能在规定时间内发出有关图纸、指示、指令或批复，监理工程师拖延签发进度款支付报审表、不按时进行材料或工序验收、不按时签署或审批有关报告或报表，建设方提供材料设备等的拖延到场时间或不符合质量标准，还有监理工程师的不适当决定等。

合同缺陷引起的索赔。合同缺陷常常表现为合同文件规定不严谨甚至矛盾，合同中的遗漏或错误。这不仅包括商务条款中的缺陷，也包括技术规范和图纸中的缺陷。在这种情况下，监理工程师有权作出解释。但如果承包商执行监理工程师的解释后引起成本增加或工期延长，则承包商可以为此提出索赔，监理工程师应给予证明，建设方应给予补偿。一般情况下，建设方作为合同起草人，要对合同中的缺陷负责，除非其中有非常明显的含糊或其他缺陷，根据法律可以推定承包商有义务在投标前发现并及时向建设方指出。

施工条件变化引起的索赔。在土木工程施工中，施工现场条件的变化对工期和造价的影响很大。由于不利的自然条件及障碍，常常导致涉及变更、工期延长或成本大幅度增加。土建工程对基础地质条件要求很高，而这些地质条件，如地下水、地质断层、熔岩孔洞及地下文物遗址等，根据建设方在投标文件中所提供的材料，以及承包商在招标前的现场勘察，都不可能准确无误地发现，即使是有经验的承包商也无法事前预料，因此，基础地质方面出现的异常变化必然会引起施工索赔。

工程变更引起的索赔。土木工程施工中，工程量的变化是不可避免的。施工时实际完成的工程量超过或小于工程量表中所列的预计工程量。在施工过程中，监理工程师发现设计、质量标准和施工顺序等问题时往往会指令增加新的工作、改换建筑材料暂停施工或加速施工等。这些变更指令必然引起新的施工费用，或需要延长工期。所有这些情况，都迫使承包商提出索赔要求，以弥补自己所不应承担的经济损失。

工期拖延引起的索赔。大型土木工程施工中，由于受天气、水文地质等因素的影响，常常出现工期拖延。分析拖期原因，明确拖期责任时，合同双方往往产生分歧，使承包商实际支出的计划外施工费用得不到补偿，势必引起索赔要求。如果工期拖延的责任在承包商方面，则承包商无权提出索赔。他应该以自费采取赶工的措施，抢回延误的工期；如果到合同规定的完工日期时，仍然做不到按期建成，则应承担误期损害赔偿费。

监理工程师指令引起的索赔。监理工程师指令通常表现为工程师指令承包商加速施工、进行某项工作、更换某些材料、采取某种措施或停工等。监理工程师是受建设方委托来进行工程建设监理的，其在工程中的作用是监督所有工作都按合同规定进行，督促承包商和建设方完全合理地履行合同，保证合同顺利实施。为了保证工程达到既定目标，监理工程师可以发布各种必要的现场指令。相应地，因这种指令，包括错误指令，而造成的成本增加和工期延误，承包商可以提出索赔。

国家政策及法律、法令变更引起的索赔。国家政策及法律、法令变更，通常是指直接影响到工程造价的某些政策及法律、法令的变更，例如限制进口、外汇管制或税收及其他收费标准的提高。工程所在国的政策及法律、法令是承包商投标时编制报价的重要依据之一。就国际工程而言，合同通常都规定，从投标截止日期之前的第 28 天开始，如果工程所在国法律和政策的变更导致承包商施工费用增加，则建设方应该补偿承包商增加的费用；相反，如果导致费用减少，则建设方也应得益。作出这种规定的理由是很明显的，因为承包商根本无法在投标阶段预测这种变更。就国内工程而言，因国务院各有关部、各级建设行政管理部门或其授权的工程造价管理部门公布的价格调整，如定额、取费标准、税收和各种费用等，文件规定范围内的工程可以调整合同价款。如未予调整，承包商可以要求索赔。

其他承包商干扰引起的索赔。其他承包商干扰通常是指其他承包商未能按时、按序进行并完成某项工作，各承包商之间配合协调不好等，而给本承包商的工作带来的干扰。大中型土木工程，往往会有几个承包商在现场施工。由于各承包商之间没有合同关系，监理工程师作为建设方委托人有责任组织协调好各个承包商之间的工作，否则，将会给整个工程和各承包商的工作带来严重影响，引起承包商索赔。例如，某承包商不能按期完成他那部分工作，其他承包商的相应工作也因此延误。在这种情况下，被迫延迟的承包商就有权向建设方提出索赔。在其他方面，如场地使用、现场交通等，各承包商之间也都有可能发生相互干扰的问题。

其他第三方原因引起的索赔。其他第三方原因通常表现为因与工程有关的其他第三方的问题而引起的对本工程的不利影响，如银行付款延误、邮路延误、港口压港等。由于这种原因引起的索赔往往比较难以处理，例如，建设方在规定时间内依规定方式向银行寄出了要求向承包商支付款项的付款申请，但由于邮路延误，银行迟迟没有收到该付款申请，因而造成承包商没有在合同规定的期限内收到工程款。在这种情况下，由于最终表现出来的结果是承包商没有在规定时间内收到款项，所以承包商往往会向建设方索赔。对于第三方原因造成的索赔，被索赔方给予索赔方补偿后，被索赔方可以根据其与第三方签订的合同规定或有关法律规定再向第三方追偿。

(4) 按合同依据分类，索赔可分为合同内索赔、合同外索赔和道义索赔。

合同内索赔是以合同条款为依据，在合同中有明文规定的索赔，如工期延误、工程变更和建设方延期付款等引起的索赔。这种索赔因合同中有明文规定，往往较容易处理。

合同外索赔是指在合同中没有明确叙述，但可以根据合同文件的某些内容合理推断出可以进行的索赔，而且此索赔并不违反合同文件的其他任何内容。例如，在国际承包中，当地货币贬值可能给承包商造成损失，对于合同工期较短的，合同条件中可能没有规定处理办法，当由于建设方原因工期被拖延，而汇率又大幅度下跌时，承包商就可以提出索赔要求。

道义索赔是指既无合同依据又无法律规定，合同一方认为自己蒙受了很大损失，而向另一方寻求优惠性质的额外付款的索赔。例如，承包商克服巨大困难，使工程获得圆满成功，然而却蒙受了重大损失，此时承包商提出的索赔要求。

(四) 监理工程师处理索赔时的权力

根据合同授权，监理工程师有处理索赔问题的权力。这些权力体现在以下几方面：

(1) 在承包商提出索赔意向通知书以后，监理工程师有权检查索赔方当时的现场施工记录。

(2) 对承包商的索赔报告进行审查分析，反驳索赔方不合理的索赔要求或索赔要求中不合理的部分。可指令索赔方作出进一步解释，或进一步补充资料，提出审查意见，或审查报告。

(3) 在监理工程师与索赔方共同协商确定工期和费用的补偿量达不成一致时，监理工程师有权单方面作出处理决定。

(4) 对合理的索赔要求，监理工程师有权建议建设方将其纳入进度付款范围予以支付。

二、索赔的程序

索赔程序通常可分为以下几个步骤。

(一) 意向通知

在索赔事件发生后，承包商应抓住索赔机会，迅速作出反应。承包商在施工合同规定的期限内向项目监理机构提交对建设方的费用索赔意向通知书，声明将对此索赔事件提出索赔。《建设工程施工合同（示范文本）》(GF-1999-0201) 规定索赔事件发生后28天内，索赔方应向监理工程师发出索赔意向通知。如果超过这个期限，监理工程师和建设方有权拒绝承包商的索赔要求。

索赔意向应包含以下内容：

(1) 事件发生的时间以及对事件的简单描述；

(2) 合同依据的条款以及索赔理由的陈述；

(3) 对工程成本和工期产生的不利影响的严重程度；

(4) 有关后续资料提供的说明。

一般索赔意向通知仅仅表明索赔的意向，因此应写得简明扼要。

(二) 资料的准备

索赔的成功与否在很大程度上取决于索赔方对索赔作出的解释和所提供的资料。因此，索赔方在正式提出索赔报告前，应充分准备资料。这就要求索赔方在工程实施过程中能加强合同管理，系统积累与合同管理相关的资料，以便在索赔事件发生后能及时提供相关证据资料。

通常与合同管理相关的资料包括以下内容：

（1）各种日志。包括施工日志、监理日志和建设方的建设日志等。合同相关各方，应指定专人以日志的方式对施工现场的各种情况进行记录。其中应包括天气情况，施工部位，承包商，工、料、机等资源配置情况、进度情况、质量情况、安全情况，有关干扰事件描述和监理工程师指令等内容。

（2）来往函件。包括工作联系函、监理工程师函、通知、报告等。函件应有发放记录，以登记函件签收人和签收时间。

（3）气象资料。一般建设相关各方都会在现场办公室张挂气象记录图表，对施工现场的天气情况进行记录。完整的气象记录应包括气温、风力、湿度、阴晴、雨雪量等内容。

（4）会议纪要。与工程建设有关的各种会议都要由监理方整理会议纪要，会议纪要应由各方签认。

（5）备忘录。建设相关各方的口头沟通、电话内容应随时以备忘录的形式加以记录，并及时要求有关方进行签字确认。

（6）摄像资料。建设相关各方可以摄影或录像的方式记录工程现场实际情况，这种资料真实、直观，是索赔的有力证据。

（7）工程进度计划。监理工程师应要求承包商及时报送总进度计划、阶段性进度计划和月旬（周）的进度计划，并对进度计划进行审批。经审批同意的进度计划可以作为合同的解释文件，因此也可以作为索赔的佐证资料。

（8）工程核算资料。包括月产值报表、月度或阶段性结算书、工程款支付报审表、各方建立的统计台账、定额主管部门编发的造价信息杂志、材料入库单、配料单、各种财务凭证等。这些资料不但是索赔事件发生的证据，而且也是确定索赔价格的依据。

（9）验收记录。验收记录包括现场标高验收记录、土方验槽记录、隐蔽工程验收记录、工程质量验收记录等。这些验收一般均由承包商、监理方和建设方共同参与，验收记录也由各方共同签字，因此常常被作为索赔的有力证据。

（10）工程报告。包括开竣工报告、事故报告、质量评估报告、监理工作总结报告、地质勘察报告、测试报告等。

（11）设计文件。包括施工图、图纸会审纪要、设计变更联系单、设计指明的标准图、竣工图等。这些文件都是合同文件的重要组成部分，因此也是索赔的直接证据。

（12）合同文件。包括合同文本、补充协议、招标文件及招标答疑记录和标底文件等附件、投标文件、合同指明的规范标准等。不要把合同仅仅理解为合同文本，上述文件都是合同的组成部分。

（三）索赔报告提交

索赔方应在承包合同规定的期限内，或监理定程师可能同意的其他合理时间内递送正式的费用索赔报告。《建设工程施工合同（示范文本）》（GF-1999-0201）规定索赔通知发出后28天内，索赔方应向监理工程师发出索赔报告。监理工程师在索赔事件发生后有权不马上处理该项索赔。如果事件发生时，现场施工非常紧张，监理工程师可能不希望因立即处理索赔而分散各方抓施工管理的精力，可通知索赔方将索赔的处理留待施工不太紧张时再去解决。但承包商必须在索赔事件发生后规定的期限内向监理工程师提交索赔意向通知书，包括因对变更估价双方不能取得一致意见，而先按监理工程师单方面决定的单价或价格执行时，承包商提出的保留索赔权力的意向通知书。

索赔报告的内容应包括索赔的合同依据、索赔的详细理由、索赔事件发生的经过、索赔的要求（金额或工程延期的天数）及计算方法，并要附相应的证明材料。如果索赔事件的影响持续存在，在合同规定的期限内还不能算出索赔额和工期展延天数时，承包商应按监理工程师合理要求的时间间隔（一般为28天），定期陆续报出每一个时间段内的索赔证据资料和索赔要求。在该项索赔事件的影响结束后，报出最终详细报告，提出索赔论证资料和累计索赔额。

《建设工程监理规范》规定，当索赔方提出费用索赔的理由同时满足以下条件时，项目监理机构方予以受理：

（1）索赔事件造成了承包单位直接经济损失；

（2）索赔事件是由非承包单位的责任发生的；

（3）承包单位已按照施工合同规定的期限和程序提出费用索赔报告，并附有索赔凭证材料。

上述三个条件没有先后主次之分，缺一不可。

（四）索赔报告评审

总监理工程师在收到承包商的索赔意向通知书后，应立即指定专业监理工程师收集与索赔有关的资料，建立自己的与索赔有关的档案，跟踪关注事件的发展，并检查索赔方的同期施工记录，随时就记录内容提出不同意见或希望应予以增加的记录项目。

在接到正式的索赔报告后，监理工程师应对报告进行以下几方面的审查：

（1）索赔事实审查。通过事件调查，确认索赔事件的真实性。监理工程师应通过对自己一方积累的资料的系统阅读，审查索赔报告对事件的描述和所提供的证据的真实性、准确性和符合性。

索赔事件发生后，监理工程师就应抓紧收集证据，并在索赔事件持续期间一直保持有完整的当时记录。如果在索赔方的索赔报告中提不出证明其索赔理由、索赔事件的影响、索赔值的计算等方面的详细资料，或者资料不能充分证明索赔报告中的描述，索赔要求就不能成立。在实际工程中，许多索赔要求都因没有或缺少书面证据而得不到合理的解决，所以索赔方必须对这个问题有足够的重视。通常，索赔方应按监理工程师的要求做好并保持当时记录，并接受工程师的审查。

监理工程师对索赔申请的审查，首先是判断索赔方的索赔要求是否有理、有据。所谓有理，是指索赔要求与合同条款或有关法规是否一致，受到的损失是否属于非本方责任原因所造成。有据，是指提供的证据证明索赔要求成立，索赔方可以提供的证据包括下列证明材料：合同文件；经监理工程师批准的施工进度计划；合同履行过程中的来往函件；施工现场记录；施工会议记录；工程照片；监理工程师发布的各种书面指令；中期支付工程进度款的凭证；检查、验收和试验记录；汇率变化表；各类财务凭证；其他有关资料。

（2）索赔理由审查。监理工程师应通过分析判断索赔事件是否违反合同规定，是否在合同规定的赔偿范围之内。只有符合合同规定的索赔要求才有合法性，才能成立。有些事件虽然真实，并的确造成了某一方的损失，但合同规定此类事件不在索赔的范围之内，则索赔仍然不能成立。例如，某合同规定，在工程总价 3%的范围内的工程变更，结算时不予调整，则这时虽然承包商因工程变更遭受了额外损失，但仍没有索赔的理由。

（3）索赔责任原因审查。分析这些索赔事件是由谁引起的，它的责任应由谁来承担。在实际工作中，索赔事件的责任常常是多方面时，各方都要一定过失，故必须进行责任分解。监理工程师应通过客观的实事求是的分析，分清责任主次比例，为确定各方应承担的损失提供依据。这项工作特别容易引起合同的双方争执，因此，监理工程师在进行分析时必须十分严谨、公正。

（4）损失审查。监理工程师在确认了索赔理由成立并分清了有关各方对索赔事件的责任后，应对索赔事件造成的损失进行评估，包括对索赔事件的影响范围和程度进行分析，损失计算依据的正确性以及计算的准确性。索赔方的最终目的是得到足额的损失补偿，索赔额的大小是最终决定合同双方是否能接受监理方索赔处理结论因素。

（5）索赔要求审查。

1）审查工期延长要求。对索赔报告中要求延长的工期，监理工程师在审核中应抓住以下几点：

划清施工进度拖延的责任。因承包商的原因造成施工进度滞后，属于不可原谅的延期。只有承包商不应承担任何责任的工程延期，才是可原谅的延期。有时工程延期的原因中可能包含有双方责任，此时监理工程师应进行详细分析，分清责任比例，只有可原谅延期部分才能批准延长合同工期。可原谅延期，又可细分为可原谅并给予补偿费用的延期和可原谅但不给予补偿费用的延期，后者是指非承包商责任的影响虽导致工期拖延，但并未导致施工成本的额外支出。

索赔责任可区分为下列几种处理情况：属建设方责任造成的，则工期和费用都应补偿；其他原因造成的，如恶劣的气候条件，工期可以顺延，但费用不予补偿；属承包商自己的责任以及应由承包商承担的风险则均不补偿；属于可能是其他承包商造成的，则向其他承包商提出索赔，由其承担相应责任。

通常上述几类情况在工程中都会同时存在，仅仅是一方责任的情况并不多见。

被延误的工作应是处于施工进度计划关键线路上的施工内容。一般情况下，只有位于关键线路上工作内容的滞后，才会影响到竣工日期。非关键路线工作的机动时间较多，只有超过了该工作的自由时差，才会导致进度计划中的非关键路线转化为关键路线，并导致总工期的拖延。此时应延展的工期天数应等于索赔事件影响的时间减去该工作的自由时差。

无权要求承包商缩短合同工期。监理工程师有权审核、批准承包商延长工期，但他不可以扣减合同工期。也就是说，监理工程师有权指示承包商删减掉某些合同内规定的工作内容，但不能要求他相应缩短合同工期。要求提前竣工，属于工程变更的管理范围。

2）审查费用索赔要求。费用索赔的原因，既可能是与工期索赔相同的内容，即属于可延期并应予以费用补偿的索赔，也可能是与工期无关的纯费用索赔。监理工程师在审核索赔的过程中，除了划清合同责任以外，还应注意索赔计算的取费合理性和计算的正确性。

承包商可索赔的费用内容一般可以包括以下几个方面：

a. 人工费。包括增加工作内容的人工费、停工损失费和工作效率降低的损失费等。但不能简单地用计日工费计算。首先，监理工程师应分析承包商报价中劳动效率的科学性；其次，合同用工中应扣除工程变更中已经在工程价款中支付给承包商的人工费；第三，实际用工中应扣除承包商责任和风险造成的窝工损失；第四，闲置人员不应计算在此期间的奖金、福利等费用，通常采取人工单价乘以折算系数计算。

b. 设备费。可采用机械台班费、机械折旧费、设备租赁费等几种形式。停驶的机械费补偿，应按机械折旧费或设备租赁费计算，不应包括运转操作费用。

c. 材料费。首先如果合同允许调整，这个调整放在工程款结算中较为适宜。如果合同是不允许价格调整的固定价格合同，则由于工期拖延或物价上涨的费用索赔在工期拖延相关费用索赔中提出较好。其次，如果建筑材料上涨率是基准期到索赔提出日期的上涨幅度或年上涨幅度（对固定价格合同），则由于工程材料是被均衡使用的，所以一般只能按该幅度的一半进行计算。

d. 保函手续费。工程延期时，保函手续费相应增加。反之，取消部分工程且建设方与承包商达成提前竣工协议时，承包商的保函金额相应折减，则计入合同价内的保函手续费也应扣减。

e. 贷款利息。利息的计算一般是以承包商的负现金流量作为计算依据。

f. 保险费。

g. 利润。由于地质条件、设计错误、图纸延误、交通干扰等造成的拖延所引起的费用索赔一般不能计算利润，人工费和材料的调价也不能计算利润。

h. 管理费。此项又可分为现场管理费与公司管理费两部分。由于两者的计算方法不一样，所以在审核过程中应区别对待。现场管理费应按报价分摊到每天的管理中，可打个适当的折扣，这要作报价分析。

工程变更，首先，工程量增加，这种价格调整的计算方法与合同报价计算相似，通常合同价格的调整所用的单价与工程增加量有一定的关系，这由合同规定，但应扣除承包商应承担的风险。其次，工程量减少或删除部分，通常在一定范围内作为承包商的风险，越过这个范围，承包商可以按合同规定的要求提高单价对单价差提出索赔。第三，附加工程索赔的计算与报价相似，其附加工程的工程量按施工图纸或实际量计算，其费用计算方法按合同或双方商定的方法进行。

审核索赔取费的合理性。费用索赔涉及的项目较多，内容繁杂。承包商都是从维护自身利益的角度解释合同条款，进而申请索赔的。相对来说，建设方对于索赔问题的处理可能比较缺乏经验。因此，监理工程师在处理索赔时，应做到公正地审核索赔报告，挑出不合理的取费项目或费用，维护好建设方的权益。就某一特定索赔时间而言，可能同时涉及上述几种费用的某几项，所以应检查取费项目的合理性。

审核索赔计算的正确性。这里不单指索赔方的索赔计算中是否有数学错误，更应关注所采用的费率是否合理、适度。这些问题包括：当工程量表中的单价是综合单价时，不仅含有直接费，还包括间接费、风险费、辅助施工机械费、公司管理费和利润等项目的摊销成本。在索赔计算中不应有重复取费。

正确区分停工损失与因监理工程师临时改变工作内容或作业方法的工效降低损失的区别。凡可改作其他工作的，不应按停工损失计算，但可以适当补偿工效降低损失。

（五）索赔的谈判

监理工程师在对承包商的索赔报告进行审查后，初步确定的应予以补偿的额度往往与承包商的索赔报告中要求的额度不一致，甚至差额较大。主要原因大多为对承担事件损失责任的界限划分不一致，索赔计算的依据和方法分歧较大等。因此监理工程师应召集合同双方进行谈判。谈判中，监理工程师应提出自己的索赔处理意见，并详细陈述作出此处理意见的理由，然后听取合同双方对处理意见的不同看法。如果建设单位和承包商就索赔的解决达不成一致意见，有一方或双方不满意监理工程师的决定，且双方都不让步，产生索赔争执，双方都可以将争执再次提交监理工程师请求作出调解，监理工程师应在合同规定的期限进行进一步的调查论证，作出调解决定。

（六）索赔的处理决定

在协商达不成共识时，索赔方仅有权得到所提供的证据满足监理工程师认为索赔成立的那部分的付款和（或）工期延期。不管是监理工程师通过协商与双方达成一致，还是单方面作出的处理决定，批准给予补偿的款额和工程延期的天数如果在授权范围之内，则可将此结果通知索赔方，并抄送另一方。如果批准的额度超过监理工程师权限，则应报请建设方批准。

在各方达成一致的前提下或监理工程师根据授权单方面作出决定后，监理工程师应该向建设方和承包商提交费用索赔审批表（见表 6-2）。监理工程师的费用索赔审批表应在合同规定的期限内回复给索赔方，如果监理工程师答复或反应超过合同规定的期限，则视为该项索赔已经得到监理工程师认可。

表 6-2　　**费用索赔审批表**

工程名称：　　编号：

致：________________（承包单位） 根据施工合同条款_______条的规定，你方提出的________________ 费用索赔申请（第_____号），索赔（大写）______________，经我方审核评估： □不同意此项索赔。 □同意此项索赔，金额为（大写）______________。 □同意/□不同意索赔的理由： 索赔金额的计算： 项目监理机构（章）：_______ 总监理工程师：_______ 日期：_______

监理工程师在费用索赔审批表中应该简明地叙述作出同意或不同意决定的依据、理由，同意索赔的费用或延展的工期天数的计算和建议给予补偿的金额及（或）延长的工期。

对于持续影响时间超过规定时间的工期延误事件，当工期索赔条件成立时，索赔方应按监理工程师要求的时间间隔报送阶段性的工程临时延期申请表。监理工程师审查后，作出批准临时延长工期的决定，并待影响事件消除后由索赔方提出最终的索赔报告后，批准延长工期总天数。最终批准后的总延展天数不应少于以前各阶段已同意延长天数之和。规定承包商在事件影响期间必须每隔一段时间提出一次阶段索赔报告，可以使监理工程师及时根据同期记录批准该阶段应予延长工期的天数，避免事件影响时间太长而不能准确确定索赔值。

通常，监理工程师的处理决定不是终局性的，对建设方和承包商都不具有强制性的约束力。在收到监理工程师的费用索赔审批表后，无论建设方还是承包商，如果认为该处理决定不公正，都可以在合同规定的时间内提请监理工程师重新审核。监理工程师不得无理拒绝这种要求。一般来说，对监理工程师的处理决定，建设方不满意的情况很少，而承包商不满意的情况较多。索赔方如果持有异议，应该提供充分的证明材料进一步表明为什么监理工程师的决定是不合理的。有时甚至需要重新提交索赔报告，对原提出的索赔要求做修正、补充或适当让步。如果监理工程师仍然坚持原来的决定，或索赔方对监理工程师的新决定仍不满，则可以按合同中的仲裁条款提交仲裁机构仲裁。

（七）建设方审查索赔处理

当监理工程师确定的索赔额超过其权限范围时，必须报请建设方批准。

建设方首先根据事件发生的原因、责任范围、合同条款审核承包商的索赔申请和监理工程师的处理报告，再依据工程建设的目的、投资控制、竣工投产日期要求以及针对承包商在施工中的缺陷或违反合同规定等的有关情况，决定是否批准监理工程师的处理意见，而不能超越合同条款的约定范围。例如，在承包商索赔理由成立的前提下，如果监理工程师根据相应条款的规定，既同意给予一定的费用补偿，也批准延长相应的工期，建设方权衡了施工的实际情况和外部条件的要求后，可能不同意延长工期，而宁可给承包商增加费用补偿额，要求他采取赶工措施，按期或提前完工。这样的决定只有建设方才有权作出。

（八）争端解决

索赔方接受最终的索赔处理决定，索赔事件的处理即告结束。如果索赔方不同意，就会导致合同争议。通过协商双方达到互谅互让的解决方案，是处理争议的最理想方式。

如果合同一方或双方对监理工程师的调解决定不满意，则可以按合同规定提交仲裁或按法律程序提出诉讼。在仲裁或诉讼过程中，监理工程师作为工程全过程的参与者和管理者，可以作为见证人提供证据，进行答辩。所以，在一个工程中，索赔的频率、索赔要求和索赔的解决结果等与监理工程师的工作能力、经验、工作质量、立场的公正性等有直接的关系。

三、索赔的控制

索赔虽然有其必然性，能保护合同双方的利益，但是任何索赔事件的发生都将给工程带来不利的影响。因此，对于监理工程师来说，必须对索赔进行控制，而且要尽量做到事前控制。

（一）索赔的事前控制

为了做到对索赔的事前控制，监理工程师应总结索赔事件的发生规律，预测索赔事件发生的可能性以及发生后的影响和损失的大小。一个有经验的监理工程师常常能够作出正确的预测，及时掌握各种风险的预兆，并及时提醒合同双方，协助他们作出积极的对策，从而避免索赔发生。

（1）监理工程师应该在施工招标中协助建设方选择好承包商。承包商的选择，应重视其信誉，诚实守信及其履约能力。信誉不好的承包商常常采取各种手段索赔，以争取收益，履约能力不强的承包商只有通过索赔来弥补损失。同时，还会由于他对工期的拖延，引起其他承包商的索赔，工程项目不能顺利实施，增加建设方损失。在评标过程中，监理工程师应认真评标、全面审查、综合分析，使建设方的授标决策建立在科学的、可靠的基础上，不受最低标的诱惑。大量的工程案例表明，承包商的报价越低，工程中索赔频率越高，索赔值越大，合同争执越多。

在评标中，应对标书中不清楚的问题和错误让承包商解释、说明。通过标书之间的相互比较，分析承包商的投标策略，分析整理每份标书中一些对今后索赔处理有用的数据，如管理费率、利润率、用工量、人工、材料的基价等。

（2）建议建设方采用国家推荐的建设工程施工合同示范文本。合同的不完备及条款定义不清都会是承包商的索赔机会。如果在合同中增加对承包商的单方面约束和责权利不平衡条款，增加对建设方行为的免除责任条款，则更容易造成索赔事件的发生，而且承包商往往在报价上增加风险因素反而对建设方不利。

（3）深入研究合同，正确理解有关规定，为减少索赔和顺利处理索赔创造条件。

合同是规定当事人双方权利义务关系的文件，也是索赔的主要依据。正确理解合同规定，是双方协调一致地完全履行合同的前提条件。由于施工合同通常比较复杂，因而理解合同规定就有了一定的困难，每一方都会站在各自立场上对合同规定形成自己的理解，因而总会或多或少地存在某些分歧。这种分歧经常是产生索赔的重要原因。所以监理工程师应与建设方和承包商一起认真研究合同文件，并积极地与双方沟通，以便尽可能在合同的理解上达成一致，从而减少由于意见分歧而导致索赔事件的发生。

另外，监理工程师还应对建设方授予的所有合同作总体分析，重点是各个承包商的合同责任、工程范围、合同价格、工期要求等。尤其应搞清楚他们的连带责任关系，在监理工程师的合同管理中有所体现并作为合同管理的重要方面。这样，一旦发生索赔事件，导致索赔方提出索赔，监理工程师就能很容易地判断出最终的责任者，因为许多损失是应由第三方最终承担的。由于这其中的许多索赔并不需要合同双方承担损失，因而索赔的处理结果会相对简单，令各方满意。

（4）提高监理工作质量，避免因监理方的工作疏漏导致索赔。在施工合同的形成和实施过程中，监理工程师为建设方承担大量的具体的技术、组织和管理工作。监理工程师在工作中的疏漏会成为索赔的理由。合同双方的合同管理人员常常在寻找着这些疏漏，从中发现索赔机会。因此监理工程师在工作中应对自己行为的后果作出预测，尽力避免疏漏。在起草文件、下达指令、作出决定、答复请示时都应注意到完备性和严密性，以避免由于自己工作失误造成索赔。监理工程师应在监理规划或监理细则编制中详细制定监理工作质量保证措施，并在实际工作中严格贯彻执行，从而使此类索赔得到最大限度控制。

（二）索赔的事中控制

监理工程师对索赔的事中控制，主要体现在：公正处理索赔事件，避免合同双方因情绪对立而使事态升级；及时处理索赔事件，避免事件因拖延而进一步扩大；培养良好的协商氛围，尽量以调解的方式解决问题。总而言之，索赔事中控制的目标是缩小合同双方的矛盾，限制索赔事件的扩展，最大程度减轻索赔事件对项目控制目标的影响。为此，监理工程师应做到以下几点：

（1）公正处理索赔事件。监理工程师作为施工合同的中介人，必须公正行事，以没有偏见的方式解释和履行合同，独立作出判断，行使自己的权利。由于施工合同双方的利益和立场存在不一致，常常会出现矛盾，甚至冲突，这时监理工程师起着缓冲、协调作用。监理工作的公正性体现在以下几个方面：

1）必须从工程整体效益、工程总目标的角度出发作出判断或采取行动。使索赔的处理和解决不损害工程整体效益和不违背工程总目标，符合合同双方的利益。

2）按照法律规定和合同约定行事。作为监理工程师更应该按合同办事，准确理解、正确执行合同。

3）从事实出发，实事求是。按照合同的实际实施过程、索赔事件的实情、承包商的实际损失和所提供的证据作出判断。

4）处理若能使双方心悦诚服，双方的情绪不会对立，事态就不会复杂化，索赔事件对工程的实施的影响就会减轻。

（2）及时处理索赔事件。在工程施工中，监理工程师必须在合同规定具体的时间，或“在合理的时间内”及时地行使权力，作出决定，使处理索赔事件一旦出现就得到解决。这样做的意义在于：

监理工程师应对合同实施进行有力的控制。通过对合同监督和跟踪，不仅可以及早发现索赔事件，也可以及早采取措施降低索赔事件的影响，减少双方损失，还可以及早了解情况，为合理地解决索赔提供条件。

有些事件刚发生时对索赔方带来的损失并不大，甚至调解迅速得当，索赔方很可能放弃索赔要求。但一旦索赔不能及时处理，承包商停工等待处理指令，或继续施工，造成更大范围的影响和损失，事件进一步发展，索赔方损失进一步增加，这时不但要索赔方放弃索赔已不可能，而且索赔的数量还会成倍增加。

有些事件刚发生时对索赔方带来的仅仅是经济损失，但如果监理工程师不能迅速及时地处理，可能会在索赔方经济损失之外还带来工期上的损失，索赔的范围就会扩大，对工程的影响也会增加。

有些索赔事件如不能及时地得到解决，会导致承包商资金周转困难，积极性受到影响，施工速度放慢，对监理工程师和建设方缺乏信任感。而建设方也会抱怨承包商拖延工期，不积极履约。这样就会加深双方的误解、分歧和矛盾，使索赔更难以迅速得到解决，发生恶性循环。

不及时行事会造成索赔解决的困难。单个索赔集中起来，索赔额积累起来，不仅给分析、评价带来困难，而且会带来新的问题，使问题复杂化。

（3）培养友好处理索赔的工作氛围。监理工程师应以积极的态度和主动的精神为建设方和承包商提供良好的服务。在施工中，监理工程师作为双方的中间人，应做好协调、缓冲工作，在三方之间建立一个良好的合作气氛。通常合同实施越顺利，双方合作得越好，索赔事件越少，越易于解决。

监理工程师在处理和解决索赔问题时应及时与建设方和承包商沟通，保持经常性联系。

在作出调解决定，特别是调整价格、决定工期和费用补偿等问题，应充分与合同双方协商，最好达成一致，取得共识。这是避免索赔争执的最有效的办法。监理工程师应充分认识到，如果他的调解不成功，使索赔争执升级，则对合同双方都是损失，必定会严重影响工程项目的整体效益。在工程实施过程中，监理工程师切不可凭借自己的地位和权力武断行事，滥用权力，特别对承包商不能随便以合同处罚相威胁，或盛气凌人，而导致索赔事件扩大化。

（4）加强合同管理，积累反驳依据。对索赔的反驳是指反驳承包商不合理索赔或者索赔中的不合理部分，而绝对不是只把承包商当作对立面，偏袒建设方，设法不给或尽量少给承包商补偿。能否有力地反驳索赔，是衡量监理工程师工作成效的重要尺度。反驳索赔的措施是指监理工程师针对一些可能发生索赔的领域，为了今后有充分证据反驳承包商的不合理要求而采取的监督管理措施。反驳索赔措施贯穿于监理工程师日常监理的每一项工作中。

对承包商的施工活动进行日常现场检查是监理工程师工作的基础。这种检查工作的目的是监督现场施工按合同要求进行。现场监理人员素质的高低很大程度上将决定监理工程师监理工作的成效。现场监理人员应具有一定的实践经验，具有认真的工作态度和良好的合作精神，善于发现问题。现场监理人员必须实行旁站监理或巡视检查，独立记录承包商的工程施工情况，绝对不能简单照抄承包商的记录。必要时，现场监理人员应对某些施工情况摄取工程照片；每天下班前还必须把一天的施工情况和现场检查的结果简明扼要地写入监理日记，其中特别要指出承包商在哪些方面没有达到合同或计划要求。这种日记应该逐级加以汇总分析，最后由总监理工程师或总监理工程师代表把承包商施工中存在的问题连同处理建议书面通知承包商，为今后反驳索赔提供依据。合同中通常都会规定承包商应该在多长时间内或什么时间以前向监理工程师提交什么资料供监理工程师审批、验收或确认。监理工程师应事先就编制一份承包商应提交的报审表、报验表及报告等的计划，其内容包括资料名称、合同依据、时间要求、格式要求及监理工程师处理时间要求等，以便随时核对。如果到时承包商没有提交报审表、报验表及报告或提交的报审表、报验表及报告的格式等不符合要求，则应该及时记录在案，并通知承包商。承包商的这种问题，可能是今后用来说明某项索赔或索赔中的某部分应由承包商自己负责的重要依据。

劳动力、施工机械和建筑材料设备状态会直接影响到工程施工的进度和质量，影响到工程成本。所以，监理工程师要了解承包商劳动力、施工机械和建筑材料设备状态，包括劳动力的数量和素质，施工机械和周转材料的数量和完好性，建筑材料的数量、质量和存储方式，以及建筑设备种类型号和数量。如果承包商的资源状态不符合合同要求或双方同意的计划要求，监理工程师应该及时记录在案，并通知承包商。这些也可能是今后反驳索赔的重要依据。

对监理工程师来说，做好资料档案管理工作也是非常重要的。如果自己的资料档案不全，缺少第一手的直接的证据材料，索赔处理时就会处于被动地位。即便是明知某些要求不合理，也无法予以反驳。监理工程师必须保存好与工程有关的全部文件资料，特别是应该有自己独立采集的工程监理资料。

监理工程师通常可以对承包商的索赔提出质疑的情况有：索赔事项本不属于建设方或监理工程师的责任，而是其他第三方的责任；建设方和承包商共同负有责任，承包商必须划分和证明双方责任大小；事实依据不足；合同依据不足；合同中的开脱责任条款已经免除了建设方的补偿责任；承包商以前已经明示或暗示放弃了的索赔要求；承包商没有采取适当措施避免或减少损失；承包商必须提供进一步的证据；损失计算夸大等。

（5）建立和维护监理工程师处理合同事务的威信。监理工程师自身必须有公正的立场。良好的合作精神和处理问题的能力，这是建立和维护其威信的基础。如果监理工程师处理合同事务立场公正，有丰富的经验知识，有较高的威信，就会促使承包商在提出索赔前认真做好准备工作，只提出那些有充足依据的索赔，从而减少提出索赔的数量。监理工程师应从一开始就努力建立和维持与建设方和承包商之间的相互信任关系，这对合同顺利实施是非常重要的。

（6）诚信处理索赔。监理工程师受建设方委托进行工程项目管理，在某种意义上，监理工程师是建设方的代表。如果监理工程师在工作中出现失误或行使权力不当造成承包商的损失，建设方必须承担合同规定的相应的赔偿责任。但监理方的经济责任较小，缺少对其的制约机制。监理工程师的工作在很大程度上依靠他自身的工作积极性、责任心，他的诚实和信用，靠他的职业道德来保证。所以，监理工程师应有高度的责任感，坚守诚实信用的原则，坚守监理工程师的职业道德，在索赔的处理过程中确保建设方的利益不受到不正当的损害。

（三）反索赔

监理工程师在处理索赔事件时，可以利用工程合同条款赋予建设方的权利协助建设方对索赔者违约的地方提出反索赔要求，以维护建设方的合法权益。在工程实践中，索赔与反索赔是相伴相生的。承包商和建设方为了维护各自的利益，一方面提出索赔要求，另一方面必定会采取反索赔措施。FIDIC 合同条件中，列举了建设方进行反索赔可引用的合同条款。因此维护合同双方合理利益的原则在国际工程合同条件中以索赔和反索赔的形式得以反映。监理工程师根据自己对工程项目监督管理的记录、分析，可建议建设方从多个方面向承包商提出反索赔。例如，工期延误反索赔，由于承包商方面责任，使竣工日期比原定日期拖后，影响了建设方预期经济利益，给建设方造成了经济损失，建设方据此有权对承包商进行反索赔，要求其承担“误期损害赔偿费”。又如，质量缺陷反索赔，由于承包商的施工质量不符合施工技术规程要求或使用的材料、设备不符合合同规定，并在规定的期限内仍未完成缺陷修补工作，引起建设方的损失时，建设方均有权向承包商提出反索赔。监理工程师通过自己的智力劳动为建设方提供反索赔服务和咨询，使索赔和反索赔这一对对立事物按照合同条款或法律规定达到统一，以维护建设方的合法权益。适当的反索赔措施的应用还可以在某种程度上制约对方的索赔。

第四节 工程延期与工程延误的处理

在工程项目的施工过程中，工程的进度常常要出现偏差，发生工程拖延。工程拖延有两种情况，即工期延误和工程延期。虽然它们都会使工程进度控制目标受到不利的影响，但性质不同，因而建设方与承包商所承担的责任也不同。

工程的拖延如果是由于承包商原因造成的，则属于工期延误。不但承包商要承担由此造成的一切损失，而且建设方还有权对承包商的违约误期按照合同条款进行处罚。而如果工程的拖延是由于非承包商原因造成的，则属于工程延期，其处理情况也正好相反。承包商不仅有权要求延长工期，而且还有权向建设方提出费用赔偿的要求，以弥补由此造成的额外损失。因此，监理工程师是否将施工过程中施工进度的拖延批准为工程延期，对建设方和承包商都十分重要。

一、工程延期的条件

当发生非承包商原因造成的持续性影响工期的事件时，承包商有权提出延长工期的申请。当承包商提出的工程延期要求符合合同文件的规定时，项目监理机构应予以受理，并按合同条款的规定以及实际情况，批准工程延期的时间。

一般情况下，工期拖延符合下列情况时，项目监理机构可批准为工程延期。

（1）建设方不能按合同条款的约定提供开工条件；

（2）项目监理机构发出工程变更指令而导致工程量增加；

（3）合同中所涉及的任何可能造成工程延期的原因，如延期交图、非承包商原因的工程暂停、对合格工程的剥离检查但没有证明承包商有过失及不利的外界条件等；

（4）被合同约定为不可抗力的异常恶劣的气候条件；

（5）建设方不能按约定日期支付工程预付款、进度款，致使工程不能正常进行；

（6）除承包商自身以外的其他任何原因，如停水、停电等。

以上情况工期可以顺延的根本原因在于这些情况属于建设方违约或者是应当由建设方承担的风险。反之，如果造成工期延误的原因是承包商的违约或者应当由承包商承担的风险，则工期不能顺延。

二、工程延期的审批程序

当工程延期事件发生后，承包商应在合同规定的有效期内以工程延期意向书的形式书面通知监理工程师，以便监理工程师尽早了解所发生的事件，及时做出一些减少延期损失的决定。随后，承包商应在合同规定的有效期内或监理工程师可能同意的合理期限内，向监理工程师提交详细的工程延期申请表，申述延期理由及工期计算的依据和公式，并提供证明材料。监理工程师收到申请表后应及时进行调查核实，准确地确定出工程延期的时间。

当延期事件具有持续性，承包商在合同规定的有效期内不能提交最终详细的申请表时，应先向监理工程师提交阶段性的工程临时延期申请表。总监理工程师应在专业监理工程师调查核实临时延期申请表的基础上，尽快作出延长工期的临时决定，签发工程临时延期审批表。临时延期的时间不宜太长，一般不应超过最终批准的延期时间。

待影响事件消除后，承包商应在合同规定的期限内向项目监理机构提交工程最终延期申请。总监理工程师应复查申请报告的全部内容，然后确定由该延期事件影响所需要展延的工期。如果遇到比较复杂的延期事件，项目监理机构可以成立专门小组，听取各专业监理工程师的建议，然后进行处理。对于那些一时难以作出结论的延期事件，即使不属于持续性的事件，也可以采用先作出临时延期的决定，然后再作出最后决定的办法。这样既可以保证有充足的时间处理延期事件，又可以避免由于处理不及时而造成的损失。

三、工程延期的审批原则

监理工程师在对工程延期进行审批时应遵循下列原则：

（1）以合同条件为依据。总监理工程师在作出延期决定之前，应充分详细地研究合同文件。监理工程师批准的工程延期必须符合合同条件，也就是说导致工期拖延的原因确实是属于承包商，否则不能批准为工程延期。在进行具体的延长工期计算时也要符合合同的约定或惯例的要求。这是监理工程师审批工程延期的一条根本原则。

（2）情况真实。批准的工程延期必须以事件真实为前提，即工期拖延和影响工期事件的事实和程度都必须是真实的。延期事件发生后，不但承包商应对各类有关细节进行详细地记载，并及时向项目监理机构提交详细报告。同时，项目监理机构也应对施工现场进行详细观察和分析，并做好现场情况记录，从而为合理确定工程延期时间提供可靠依据。

(3) 对总工期的影响可定量证明。一般情况下，只有受延期事件影响的施工内容，在施工进度计划的关键线路上，或虽在非关键线路上，但延长的时间已超过其总时差，这时才能批准工程延期。否则，即使符合批准为工程延期的合同条件，也不能批准工程延期。因为，只有上述受延期事件影响的施工内容，才会引起总工期的延长。

一个工程项目的关键线路并非一成不变，它会随着工程进展情况的变化而转移。总监理工程师应以承包商提交的、经项目监理机构审核后的施工进度计划或调整的计划为依据来决定是否批准工程延期。

通过对关键线路的分析，项目监理机构应计算出影响工期事件对工期影响的量化数据，并以此为依据确定延期的工期天数。

确定各影响工期事件对工期或区段工期的综合影响程度时，可按下列步骤进行：

(1) 以事先批准的详细施工计划为依据，确定假设工程不受事件影响时，应该完成的工作量或应该达到的进度目标。

(2) 详细核实受该事件影响后，实际完成的工作量或实际达到的进度目标。

(3) 查明因受该事件影响而受到延误的工种。

(4) 查明实际的进度滞后是否还有其他影响因素，并确定其影响程度。

(5) 最后确定该事件对工程竣工时间或区段竣工时间的影响值。

(6) 协商一致。由于工程延期涉及建设方和承包商双方的利益，因此，项目监理机构在作出临时工程延期批准或最终的工程延期批准之前，均应与建设方和承包商进行协商。在协商不能取得一致时，项目监理机构应作出临时处理决定。

四、工程延期的控制

发生工程延期事件，不仅影响工程的进展，而且会给建设方带来损失。因此，总监理工程师应在监理月报中向建设方报告工程进度和所采取进度控制措施的执行情况，并提出合理预防由建设方原因导致的工程延期及其相关费用索赔的建议。监理工程师应做好以下工作，以减少或避免工程延期事件的发生。

(1) 选择合适的时机下达工程开工令。总监理工程师在下达工程开工令之前，应充分考虑建设方的前期准备工作是否充分。特别是征地、拆迁问题是否已解决，三通一平（或五通一平）工作是否完成，设计图纸能否及时提供，以及付款方面有无问题等，以避免由于建设方前期准备工作不充分而造成工程延期，导致承包商索赔。

(2) 适时提醒建设方履行施工承包合同中所规定的职责。在施工过程中，总监理工程师应经常提醒建设方履行自己的职责，协助建设方做好施工场地及设计图纸的提供工作，协助建设方做好资金供应计划，以保证及时支付工程进度款，从而减少或避免由建设方原因而造成的工程延期。

(3) 妥善处理工程延期事件。当延期事件发生以后，总监理工程师应根据合同条款的规定进行妥善处理。既要尽量减少工程延期时间进一步增加及其损失的进一步扩大，又要在充分调查研究的基础上批准合理的工程延期时间。

(4) 项目监理机构应要求建设方在施工过程中尽量减少对承包商的不必要干预，建设方的意见尽量通过项目监理机构传达。这样既可保证命令源的唯一性，避免了“政出多头”，又可利用监理工程师的专业优势，避免由于建设方不熟悉工程情况，干扰和阻挠工程的开展而导致延期事件的发生。

五、工期延误的制约

当由于承包商自身的原因造成工期拖延，而承包商又未按照项目监理机构的指令改变工期延误的状态时，按照FIDIC合同条件的规定，通常可以采用下列手段予以制约：

（1）停止支付工程进度款。按照FIDIC合同条件规定，当承包商的施工活动不能使监理工程师满意时，监理工程师有权拒绝承包商的支付申请。因此，当承包商的施工进度延误，又没有采取积极措施补救时，监理工程师可以以停止付款的手段制约承包商。

（2）误期损失赔偿。停止付款一般是监理工程师在施工过程中制约承包商延误工期的手段，而当承包商未能按施工合同要求的工期竣工交付，造成工期延误时，项目监理机构应按施工合同规定从承包商应得款项中扣除误期损害赔偿费。误期损失赔偿是因承包商未能按合同规定的工期完成合同范围内的工作而对其的处罚。按照FIDIC合同条件规定，如果承包商未能按合同规定的工期和条件完成整个工程时，应向建设方支付投标书或合同中规定的金额，作为该项违约的损失赔偿费。

（3）终止施工合同。为了保证合同工期，FIDIC合同条件规定，如果承包商严重违反施工合同，而又没有及时采取补救措施，则建设方有权终止合同。例如，承包商接到监理工程师的开工通知后，无正当理由推迟开工时间，或在施工过程中无任何理由延长工期，施工进度缓慢，又无视监理工程师的书面警告等情况发生时，项目监理机构都可以建议建设方终止施工合同。终止合同是对承包商违约的严厉制裁。因为建设方一旦终止了合同，承包商不但要被驱逐出施工现场，而且还要承担由此而造成的建设方的损失费用。

第五节　合同争议的调解

一、合同争议的概念

在工程项目进展的过程中，由于对某些问题的处理需要以合同为依据，而当合同双方对合同条款的适用性或解释形不成一致意见时，就会出现合同争议。

施工合同双方对合同条款的解释有争议，或虽然有时合同双方对用合同中的某一条款解决问题的适用性没有争议，但由于合同双方对同样的内容理解不同，或由于合同双方自身能力及合同字意等主客观原因，导致其对合同文本的理解不同，都会产生合同争议。所谓合同解释，是指法律规定对合同当事人意思表示的解释。而发生争议，就应由裁判者依法对合同进行解释。

《合同法》第一百二十五条规定：“当事人对合同条款的理解有争议的，应当按照合同所使用的词句、合同的有关条款、合同的目的、交易习惯以及诚实信用原则，确定该条款的真实意思。合同文本采用两种以上文字订立并约定具有同等效力的，对各文本使用的词句推定具有相同含义。各文本使用的词句不一致的，应当根据合同的目的予以解释”。

对合同的解释，应遵循以下一些原则：

（1）应该按照合同中约定的优先次序进行解释。合同文件并不一定是一个单一的文本，尤其是建设工程施工合同，往往是由一组文件组成的。《建设工程施工合同（示范文本）》中提及的有以下几种：

1）合同协议书；

2）中标通知书；

3）投标书及工程报价单、预算书等附件；

4）合同专用条款；

5）合同通用条款；

6）标准规范及有关技术文件；

7）施工图；

8）工程量清单；

9）合同履行中形成的工程洽商、变更等书面协议或文件。

这些合同组成文件相互之间不一定会完全一致，因此合同必须约定合同文件的解释的优先次序。一旦发生合同争议，有关各方应按合同约定的优先顺序进行解释。

（2）合同的解释还应遵循主导语言原则。在涉外工程中，当使用两种或两种以上语言拟订合同文件时，或用一种语言编写，然后翻译成其他语言时，应在合同中约定据以解释或说明合同文件以及作为翻译依据的一种语言，称为合同主导语言。一旦合同在履行过程中，合同有关各方产生争议，就必须以合同约定的主导语言进行解释。

（3）适用法律原则。在涉外工程中，合同中还规定了一种适用于该合同，并据以解释该合同的法律。合同争议的解释，必须按合同约定的适用法律对合同进行解释。

（4）其他合同解释的公认原则。这些原则包括：

1）整体解释原则。合同应根据合同的全部条款以及相关资料对合同进行解释，而不能拘泥于个别文字断章取义。

2）目的解释原则。订立合同是合同双方当事人为了达到某种预期目的，实现预期利益。因此，对合同进行解释时，应充分考虑合同当事人订立合同的目的，通过解释，消除争议。

3）诚实信用原则。合同双方当事人在签订和履行合同中都应该诚实守信。根据这一原则，法律推定当事人签订合同以前都已认真阅读和理解了合同文件，都确认合同文件的内容是自己真实意思的表示，双方自愿遵守合同文件的所有规定。因此，按这一原则解释在任何情况下，合同都应按其表述的规定准确而全面地予以履行。

4）交易习惯及惯例原则。当合同发生争议时，对合同内容的词语有不同的理解时，可以根据交易习惯及惯例进行解释。

5）反义居先原则。如果合同中有模棱两可、含糊不清之处，因而导致对合同规定有不同的解释时，则按不利于起草方的原则进行解释，也就是以与起草方相反的解释居于优先地位。

6）明显证据优先原则。如果合同文件中对同一问题有多处规定不同时，除了遵照合同文件优先次序外，还应按照具体规定优先于原则规定、直接规定优先于间接规定、细节规定优先于笼统规定的原则进行解释。

7）书写文字优先原则。书写条文优先于打字条文，批字条文优先于印刷条文。

合同双方对合同条款的适用性有争议。在合同中，虽然合同条款之间意思表述存在冲突的现象很少，但合同中可能有很多条款涉及同一问题，而采用不同的条款解决同一个问题，却会对合同双方的利益产生截然不同的影响。因此，在签订合同时应当尽量严谨，使合同条款之间意思表述不存在矛盾，对同一个问题的论述应一致、严密、完整，不留下漏洞。

二、合同争议的解决方式

合同当事人之间发生争议是不可避免的。如果争议发生了，合同双方之间首先应当根据公平合理和诚实信用的原则，本着互谅互让的精神，争取以自愿协商的方式解决争议或者通过调解解决纠纷。如果当事人不愿和解、调解或者和解、调解不成的，可以依据“或裁或讼”的原则，请求仲裁机构仲裁或者向人民法院起诉，以求合同纠纷的解决。

(1) 调解的方式。《合同法》第一百二十八条规定：“当事人可以通过和解或者调解解决合同争议”。合同双方在履行施工合同时发生争议，可以双方直接达成和解或者通过项目监理机构或合同管理及其他有关主管部门调解。

(2) 仲裁的方式。《合同法》的同一条规定，当事人不愿和解、调解或者和解、调解不成的，可以根据仲裁协议向仲裁机构申请仲裁。涉外合同的当事人可以根据仲裁协议向中国仲裁机构或者其他仲裁机构申请仲裁。

在施工合同中直接约定仲裁，关键是要指明仲裁委员会，因为仲裁没有法定管辖，而是依据当事人的约定确定由哪一个仲裁委员会仲裁。而请求仲裁的意思表示和仲裁事项则可在专用条款中加以明确。当事人选择仲裁的，仲裁机构作出的裁决是终局的，具有法律效力，当事人必须执行。

在签订合同时，如果当事人对合同执行过程的争议选择仲裁的方式解决，应当在合同的专用条款中明确请求仲裁的意思表示、仲裁事项、选定的仲裁委员会等内容。

(3) 诉讼的方式。《合同法》第一百二十八条规定：“合同当事人没有订立仲裁协议或者仲裁协议无效的，可以向人民法院起诉。当事人应当履行发生法律效力的判决、仲裁裁决调解书，拒不履行的，对方可以请求法院执行。如果当事人选择诉讼的，则施工合同的纠纷一般应由合同约定的人民法院或工程所在地的人民法院管辖。当事人只能向有管辖权的人民法院起诉，以求争议的最终解决”。

三、监理工程师对合同争议的调解

项目监理机构接到合同争议的调解要求后，应充分发挥自身作为合同“第三方”的作用，积极地在建设方和承包商之间进行斡旋，争取以调解的方式解决合同争议，以减少合同争议对项目施工的影响。

(1) 及时了解合同争议的全部情况，包括进行调查和取证。合同争议大部分发生在对某项施工结果的处理上，这个结果发生的过程对合同争议的最终解决起着决定性的作用。因此，在合同争议发生后，项目监理机构应当以调查、取证等形式了解与合同争议有关的全部情况，以对合同争议发生原因的责任进行区分。同时也为仲裁或诉讼时向仲裁机关或法院提供证据做好准备。

如前所述，合同争议的焦点在于对合同的解释和合同的适用性理解。因此，合同争议发生后，项目监理机构还应该深入研究合同和有关的法律、法规。

(2) 及时与合同争议的双方进行磋商。合同争议发生后，项目监理机构应及时与建设方和承包商沟通磋商，了解双方的要求，确定他们的分歧所在，根据自己对合同的理解向双方解释合同条款，并根据双方的态度制定调解方案。

(3) 在项目监理机构提出调解方案后，由总监理工程师进行争议调解。《建设工程监理规范》规定了总监理工程师作为建设方和承包商合同争议调解人的地位。总监理工程师在进行调解时必须坚持公平、合理、合法的原则，一切以事实为依据，以合同为准绳，用自己高度专业化的工作说服争议双方。

（4）当调解未能达成一致时，总监理工程师应在施工合同规定的期限内提出处理该合同争议的意见。

在总监理工程师签发合同争议处理意见后，建设方或承包商在施工合同规定的期限内未对合同争议处理决定提出异议，在符合施工合同的前提下，此意见应成为最后的决定，双方必须执行。

如果合同双方或一方对项目监理机构对合同争议时处理意见存在异议，可向合同约定的仲裁机构申请仲裁，或向合同约定的人民法院（合同无约定时一般为建筑物所在地的人民法院）提起诉讼。

（5）在争议调解过程中，除已达到了施工合同规定的暂停履行合同的条件之外，项目监理机构应要求施工合同的双方继续履行施工合同。

合同双方发生争议后，在一般情况下，双方都应继续履行合同，保持施工连续，保护好已完工程。只有在出现下列情况时，当事人方可停止履行施工合同：一方违约导致合同确已无法履行，双方协议停止施工；调解要求停止施工，且为双方接受；仲裁机关要求停止施工；法院要求停止施工。

不管因为哪种情况停止履行施工合同，对工程的进度目标都会产生极大影响。

（6）向仲裁机构或法院提供证据。在合同争议的仲裁或诉讼过程中，项目监理机构接到仲裁机关或法院要求提供有关证据的通知后，应公正地向仲裁机关或法院提供与争议有关证据。

第六节 合同的解除

一、合同解除的概念

合同解除，是指合同当事人依法行使解除权或者经双方协商决定，提前解除合同效力的行为。合同解除包括约定解除和法定解除。

约定解除合同。《合同法》第九十三条规定："当事人协商一致，可以解除合同。当事人可以约定一方解除合同的条件。解除合同的条件成立时，解除权人可以解除合同"。当事人协商一致，可以解除合同，是指合同当事人双方都同意解除合同，而不是单方行使解除权。约定一方解除合同条件的解除，是指当事人在合同中约定解除合同的条件，当合同成立之后，全部履行之前，由当事人一方在某种情形出现后享有解除权，从而终止合同关系。

法定解除合同。所谓法定解除，是指解除条件由法律直接规定的合同解除。《合同法》第九十四条规定："有下列情形之一的可以解除合同：因不可抗力致使不能实现合同目的；在履行期限届满之前，当事人一方明确表示或者以自己的行为表明不履行主要债务；当事人一方迟延履行主要债务，经催告后在合理期限内仍未履行；当事人一方迟延履行债务，或者有其他违约行为致使不能实现合同目的；法律规定的其他情形"。

当事人在行使合同解除权时，应严格按照法律规定行事，以达到保护自身合法权益的目的。

《合同法》第九十六条规定："法律、行政法规规定解除合同应当办理批准、登记等手续的，依照其规定”。所以依据上述法律规定，当事人在行使解除权时应当办理有关手续，否则合同的解除不一定发生解除效力。

在当事一方解除施工合同时，要注意解除权行使的期限和解除权行使的方式问题。关于解除权行使的期限，《合同法》第九十五条规定：“法律规定或者当事人约定解除权行使，期限届满当事人不行使的，该权利消灭。法律没有规定或者当事人没有约定解除权行使期限，经对方催告后在合理期限内不行使的，该权利消灭”。

解除权的行使期限一般只存在于约定解除权的解除和法定解除中，而协商解除是当事人双方协商解除合同，一般不会发生解除期限问题。

《合同法》第九十六条规定：“当事人一方依照本法第九十三条第二款、第九十四条的规定主张解除合同的，应当通知对方。合同自通知到达对方时解除。对方有异议的，可以请求人民法院或者仲裁机构确认解除合同的效力”。

合同解除的法律后果表现为终止履行、恢复原状或者要求对方赔偿损失。《合同法》第九十七条规定：“合同解除后，尚未履行的，终止履行；已经履行的，根据履行情况和合同性质，当事人可以要求恢复原状、采取其他补救措施，并有权要求赔偿损失”。

《合同法》第九十八条规定：“合同的权利义务终止，不影响合同中结算和清理条款的效力”。

合同终止虽然是合同债权债务关系的消灭，但此种债权债务关系的消灭不影响合同中当事人关于经济往来的结算，以及合同终止后如何处理合同中遗留问题的效力。

合同终止，并不是合同责任的终止，如果因当事人一方严重违约而引起另一方要求解除合同，合同因解除而终止时，违约方并不能因合同终止而不承担违约责任。

二、施工合同解除的程序

施工合同订立后，当事双方应当按照合同的约定行使权利和履行义务；但是，在一定的条件下，合同没有履行或者没有完全履行，根据《合同法》和施工承包合同的约定，也可以解除合同。《建设工程施工合同（示范文本）》（GF-1999-0201）规定，可以解除合同的情况如下：

（1）双方协商的解除合同。施工合同双方经过协商，一致同意可以解除。这种形式的合同解除是在合同成立以后履行完毕以前，双方当事人通过协商而同意终止合同关系。

（2）因不可抗力解除合同。因为不可抗力或者非合同当事人的原因，造成工程停建或缓建，致使合同无法履行，合同双方可以解除合同。

（3）因当事人违约解除合同。建设方不按合同约定支付工程款，双方又未能就延期付款达成协议，导致施工无法进行，承包商停工超过56天，建设方仍不支付工程款，承包商有权单方面解除合同，并要求赔偿。承包商将其承包的全部工程转包给他人，或者肢解以后以分包的名义分别转包给他人时，建设方有权解除合同。

（4）合同当事人一方的其他违约致使合同无法履行，合同双方可以解除合同。

如果是合同一方主张解除合同的，应向对方发出解除合同的书面通知，并在发出通知前按合同要求或根据法律规定提前告知对方，通知到达对方时合同解除。如果另一方对解除合同有异议的，按照解决合同争议程序处理。

合同解除后要做好善后处理工作。在合同解除后，当事人双方约定的结算和清理条款仍然有效。承包商应当妥善做好已完工程和已购材料、设备的保护和移交工作，按照建设方要求将乙方的机械设备和人员撤出施工场地。建设方也应为承包商的撤出提供必要条件，并根据合同约定或根据有关协议支付以上所发生的费用，支付已完工程价款。承包商已经订货的材料、设备由承包商负责退货或解除订货合同，不能退还的货款以及退货和解除定货合同发生的费用，由责任方承担。

除此之外，有过错的一方应当赔偿因合同解除给对方造成的损失。

三、合同解除中的监理工作

根据合同解除的原因不同，项目监理机构在合同解除中所应做的工作也有所区别。

（1）建设方违约导致施工合同最终解除。在这种情况下，项目监理机构应就承包商按施工合同规定应得到的款项与建设方和承包商进行协商，并应按施工合同的规定从下列应得的款项中确定承包商应得到的全部款项，并书面通知建设方和承包商。

1）核对承包商已完成的工程量表，对所列的各项工作进行计量，并根据施工合同和已支付的工程款确定承包商所应得的款项；

2）按批准的采购计划订购工程材料、设备、构配件的款项；

3）承包商撤离施工设备至原基地或其他目的地的合理费用；

4）承包商所有人员的合理遣返费用；

5）合理的利润补偿；

6）施工合同规定的建设方应支付的违约金。

（2）承包商违约导致施工合同解除。在这种情况下，项目监理机构应按下列程序清理承包商的应得款项，或偿还建设方的相关款项。总监理工程师按照施工合同的规定，在与建设方和承包商协商后，书面提交承包商应得款项或偿还建设方款项的证明。

1）施工合同终止时，清理承包商已按施工合同规定实际完成的工作所应得的款项和已经得到支付的款项；

2）施工现场余留的材料、设备及临时工程的价值；

3）对已完工程进行检查和验收，移交工程资料，该部分工程的清理、质量缺陷修复等所需的费用；

4）施工合同规定的承包商应支付的违约金。

（3）不可抗力或非建设方、承包商原因导致施工合同终止。项目监理机构应按施工合同规定处理合同解除后的有关事宜，其工作内容与建设方违约导致合同解除的工作内容大致相同，但有关费用的处理原则则有所不同。一般来说，因不可抗力或非建设方、承包商原因导致施工合同终止的损失，原则上由合同双方各自承担，但建设方应在一定范围内根据承包商的实际损失给以一定的道义上的补偿。

思考题

1. 简述工程暂停令和复工令签发的程序。
2. 简述工程变更控制的重要性。
3. 简述工程变更控制程序。
4. 工程变更的评审与审批有什么不同？
5. 简述索赔的概念。

6. 简述索赔的处理程序。

7. 简述索赔的控制程序。

8. 工程延期审批的原则有哪些?

9. 工程延期控制有哪些措施?

10. 合同争议解决的方式有哪些?

11. 简述《建设工程施工合同（示范文本）》（GF-1999-0201）规定可解除合同的情况。

12. 简述合同解除时的监理工作。

第七章　建设工程监理资料的管理

第一节　监理信息管理概述

工程建设监理过程实质上是工程建设信息管理的过程，即监理工程师受建设方的委托，在明确监理信息流程的基础上，通过建立一定的组织机构，对工程建设监理信息进行收集、加工、存储、传递、分析和应用的过程。由此可见，信息管理在工程建设监理工作中具有十分重要的作用，它是监理工程师控制工程建设三大目标的基础。

一、建设工程监理信息

（一）建设工程监理信息

监理信息是在整个工程建设监理过程中发生的，反映着工程建设的状态和规律的信息。监理信息不等同于工程建设信息。工程建设过程中，会产生很多信息，这些信息并非都是监理信息，只有那些与监理工作有关的信息才是监理信息。

1. 监理信息的特点

建设工程监理信息除具有信息的一般特征外，还具有以下几个方面的特点：

（1）信息来源广泛。由于工程建设参加的主体多、涉及的工程技术专业多、应用的建筑材料、设备的种类多，因而信息的来源非常广泛。有来自建设方、设计单位、承包商及监理方等建设工程各方主体的信息；有来自可行性研究、设计、施工及保修等各个阶段中的各个环节，以及各个专业的信息；有来自质量控制、投资控制、进度控制、合同管理等各个方面的信息。由于监理信息来源的广泛性，往往给信息的收集工作带来很大困难。

（2）信息量大。由于工程建设规模大、牵涉面广、协作关系复杂，使得工程建设监理工作涉及大量的信息。监理工程师不仅要了解国家及地方有关的政策、法规、技术标准及规范，而且要掌握工程建设各个方面的信息。既要掌握计划的信息，又要掌握实际进展的信息，还要对它们进行对比分析。因此，监理工程师每天都要处理成千上万的信息。而这样大的量单靠人手工操作处理是极困难的，只有使用计算机才能及时、准确地进行处理，从而为监理工程师的正确决策提供及时、可靠的支持。

（3）信息重复利用率高。工程建设监理信息可供信息系统中的多个子系统或一个子系统的不同过程反复使用而不被消耗掉。例如，某一建设项目的工程量信息，在投资控制子系统中确定投资需要利用，在进度控制子系统中编制进度计划也需要利用。在进度控制子系统中，不仅编制计划需要利用，而且在实施计划的动态控制过程中还需要利用。

（4）信息传输距离长。在工程建设监理的不同阶段、不同地点都将发生、处理和应用大量的信息。如工程项目的实际进展信息的发生源在每一个具体的施工现场，它的加工处理可能在施工现场、办公室，也可能在计算中心，而其应用则在各个监理业务部门。尤其是交通工程、输油管线等大型项目，往往一个项目包含许多单项工程，空间跨度甚至会达到上千千米。项目的建设必须统一指挥、统一组织，因而监理的工程目标控制工作也需要统一步调，因此监理信息的传输距离也就会很长很长。

（5）信息的系统性。工程建设监理信息是在一定时空内形成的，与工程建设监理活动密切相关，而且工程建设监理信息的收集、加工、传递及反馈是一个连续的闭合环路，具有明显的系统性。同时，项目的质量、进度和投资目标之间，总是相互干扰又相互促进，形成一个多目标系统，因此其监理信息也一定会相互交叉干涉，形成系统。

(6) 信息表现形式的多样性。工程建设监理信息可以文字、语言、图表、图像等多种形式表现。由于多媒体计算机的飞速发展，为监理信息的多媒体表现提供了极大的方便。

工程建设监理信息的上述特点，对于工程建设监理信息系统中的信息处理方法和手段的选择、信息流的组织及管理有着很大的影响。

2. 监理信息的形式

监理信息的表现形式就是信息内容的载体。在工程建设监理过程中，各种情况层出不穷，这些情况包含了各种各样的信息。这些信息可以是文字、数字、各种报表，也可以是图形、图像和声音。

(1) 文字形式是监理信息是一种常见的表现形式。文件是最常见的用文字表现的信息。管理部门会下发很多文件；工程建设各方，通常规定以书面形式进行交流，即使是口头上的指令，也要在一定时间内形成书面的文字，这也会形成大量的文件。这些文件包括国家、地区、部门行业、国际组织颁布的有关工程建设的法律法规文件，如经济合同法、政府建设监理主管部门下发的通知和规定、建设方主管部门下发的通知和规定等；还包括国际、国家和行业等制定的标准规范，如设计及施工规范、材料标准、图形符号标准、产品分类及编码标准等。具体到每一个工程项目，还包括合同及招投标文件、工程承包商和分包商的情况资料、会议纪要、监理月报、洽商及变更资料、监理通知、隐蔽及预检记录资料等。这些文件中包含了大量的信息。

(2) 数字也是监理信息的常见的一种表现形式。在工程建设中，监理工作的科学性要求“用数字说话”。为了准确地说明各种工程情况，必然有大量数字产生，各种计算成果和试验检测反映了工程项目的质量、投资和进度等情况。所表现的信息常见的有设备与材料价格，工程概预算定额、调价指数，工期、劳动、机械台班的施工定额，地貌地质，项目类型及专业和主材投资的单位指标，大宗主要材料的配合数据等。具体到每个工程项目，还包括材料台账，设备台账，材料、设备检验，工程进度，进度工程量签证及付款签证，专业图纸，质量评定，施工人力和机械等。

(3) 各种报表是监理信息的另一种表现形式。工程建设各方都用这种直观的形式传播信息。承包商需要提供反映工程建设状况的多种报表，如开工申请单、施工技术方案审报表、进场原材料报验单、进场设备报验单、施工放样报验单、分包申请单、合同外工程单价申报表、计日工单价申报表、合同工程月计量申报表、额外工程月计量申报表、人工与材料价格调整申报表、付款申请表、索赔申请书、索赔损失计算清单、延长工期申报表、复工申请、事故报告单、工程验收申请单、竣工报验单等。监理组织内部常采用规范化的表格来作为有效控制的手段，如工程开工令、工程清单支付月报表、暂定金额支付月报表、应扣款月报表、工程变更通知、额外增加工程通知单、工程暂停指令、复工指令、现场指令、工程验收证书、工程验收记录、竣工证书等。监理工程师向建设方反映工程情况也往往用报表形式传递工程信息，如工程质量月报表、项目月支付总表、工程进度月报表、进度计划与实际完成报表、施工计划与实际完成情况表、监理月报表、工程状况报告表等。

(4) 监理信息的形式还有图形、图像和声音等。这些信息包括工程项目立面、平面及功能布置图形，项目位置及项目所在区域环境实际图形或图像等。对每一个项目，还包括分专业隐蔽验收部位图形、分专业设备安装部位图形、分专业预留预埋部位图形、分专业管线平（立）面走向及跨越伸缩缝部位图形、分专业管线系统图形、质量问题和工程进度形象图像，在施工中还有设计变更图等。图形、图像信息还包括工程录像、照片等，这些信息直观、形象地反映了工程情况，特别是能有效地反映隐蔽工程的情况。声音信息主要包括会议录音、电话录音以及其他的讲话录音等。

以上这些只是监理信息的一些常见形式，而且监理信息往往是这些形式的组合。了解监理信息的各种形式及其特点，对收集、整理信息很有帮助。

3. 监理信息的分类

为了有效地管理和应用工程建设监理信息，必须将信息进行分类。不同的监理范围，需要不同的信息，应按照不同的标准将监理信息进行归类划分，来满足不同监理工作的信息需求，并进行有效地管理。

监理信息的分类方法通常有以下几种：

（1）按监理工作的职能分类。工程建设监理的目的是对工程进行有效的控制，按控制目标将信息进行分类是一种重要的分类方法。按这种方法，可将监理信息划分如下：

1）投资控制信息。指与投资控制直接有关的信息。属于这类信息的有一些投资标准，如工程造价、物价指数、概算定额、预算定额等；有工程项目投资计划的信息，如工程项目投资估算、设计概预算、合同价等；有项目进行中产生的实际投资信息，如施工阶段的支付账单、投资调整、原材料价格、机械设备台班费、人工费、运杂费等；还有对以上这些信息进行分析比较得出的信息，如投资分配信息、合同价格与投资分配的对比分析信息、实际投资与计划投资的动态比较信息、实际投资统计信息、项目投资变化预测信息。

2）质量控制信息。指与质量控制直接有关的信息。属于这类信息的有与工程质量有关的标准信息，如国家有关的质量政策、质量法规、质量标准、工程项目建设标准等；有与计划工程质量有关的信息，如工程项目的材料设备的质量信息、质量控制工作流程、质量控制的工作制度等；有项目进展中实际质量信息，如工程质量检验信息、材料的质量抽样检查信息、设备的质量检验信息、质量和安全事故信息。同时还有由这些信息加工后得到的信息，如质量目标的分解结果信息、质量控制的风险分析信息、工程质量统计信息、工程实际质量与质量要求及标准的对比分析信息、安全事故统计信息、安全事故预测信息等。

3）进度控制信息。指与进度控制直接有关的信息。这类信息有与工程进度有关的标准信息，如工程施工工期定额信息等；有与工程计划进度有关的信息，如工程项目总进度计划、进度控制的工作流程、进度控制的工作制度等；有项目进展中产生的实际进度信息。同时还有上述信息加工后产生的信息，如工程实际进度控制的风险分析、进度目标分解信息、实际进度与计划进度对比分析、实际进度与合同进度对比分析、实际进度统计分析、进度变化预测信息等。

4）合同管理信息。指与合同管理直接有关的信息。这类信息有与合同文件有关的标准信息，如招标文件及其附件、投标文件及其附件、招标时的施工图、合同文本等；有与合同管理过程有关的信息，如工程暂停相关记录、工程延期相关记录、工程变更洽商单、设计变更联系单、索赔通知、索赔报告等。同时还有上述信息加工后产生的信息，如合同管理台账、监理月报等。

(2) 按信息来源分类。

1) 从建设方面来的信息。建设方作为工程项目建设的负责人，对工程建设中的一些重大问题不时要表达意见和看法，下达某些指令；建设方对合同规定由其供应的材料、设备，需提供品种、数量、质量、试验报告等资料。

2) 从承包商方面来的信息。承包商作为施工的主体，必须收集和掌握施工现场大量的信息，其中包括经常向有关方面发出的各种文件，向监理工程师报送的各种文件、报告等。

3) 从设计方面来的信息。如设计合同及供图协议发送的施工图纸，在施工中发出的为满足设计意图对施工的各种要求，根据实际情况对设计进行的调查等。

4) 项目监理机构内部也会产生许多信息，如直接从施工现场获得有关投资、质量、进度和合同管理方面的信息，还有经过分析整理后对各种问题的处理意见等。

5) 来自其他部门如发方政府、环保部门、交通部门等部门的信息。

(3) 按照建设阶段分类。

1) 项目建设前期的信息。项目建设前期的信息包括可行性研究报告提供的信息、设计任务书提供的信息、勘察与测量的信息、初步设计文件的信息、招投标方面的信息等，其中大量的信息与监理工作有关。

2) 工程施工中的信息。有来自工程项目监理组织的信息，如监理的记录、各种监理报表、工地例会纪要、各种指令、监理试验检测报告等；有来自承包商的信息，如开工申请报告、质量事故报告、形象进度报告、索赔报告等；有来自建设方的信息，如建设方对各种报告的批复意见；有来自其他部门的信息，如政府有关文件、市场价格、物价指数、气象资料等。

3) 工程竣工阶段的信息。在工程竣工阶段，需要大量的竣工验收资料，其中包含了大量的信息，这些信息一部分是在整个施工过程中长期积累形成的，一部分是在竣工验收期间，根据积累的资料整理分析而形成的。

(4) 其他的一些分类方法。

1) 按照信息的稳定程度划分为固定信息和流动信息等。

2) 按照信息时间的不同，把监理信息分为历史性的信息和预测性的信息两类。

3) 按照对信息的期待性不同，把监理信息分为预知的和突发的信息两类。

根据分类标准的不同，监理信息还可以有许多分类方法。但对监理信息进行分类的目的是方便信息的管理和使用，因此最实用的分类方法还是按监理工作职能进行分类和按信息来源进行分类。

(二) 建设工程监理信息的作用

建设工程监理信息资源对工程建设的监理活动产生着巨大的影响，信息是工程建设监理不可缺少的资源。在工程项目的建设过程中存在着两大流通，即物流和信息流。其中，物流是客观存在的实体，它的转换使材料变成建、构筑物，从而实现建设目的。但物流的转换，必须由人来指挥和调度，而人的指挥和调度却又必须依赖信息的反馈，要求有足够的信息流来保证。如果没有信息流的反馈，物流就无法控制，就会导致物流的混乱。工程建设监理的主要功能就是要通过对工程建设过程的控制来实现建设目标，因此，监理信息就必定是工程建设监理中不可缺少的重要资源。

信息对监理工作的重要性表现在以下几个方面：

（1）目标控制对信息的依赖。建设工程监理信息是监理工程师实施目标控制的基础。建设工程监理的目标是按计划的投资、质量和进度完成工程项目建设。建设工程监理目标控制系统内部各要素之间、系统和环境之间都靠信息进行联系；信息贯穿于目标控制的环节性工作之中，投入过程包括信息的投入，转换过程是产生工程状况、环境变化等信息的过程，反馈过程则主要是这些信息的反馈，对比过程是将反馈的信息与已知的信息进行比较，并判断产生是否有偏差的信息，纠正过程则是信息的应用过程；主动控制和被动控制也都是以信息为基础的；至于目标控制的组织和规划，也离不开信息。因此，从控制的角度讲，如果没有信息，或信息不准确、不及时，监理工程师将无法实施正确的监理。

（2）合同管理对监理信息的依赖。建设工程监理信息是监理工程师进行合同管理的基础。监理工程师的中心工作是进行合同管理。这就需要充分地掌握合同信息，熟悉合同内容，掌握合同双方所应承担的权利、义务和责任；为了掌握合同双方履行合同的情况，必须在监理工作时收集各种信息；对合同出现的争议，必须在大量的信息基础上作出判断和处理；对合同的索赔，需要审查判断索赔的依据，分清责任原因，确定索赔数额，这些工作都必须以自己掌握的大量准确的信息为基础。因此，监理信息是合同管理的基础。

（3）组织协调对信息的依赖。建设监理信息是监理工程师进行组织协调的基础。工程项目的建设是一个复杂和庞大的系统，涉及的单位很多，需要进行大量的协调工作，监理组织内部也要进行大量的协调工作。这都要依靠大量的信息。协调一般包括人际关系的协调、组织关系的协调和资源需求关系的协调。人际关系的协调，需要了解人员专长、能力、性格方面的信息，需要岗位职责和目标的信息，需要全面工作绩效的信息；组织关系的协调，需要组织机构设置、目标职责、权限的信息，需要开工作例会、业务碰头会、发会议纪要、采用工作流程图来沟通信息，需要在全面掌握信息的基础上及时消除工作中的矛盾和冲突；需求关系的协调，需要掌握人员、材料、设备、能源动力等资源方面的计划信息、储备情况以及现场使用情况等信息。因此，信息是协调的基础。

（4）监理决策对信息的依赖。建设工程监理决策正确与否，直接影响工程项目建设总目标的实现及监理单位、监理工程师的信誉。而影响监理决策正确与否的主要因素之一就是信息。如果没有可靠的、充分的信息作为依据，正确的决策是不可能作出的。例如，在工程施工招标阶段，监理工程师要对投标单位进行资质预审，以确定哪些报名参加投标的承包商能适应招标工程的需要。为了进行这项工作，监理工程师就必须了解各个报名参加投标的承包商的技术水平、财务实力和施工管理经验等方面的信息。再如，施工阶段对工程进度款的支付决策，监理工程师也只有在掌握有关承包合同的规定及实际施工状况等信息后，才能决定是否支付及支付多少等。由此可见，信息是监理决策的重要依据。

总之，建设工程监理信息渗透到监理工作的每一个方面，它是建设监理工作不可缺少的资源。

二、建设工程监理信息管理

信息管理是对信息的收集、加工、转换、存储、检索、传递和应用等一系列工作的总称。

信息管理是工程建设监理工作的一项重要内容，其目的就是通过有组织的信息流通，使监理工程师及时掌握完整、准确的信息，为进行科学决策提供可靠依据。信息管理工作的好坏，将会直接影响建设工程监理工作的成败。因此，监理工程师应充分重视信息管理工作，建立健全信息管理机构，掌握建设工程信息管理的理论、方法和手段，实现建设工程监理工作的现代化。

建设工程信息管理主要包括四部分内容，即确定监理信息流程；建立监理信息编码系统；建立健全监理信息采集制度；利用高效的信息处理手段处理监理信息。

（一）建设工程监理信息流程

建设工程监理信息流程反映了工程项目建设过程中各参与单位、部门之间的关系。为了保证建设工程监理工作的顺利进行，监理工程师应首先明确建设工程监理信息流程，使监理信息在建设工程监理组织机构内部上下级之间及监理内部组织与外部环境之间的流动畅通无阻。

（1）建设工程监理信息流结构。图 7-1 所示为某工程的监理信息流结构图，它反映了工程项目建设各参与单位之间的关系。

（2）建设工程监理组织内部信息流程。建设工程监理组织内部存在着三种信息流（如图 7-2 所示）：自上而下的信息流、自下而上的信息流、各监理职能部门横向间的信息流。这三种信息流都应畅通无阻，以保证监理工作的顺利实施。

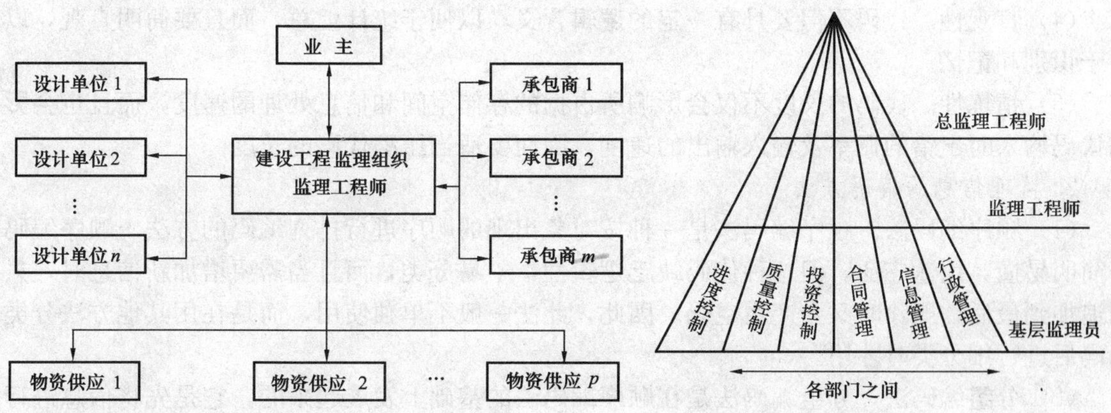

图 7-1　工程建设监理信息流结构图　　图 7-2　工程建设监理组织内部信息流示意图

1）自上而下的信息流。所谓自上而下的信息流，是指从总监理工程师开始，流向各专业监理工程师、监理检查员的信息，即信息源在上，信息接收者是其下属。这类信息主要包括工程建设监理目标和任务，监理工作制度，指令、办法及规定，业务指导意见等。

2）自下而上的信息流。所谓自下而上的信息流，是指从监理员开始，流向各专业监理工程师及总监理工程师的信息，即信息源在下，信息接收者是其上级。这类信息主要是指工程建设实施情况和监理工作目标的完成情况，包括工程进度、费用支出、质量、安全及监理人员的工作情况等。此外，还包括总监理工程师和专业监理工程师所关注的意见和建议。

3）横向间的信息流。横向流动的信息是指在工程建设监理工作中，同一层次的职能部门或工作人员之间相互提供和接收的信息。这类信息一般是由于分工不同而产生的。为了共同的目标，各部门之间需要相互协作、互通有无或相互补充。此外，在紧急、特殊情况下，为了节省信息流动时间，有时也需要各部门之间横向提供信息。

（二）建设工程监理信息编码系统

监理信息的编码也称代码设计，它是为事物提供一个概念清楚的唯一标识，用以代表事物的名称、属性和状态。编码的作用是便于对信息进行存储、加工和检索，从而提高信息处理的效率和精度。此外，对信息进行编码，还可以大大节省存储空间。

在建设工程监理工作中，会涉及大量的信息，不仅包括文字、报表，而且还有图纸、声像等，因此，不论是单靠人工进行处理还是利用计算机进行处理，都需要建立监理信息编码系统。这样，在一定程度上可以减少监理工作量，并大大提高监理工作的效率。对于大中型建设项目来说，没有计算机是难以想象的，而没有适当的信息编码系统，计算机的作用也难以充分发挥。

1. 监理信息编码原则

进行编码应遵循下列原则：

（1）唯一性。每一个代码仅代表唯一的实体属性或状态。

（2）可扩充性。代码设计应留出适当的扩充位置，以便当增加新的内容时，可直接利用原代码扩充，而无需更改代码系统。

（3）标准化。国家有关编码标准是代码设计的重要依据，要严格遵照国家标准和行业标准进行代码设计，以便于系统的拓展。

（4）直观性。代码不但要具有一定的逻辑含义，以便于统计汇总，而且要简明直观，以便于识别和记忆。

（5）精炼性。代码的长度不仅会影响所占据的存储空间和信息处理的速度，而且也会影响代码输入时出错的概率及输入输出的速度，因而要适当压缩代码的长度。

2. 监理信息的编码方法

（1）顺序编码法。顺序编码法是一种按对象出现的顺序进行排列编码的方法。顺序编码法简明易懂，用途广泛。但这种代码缺乏逻辑性，不易分类，而且当需要增加新信息时，只能追加到最后，删除时又会产生空码。因此，此法一般不单独使用，而是在用其他方法分类编码后进行细分类时才用。

（2）分组编码法。分组编码法是在顺序编码法的基础上发展起来的。它是先将信息进行分组，然后对每组内的信息进行顺序编码。每个组内应留有后备编码，便于增加新的信息。这种方法同顺序编码法相比，更易于进行分类处理，但仍有逻辑性不强的问题。

（3）数字层次编码法。这种编码方法是先把编码对象分成若干大类，编以若干位十进制代码，然后将每一大类再分成若干小类，编以若干位十进制代码，依次下去，直至不再分类为止。例如，与建筑工程质量验收标准配套的检验批验收记录表的编码方法就属于这一类。采用数字层次编码法，编码、分类比较简单，直观性强，可以无限扩充下去。但代码位数较多，空码也较多。

（4）缩写编码法。缩写编码法是把人们惯用的缩写字直接用作代码。目前国内常用的都是按拼音字母缩写的代码。例如，GB 表示国家标准，J 表示建筑，G 表示结构等。这种编码直观性较好，便于记忆，使用也方便。但有的缩写字在不同的场合可能会有不同的含义，因此容易造成误解。

上述几种编码方法，各有其优缺点，在实际工作中可以针对具体情况而选用适当的方法。有时甚至可以将它们组合起来使用。

（三）建设工程监理信息收集

在工程建设中，每时每刻都产生着大量的信息。但是要得到有价值的信息，只靠自发产生的信息是远远不够的，还必须根据需要进行有目的、有组织、有计划的收集，才能提高信息的质量，充分发挥信息的作用。

收集信息是运用信息的前提。各种信息一经产生，就必然会受到传输条件、人们的思想意识及各种利益关系的影响。因此，信息有真假、虚实、有用、无用之分。监理工程师要取得有用的信息。必须通过各种渠道，采取各种方法收集信息，然后进行加工、筛选，从中选择出对进行决策有用的信息。

收集信息是进行信息处理的基础。信息处理是包括对已经取得的原始信息进行分类、筛选、分析、加工、评定、编码、存储、检索、传递的全过程。不经收集就没有进行处理的对象。信息收集工作的好坏，直接决定着信息加工处理质量的高低。在一般情况下，如果收集到的信息时效性强、真实度高、价值大、全面系统，再经加工处理质量就更高，反之则低。

1. 收集监理信息的基本原则

(1) 及时性。监理工程师要取得对工程控制的主动权，就必须积极主动地收集信息，善于及时发现、及时取得、及时加工各类工程信息。只有工作主动，获得信息才会及时；监理工作的特点和监理信息的特点都决定了收集信息要主动及时。监理是一个动态控制的过程，实时信息量大，时效性强，稍纵即逝，工程建设又具有投资大、工期长、项目分散、管理部门多、参与建设的单位多等特点，如果不能及时得到工程中大量发生的变化极大的数据，不能及时把不同的数据传递于需要相关数据的不同单位、部门，势必影响各部门工作，影响监理工程师作出正确的判断，影响监理的质量。

(2) 真实性。收集信息的目的在于对工程项目进行有效的控制。由于工程建设中人们的经济利益关系，以及工程建设的复杂性等主客观原因，信息在传输过程中会发生失真现象，甚至产生不能真实反映工程建设实际情况的假信息。因此，必须严肃认真地进行信息收集工作，要将收集到的信息进行严格核实、检测、筛选，去伪存真。

(3) 完整性。监理信息贯穿于工程项目建设的各个阶段及全部过程。各类监理信息和每一条信息，都是监理内容的反映或表现。因此，收集监理信息不能挂一漏万，以点代面，把局部当成整体，或者不考虑事物之间的联系。同时，工程建设不是杂乱无章的，而是有着内在的联系。因此，收集信息不仅要注意全面性，而且还要注意系统性和连续性。全面系统就是要求收集到的信息具有完整性，以防决策失误。

(4) 针对性。收集信息要全面系统和完整，不等于不分主次、缓急和价值大小，胡子眉毛一把抓。必须有针对性，坚持重点收集的原则。针对性首先是指有明确的目的性或目标，也就是要进行重点选择，就是根据监理工作的实际需要，根据监理的不同层次、不同部门、不同阶段对信息需求的侧重点，从大量的信息中选择使用价值大的主要信息。其次是指有明确的信息源和信息内容。同时还要满足适用性，即所取信息符合监理工程的需要，能够应用并产生好的监理效果。

2. 施工阶段信息收集的内容

在工程建设的整个施工阶段，每天都会产生大量的信息，需要及时收集和处理。因此，工程建设的施工阶段，可以说是大量的信息产生、传递和处理的阶段，监理工程师的信息管理工作，也就主要集中在这一阶段。

(1) 收集建设方提供的信息。建设方作为工程建设的组织者，在工程施工开始前，要按照合同文件规定向监理方提供大量信息，这些信息都是监理的依据。例如，招标文件及其附件、投标书及其附件、合同协议书、合同条款、工程报价表及其附件、招标图纸、发包单位在招标期内发出的所有补充通知、投标单位在投标期内补充的所有书面文件、投标单位在投标时随同投标书一起递送的资料与附图、发包单位发出的中标通知书、合同双方在洽商合同时共同签字的补充文件等施工合同文件；建设项目立项批文和有关批示、规划许可证、施工许可证、质量监督登记表等建设审批文件；规划放线和高程提供文件；勘察、设计文件；建筑等与第三方签订的合同文件。

在施工过程中，建设方还会对工程建设作出各种决定，下达各种指令，监理工程师应及时收集这些信息。

如果建设方负责某些建筑材料、设备的供应，监理工程师需收集建设方所提供材料的材料、设备订货合同以及品种、数量、规格、价格、提货地点、提货方式等信息。

建设方对施工过程中有关进度、质量、投资、合同等方面的看法和意见，监理工程师也应及时收集，同时还应及时收集建设方的上级主管部门对工程建设的各种意见和看法。

（2）收集承包商提供的信息。在建设项目的施工过程中，随着工程的进展，在承包商一方会产生大量的信息，除承包商本身必须收集和掌握这些信息外，监理工程师在现场管理中也必须收集和掌握。这类信息主要包括：开工报告、施工组织设计、各种计划、施工技术方案、材料报验单、月支付申请表、分包申请、工料价格调整申报表、索赔申报表、竣工报验单、复工申请、各种工程项目自检报告、质量问题报告、有关问题的意见等。承包商应向监理单位报送这些信息资料，监理工程师也应全面系统地收集和掌握这些信息资料。

（3）监理的记录。监理工程师在进行现场监理工作时，必须详细记录施工过程的各种情况，这些记录是了解施工实际情况、评价工程质量、解决合同纠纷、进行工程结算的重要基础资料。各级监理人员必须逐日认真加以记录。

1）监理日记。现场监理人员的监理日记的主要内容包括：现场当天的天气记录（包括当天的最高、最低气温，当天的降雨、降雪量，当天的风力等）；当天的施工内容；当天参加施工人员的工种、数量；当天施工机械的名称、数量；当天发现的施工质量问题；当天的施工进度与计划施工进度的比较，施工进度拖延的原因说明；当天监理人员的工作内容、形成的记录、签发的函件、审批的报告等。

监理日记中有时也包含总监理工程师或总监代表的有关记录（有些地区这部分的内容另外独立成册），主要内容包括：当天所作的重大决定；当天对承包商所作的主要指示；当天发生的纠纷及可能的解决办法；当天对驻施工现场监理工程师、监理员的指示。

2）监理月报（周报）。总监理工程师或总监代表应每月（每周）向建设方汇报下列情况：施工质量情况，存在主要问题，与质量相关的各种要素的状态；施工进度情况，与合同规定的进度做比较的偏差，产生偏差的原因；工程款支付情况；施工安全情况；工程进展中的主要困难与问题，如施工中的重大差错，重大索赔事件，材料、设备供货困难，组织、协调方面的困难，异常的天气情况等。

3）总监理工程师或总监代表对承包商的指示。主要包括：正式函件，如用于重大的指示的监理工程师函；日常指示，如在每日的工地协调会中发出的指示，在施工现场发出的指示；各种审批意见等。

4）质量验收记录。主要包括：施工现场质量管理体系的检查记录、测量定位复核记录、隐蔽工程验收记录、技术复核记录、检验批验收记录、分项分部工程验收、竣工预验记录及相应登记汇总表等。

5）材料、设备验收记录。主要包括：材料设备进场验收记录、见证取样记录、进场复试结果验收记录及相应登记汇总表。

6）旁站监理记录。建设部规定：回填土、混凝土灌注桩浇筑，地下连续墙、土钉墙、后浇带及其他结构混凝土、防水混凝土浇筑，卷材防水层细部构造处理，梁柱节点钢筋隐蔽过程，混凝土浇筑，预应力张拉，装配式结构安装，钢结构安装，网架安装，索膜安装等施工过程，必须进行旁站监理。旁站监理应形成旁站记录。这是工程实体质量的重要的见证资料。

7）平行检测记录。为了进一步证实工程实体质量，必要时监理工程师常采用平行检测的方法对建筑材料和设备质量、工程实体质量（如混凝土强度和钢结构焊缝等）、各种测量结果（如沉降观测等）进行独立于承包商的平行检测。平行检测的记录是极为重要的监理信息。

8）会议纪要。工地例会是监理工作的一种重要方法，会议中包含着大量的信息。监理工程师必须重视工地例会，并建立一套完善的会议制度，以便于会议信息的收集。会议制度包括会议的名称、主持人、参加人、举行会议的时间及地点等。每次会议都应有专人记录，会议后应有正式会议纪要。工地例会包括开工前的第一次工地例会及开工后的经常性工地例会。

工程项目开工前，监理人员应参加由建设方主持召开的第一次工地例会。第一次工地例会应包括以下主要内容：建设方、承包单位和监理方分别介绍各自驻现场的组织机构、人员及其分工；建设方根据委托监理合同宣布对总监的授权；建设方介绍工程开工准备情况；承包单位介绍施工准备情况；建设方和总监对施工准备情况提出意见和要求；总监介绍监理规划的主要内容；研究确定各方在施工过程中参加工地例会的主要人员，召开工地例会周期、地点及主要议题。第一次工地会议纪要应由监理方负责起草，并经与会各方代表会签。

工地例会。在施工过程中，总监应定期（一般为一周或两周，具体在监理规划中明确，并可根据工程进展调整会议频率）主持召开工地例会。监理委托方、施工总包单位、监理方必须参加会议。勘察单位、设计单位、分包单位必要时也可参加会议。会议的主要议程有：检查上次例会议定事项的落实情况，分析未完成原因及补救措施；检查工程项目进度计划完成情况，分析超前或落后原因，提出下一阶段进度目标及落实措施；检查分析工程项目质量状况，针对存在问题提出改进措施；检查工程量核定及工程款支付情况；解决需要协调的有关事项；安全施工问题；其他有关事宜。会议应形成会议纪要。必要时监理方也可另行组织各种专题会议，会议均必须形成会议纪要。会议纪要均应由监理工程师起草。

9）计量及支付记录。对承包商提出的现场工程量签证、阶段性工程款支付、工程变更洽商及索赔变更等，监理方均必须对其中的工程量进行现场计量，计量应形成记录。对承包商支付申请的审批，也要进行登记。

10）摄影、摄像或录音资料。在工程施工过程中，监理工程师往往会采用摄影、摄像或录音等方法对与工程有关的各种情况和事件进行记录。这些记录也是必不可少的监理信息。

（四）建设工程监理信息处理

监理工程师为了有效地控制工程建设的投资、进度和质量目标，提高工程建设的投资效益，应在全面、系统收集监理信息的基础上，加工整理收集来的信息资料。通过对信息资料的加工整理，一方面可以掌握工程建设实施过程中各方面的进展情况；另一方面可直接或借助于数学模型来预测工程建设未来的进展状况，从而为监理工程师作出正确的决策提供可靠的依据。

在建设项目的施工过程中，监理工程师加工整理的监理信息主要有以下几个方面。

1. 信息整理加工

监理信息的加工整理是对收集来的大量原始信息，进行筛选、分类、排序、压缩、分析、比较、计算等过程。信息的加工整理十分重要。首先，通过加工，将信息聚同分类，使之标准化、系统化。收集来的信息，往往是原始的、零乱的和孤立的，信息资料的形式也可能不同，只有经过加工后，使之成为标准的、系统的信息资料，才能进行使用、存储，以及提供检索和传递。其次，经过收集的资料，真实程度、准确程度都比较低，甚至还混有一些错误，经过对它们进行分析、比较、鉴别，乃至计算、校正，使获得的信息准确、真实。另外，原始状态的信息，一般不便于使用和存储、检索、传递，经加工后，可以使信息浓缩，以便于进行以上操作。还有，信息在加工过程中，通过对信息的综合、分解、整理、增补，可以得到更多有价值的新信息。监理工程师日常对信息的加工整理主要有以下几方面：

（1）工程施工进展情况。监理工程师每月、每季度（必要时会是每天、每周）都要对工程进展情况进行分析，对比计划作出综合评价，包括该时间段整个工程各方面实际完成工程量，实际完成数量与合同或计划规定的数量之间的比较。如果某些工作的进度拖后，监理工程师应根据各种收集的信息对原因进行分析，发现存在的主要问题或困难，提出解决问题的建议。

（2）工程质量情况与问题。监理工程师应系统地将当月（季）施工过程中的各种质量情况在月报（季报）中采用包括统计技术在内的方法进行归纳和评价，包括现场监理检查中发现的各种问题、施工中出现的重大事故，对各种情况、问题、事故的处理意见。如有必要，可定期印发专门的质量情况报告。

（3）工程支付情况。工程价款结算一般按月进行。监理工程师要通过建立工程量台账、工作量台账和支付台账等对投资支付情况进行统计分析，在统计分析的基础上做一些短期预测，以便为建设方在组织资金方面的决策提供可靠依据。

（4）合同管理情况。在工程施工过程中，影响合同目标实现或不能全面、正确履行合同的事件随时都可能发生。为了对这些事件的后果进行预测，从而采取必要的控制措施，监理工程师应对这些事件进行汇总分析。因此建立合同管理日记或合同管理台账，把这些事件从其他各种记录中汇总起来是监理工程师的信息处理工作之一。

2. 信息储存

经过加工处理后的监理信息，按照一定的规定，记录在相应的信息载体上，并将记录信息的载体，按照一定特征和内容性质，组织成为系统的、有机体系的、供人使用的集合体，这个过程称为监理信息的存储。

经收集和整理后的大量信息资料，应当存档以备将来使用。为了便于管理和使用监理信息，必须在监理组织内部建立完善的信息资料存储制度，将各种资料按不同的类别，进行详细的登记、存放。拟订一套科学的查找方法和手段，做好分类编目工作，完善健全的检索系统可以使报表、文件、资料、人事和技术档案既保存完好，又查找方便。否则会使资料杂乱无章，无法利用。

目前，信息存储的介质主要为各类纸张、胶卷、录音（像）带和计算机存储器。用纸张的优点是不易涂改，其缺点是占用空间大，且检索不便，传递速度也慢。监理工程师应根据各种存储介质的特点，各取所长，将纸张和计算机及其他存储介质结合起来使用。随着科学技术的不断发展，计算机的存储量将会越来越大，无纸的信息管理系统将会更广泛地得到推广。

第二节 建设工程监理资料的管理

建设工程监理资料的管理，是工程建设信息管理的一项重要工作，它是监理工程师实施工程建设监理，进行目标控制的基础性工作。建设工程监理组织中必须配备专门的人员负责监理资料的管理和保存工作。

一、建设工程监理资料管理的意义

所谓建设工程监理资料的管理，是指监理工程师受建设方的委托，在进行建设工程监理的工作期间，对建设工程实施过程中形成的资料进行收集积累、加工整理、立卷归档、检索和利用等一系列工作。建设工程监理资料管理的对象是监理资料，它们是建设工程监理信息的载体。配备专门人员对监理资料进行系统、科学的管理，对于建设工程监理工作具有重要意义。

对监理资料进行科学管理，可以为建设工程监理工作的顺利开展创造良好的前提条件。建设工程监理的主要任务是进行工程项目的目标控制，而控制的基础是信息。如果没有信息，监理工程师就无法实施控制。在建设工程实施过程中产生的各种信息，经过收集、加工和传递，以监理资料的形式进行管理和保存，就会成为有价值的监理信息资源，它是监理工程师进行建设工程目标控制的客观依据。

对监理资料进行科学管理，可以极大地提高建设工程监理工作的效率。监理资料经过系统、科学的整理归类，形成监理文件档案库，当监理工程师需要时，就能及时有针对性地提供完整的资料，从而迅速地解决监理工作中的问题。反之，如果资料分散处理，就会导致混乱，甚至散失，最终影响监理工程师的正确决策。

对监理资料进行科学管理，可以为建设工程监理档案的建立提供可靠保证。监理资料的管理，是把建设工程监理的各项工作中形成的全部文字、声像、图纸及报表等资料进行统一管理和保存，从而确保资料的完整性。一方面，在项目建成竣工以后，监理工程师可将完整的监理资料移交建设方，作为建设项目的档案资料；另一方面，完整的监理资料是建设监理单位具有重要历史价值的资料，监理工程师可以从中获得宝贵的监理经验，有利于不断提高工程建设监理工作水平。

二、建设工程监理资料管理的主要工作内容

建设工程监理资料管理的主要工作内容包括监理资料传递流程的确定、监理资料的登记与分类存放，以及监理资料的立卷归档等。

（一）建设工程监理资料的传递流程

建设工程监理组织中的信息管理部门是专门负责工程建设信息管理工作的，其中包括监理资料的管理，因此，在建设工程全过程中形成的所有资料，都应统一归口传递到信息管理部门，进行集中收发和管理。信息管理部门是监理资料传递渠道的中枢。

首先，在监理组织内部，所有资料都必须先送交信息管理部门，进行统一整理、分类、保存，然后由信息管理部门按总监理工程师的指令和监理工作的需要，分别将资料传递给有关的监理工程师。

其次，在监理组织外部，在发送或接收建设方、设计单位、承包商、材料供应单位及其他单位的资料时，也应由信息管理部门负责进行，这样使所有的资料只有一个进出口通道，从而在组织上保证了监理资料的有效管理。

此外，总监理工程师还应通过监理规划或现场工作制度，对资料在建设各方主体之间的流动程序加以规定。建设方、承包商需要互相传递的信息都必须通过监理方，承包商与设计单位的联系也必须通过监理方，其中不涉及进度和造价的信息传递经建设方授权监理方可直接与设计单位联系。

建设工程监理资料的管理和保存，主要由信息管理部门中的资料管理人员负责。作为资料管理的监理人员，必须熟悉各项监理业务，通过分析研究监理资料的特殊规律，对其进行系统、科学的管理，使其在工程建设监理工作中得到充分利用。除此之外，监理资料管理人员还应全面了解和掌握工程建设进展和监理工作开展的实际情况。

（二）建设工程监理资料的登记与分类存放

建设工程监理信息管理部门应结合对资料的整理分析，编写有关专题材料，对重要资料进行摘要综述，包括编写监理工作月报、各类统计台账等。

建设工程监理信息管理部门在获得各种资料之后，首先要对这些资料进行登记，建立监理资料的完整记录。登记一般应包括资料的编号、名称、内容、收发单位、收发日期等内容。对资料进行登记，就是将其列为建设监理单位的正式财产。这样做不仅有据可查，而且也便于分类、加工和整理。此外，监理资料管理人员还可以通过登记检查资料的真实性、及时性和完整性，掌握资料及其变化情况，有利于资料的清点和补缺等。

随着建设工程的进展，所积累的资料会越来越多，如果随意存放，不仅查找困难，而且极易丢失。因此，为了能在建设工程监理过程中有效地利用和传递这些资料，必须按照科学的方法将它们分类存放。建设工程监理资料可以分为以下几类：

（1）监理依据。包括监理合同、施工合同、专业分包合同、材料设备供货合同等建设方与第三方签订的正式合同、协议及附件（附件包括招标文件、投标文件、询标记录）等合同文件；建设立项文件、规划许可证、施工许可证和质监登记等建设程序文件；《建设工程监理规范》、《工程建设标准强制性条文》及合同约定的技术规范、规程和标准；勘察、设计文件，包括地质勘察报告、施工图及施工图引用的标准图、图纸会审纪要和设计变更联系单等。

（2）质量控制记录。包括施工管理网络和管理人员上岗资格报验、特殊工种操作工人上岗资格报验等施工人员控制记录；施工机械工具、测量设备报验等施工设备控制记录；进场材料报验、材料试验报验、材料配合比报验、建筑设备报验等施工材料设备控制记录；施工组织设计、施工方案报审记录等施工方法控制记录；测量定位复核记录、隐蔽工程验收记录、技术复核记录等工序质量控制记录；检验批验收记录、分项工程验收记录、分部工程验收记录、单位工程验收记录等质量验收记录；旁站记录、平行检测记录等监督工作记录；整改通知、打桩令、挖土令、混凝土浇捣令等质量控制指令。

（3）进度控制记录。包括总进度计划报审、阶段性进度计划报审、与时间计划相对应的资源计划报审等计划审批记录；进度曲线、横道图和网络计划的前锋线等实际进度记录；工程延期审批记录等。

（4）造价控制记录。包括工程预算书、工程量计量记录、工程变更审批记录、工程款支付审批记录、工程结算审批记录、索赔处理记录等。

（5）施工安全监督资料。包括施工安全专项方案审批、文明施工专项方案审批等方法控制记录，与安全有关工种的人员上岗资格报审记录，与施工安全有关的设施设备报验记录，安全检查记录等。

（6）综合性管理记录。包括工作联系函件、气象记录、监理日记、监理月报、会议纪要等。

（7）工作质量控制文件。包括监理规划、监理细则等监理计划文件，总监理工程师、专业监理工程师、监理员、见证取样员等授权通知书，监理项目部所有人员的上岗资格证明文件，现场监理设施、设备清单等。

上述资料应集中保管，对零散的资料应分门别类存放在文件夹中，每个文件夹的标签上要标明资料的类别和内容。为了便于资料的分类存放，并利用计算机进行管理，应按上述分类方法建立监理资料的编码系统。这样，所有资料都可按编码结构排列在书架上，不仅易于查找，也为监理资料的立卷归档提供了方便。

（三）建设工程监理资料的立卷归档

1. 立卷归档的基本工作程序

为了做好建设工程档案资料的管理工作，充分发挥档案资料在建设工程及建成后维护中的作用，应将工程建设监理资料整理归档，即进行建设工程监理资料的编目、整理及移交等工作。

（1）编制案卷类目。案卷类目是为了便于立卷而事先拟订的分类提纲。案卷类目也称立卷类目或归卷类目。建设工程监理资料可以按照建设工程的实施阶段以及工程内容的不同进行分类。例如，某工程项目的监理资料按其实施阶段的不同分为六卷，每一卷内资料所反映的实施阶段如下：

第一卷　设计准备阶段及方案设计阶段；

第二卷　初步设计阶段及基坑维护工程施工阶段；

第三卷　施工图设计阶段及地下结构工程施工阶段；

第四卷　上部结构工程施工阶段；

第五卷　设备安装工程及装修工程施工阶段；

第六卷　竣工验收及工程保修阶段。

根据监理资料的数量及存档要求，每一卷资料还可再分为若干分册，资料的分册可以按照建设工程内容以及围绕建设工程进度控制、质量控制、投资控制和合同管理等内容进行划分。

（2）案卷的整理。案卷的整理一般包括清理、拟题、编排、登记、书封、装订、编目及案卷的移交等工作。

1）清理。对所有的监理资料进行彻底的整理。它包括收集所有的资料，并根据工程技术档案的有关规定，剔除不归档的资料。同时，要对归档范围内的资料再进行一次全面的分类整理，通过修正、补充，乃至重新组合，使立卷的资料符合实际需要。

2）拟题。文件归入案卷后，应在案卷封面上写上卷名，以备检索。

3）编排。编排文件的页码。卷内文件的排列要符合事物的发展过程，保持文件的相互关系。

4）登记。每个案卷都应该有自己的目录，简介文件的概况，以便于查找。目录的项目一般包括顺序号、发文字号、发文机关、发文日期、文件内容、页号等。

5）书封。按照案卷封皮上印好的项目填写，一般包括机关名称、立卷单位名称、标题（卷名）、类目条款号、起止日期、文件总页数、保管期限，以及由档案室写的全宗号、目录号、案卷号。

6）装订。立成的案卷应当装订，装订要用棉线。

7）编目。案卷装订成册后，就要进行案卷目录的编制，以便统计、查考和移交。目录项目一般包括案卷顺序号、案卷类目号、案卷标题、卷内文件起止日期、卷内页数、保管期限、备注等。

8）案卷的移交。案卷目录编成，立卷工作即宣告结束，然后按照有关规定准备案卷的移交，建设项目监理资料案卷应一式两份，一份移交建设方，一份由监理单位归档保存。

2.《建设工程文件归档整理规范》的有关规定

（1）基本规定。《建设工程文件归档整理规范》规定，监理单位应将工程文件的形成和积累纳入建设工程管理的各个环节和有关人员的职责范围。监理单位应将本单位形成的工程文件立卷后向建设单位移交。城建档案管理机构应对工程文件的立卷归档工作进行监督、检查、指导。在工程竣工验收前，应对工程档案进行预验收，验收合格后，需出具工程档案认可文件。

（2）工程文件的归档范围及质量要求。工程文件的归档范围。对与建设工程有关的重要活动、记载建设工程主要过程和现状、具有保存价值的各种载体的文件，均应收集齐全，整理立卷后归档。

监理文件的具体归档范围如下：

1）监理规划，包括监理规划、监理细则、监理总控制计划等；

2）监理月报；

3）会议纪要；

4）进度控制资料，包括工程开工/复工审批表、工程暂定令；

5）质量控制资料，包括检验批质量验收记录，分项工程质量验收记录，基础、主体工程质量验收记录，其他分部（子分部）质量验收记录，幕墙工程质量验收记录，不合格项目通知，质量事故报告及处理意见；

6）造价控制资料，包括预付款报审与支付，月付款报审与支付，设计变更、洽商费用报审与签认，工程竣工决算审核意见书；

7）分包资质审查资料，包括分包单位资质材料、供货单位资质材料、试验等单位资质资料；

8）监理通知，包括有关进度控制的监理通知、有关质量控制的监理通知、有关造价控制的监理通知；

9）合同与其他事项管理，包括工程延期报告及审批，费用索赔报告及审批，合同争议、违约报告及处理意见，合同变更材料，监理委托合同，监理机构（项目监理部）及负责人名单；

10）监理工作总结，包括专题总结、月报总结、工程竣工总结、质量评价意见报告。

（3）归档文件的质量要求。

1）归档的工程文件应为原件。

2）工程文件的内容及其深度必须符合国家有关监理方面的技术规范、标准和规程。

3）工程文件的内容必须真实、准确，与工程实际相符合。

4）工程文件应采用耐久性强的书写材料，如碳素墨水、蓝黑墨水，不得使用易褪色的书写材料，如红色墨水、纯蓝墨水、圆珠笔、复写纸、铅笔等。

5）工程文件应字迹清楚，图样清晰，图表整洁，签字盖章手续完备。

6）工程文件中文字材料幅面尺寸规格宜为 A4 幅面（297mm×210mm）。图纸宜采用国家标准图幅。

7）工程文件的纸张应采用能够长期保存的韧力大、耐久性强的纸张。图纸一般采用蓝晒图，竣工图应是新蓝图。计算机出图必须清晰，不得使用计算机出图的复印件。

8）所有竣工图均应加盖竣工图章。

（4）工程文件的立卷。一个建设工程由多个单位工程组成时，工程文件应按单位工程组卷。立卷可采用如下方法：

1）工程文件可按建设程序划分为工程准备阶段的文件、监理文件、施工文件、竣工图、竣工验收文件 5 部分；

2）工程准备阶段文件可按建设程序、专业、形成单位等组卷；

3）监理文件可按单位工程、分部工程、专业、阶段等组卷；

4）施工文件可按单位工程、分部工程、专业、阶段等组卷；

5）竣工图可按单位工程、专业等组卷；

6）竣工验收文件按单位工程、专业等组卷。

立卷过程中宜遵循下列要求：案卷不宜过厚，一般不超过 40mm，案卷内不应有重份文件；不同载体的文件一般应分别组卷。

（5）工程文件的归档。

归档应符合下列规定：归档文件必须完整、准确、系统，能够反映工程建设活动的全过程。归档的文件必须经过分类整理，并应组成符合要求的案卷。

归档时间应符合下列规定：根据建设程序和工程特点，归档可以分阶段分期进行，也可以在单位或分部工程通过竣工验收后进行。监理单位应当在工程竣工验收前，将形成的有关工程档案向建设单位归档。

监理单位应根据城建档案管理机构的要求对档案文件的完整、准确、系统情况和案卷质量进行审查，审查合格后向建设单位移交。

工程档案一般不少于两套，一套由建设单位保管，一套（原件）移交当地城建档案馆（室），监理单位也应自留存档。

监理单位向建设单位移交档案时，应编制移交清单，双方签字、盖章后方可交接。

凡监理单位需要向本单位归档的文件，应按国家有关规定和规范的要求单独立卷归档。

（6）工程档案的验收与移交。

列入城建档案馆（室）档案接收范围的工程，建设单位在组织工程竣工验收前，应提请城建档案管理机构对工程档案进行预验收。建设单位未取得城建档案管理机构出具的认可文件，不得组织工程竣工验收。

城建档案管理部门在进行工程档案预验收时，应重点验收以下内容：工程档案齐全、系统、完整；工程档案的内容真实、准确地反映工程建设活动和工程实际状况；工程档案已整理立卷，立卷符合规范的规定；竣工图绘制方法、图式及规格等符合专业技术要求，图面整洁，盖有竣工图章；文件的形成、来源符合实际，要求单位或个人签章的文件，其签章手续完备；文件材质、幅面、书写、绘图、用墨、托裱等符合要求。

列入城建档案馆（室）接收范围的工程，建设单位在工程竣工验收后3个月内，必须向城建档案馆（室）移交一套符合规定的工程档案。

停建、缓建建设工程的档案，暂由建设单位保管。

对改建、扩建和维修工程，建设单位应当组织设计、施工单位据实修改、补充和完善原工程档案。对改变的部位，应当重新编制工程档案，并在工程竣工验收后3个月内向城建档案馆（室）移交。

建设单位向城建档案馆（室）移交工程档案时，应办理移交手续，填写移交目录，双方签字、盖章后交接。

三、资料的计算机辅助管理

为了对工程建设监理资料进行有效的管理，应充分利用计算机存储潜力大和信息处理速度快等特点，建立计算机资料管理系统。

计算机资料管理系统是一个相对独立的系统，它既可以作为工程建设监理信息系统中的一个子系统而存在，也可以单独存在。

计算机资料管理系统的主要功能是对工程建设实施过程中与监理工程师有关的各种往来文件、图纸、资料以及各种重要会议和重大事件等信息进行管理。

1. 收文管理

收文管理就是输入、修改、查询、统计、打印收文的各种信息。

输入、修改收文的各种信息，包括收文日期、来文名称、来文单位、主题词、文件分类、文件字号、收文份数、发文日期、存档编号、文件内容等。可利用扫描输入设备录入。此外，对于要求回复的文件，还要输入回复日期。当文件已经回复，则输入实际回复日期。

根据设定的各种查询条件进行收文信息的查询，其中包括对应回复而尚未回复的文件的查询，以便提醒有关人员及时回复。按不同的要求打印不同的收文信息表。统计有关收文情况，并打印输出有关统计结果。

2. 发文管理

发文管理就是输入、修改、查询、统计有关发文信息，并可打印有关文件。

输入、修改发文的各种信息，包括发文日期、发文名称、文件字号、主题词、文件分类、发文份数、签发人、主送单位、抄送单位、文件内容等。此外，如果文件需要收文单位回复时，还应输入回复期限及实际回复日期。

根据设定的各种查询条件进行发文信息的查询，其中包括对应回复而尚未回复的文件的查询，以便于监理工程师督促对方回复。

按不同的要求打印不同的发文信息表。系统提供标准的文件打印格式，以便于打印监理通知、函件等资料。统计有关发文情况，并打印输出有关统计结果。

3. 图纸管理

图纸管理就是对图纸收发信息的输入、修改、查询、统计及打印。

输入、修改收发图纸的各种信息，包括收图日期、图纸编号、图纸名称、图纸分类、收图份数、协议供图日期、发图日期、发送承包商名称、发图份数、设计修改通知号。

如果有条件的话，还可以利用扫描输入设备将有关图纸输入计算机图形库中，以备查询使用。

根据设定的各种查询条件进行图纸收发信息的查询。

统计图纸收发的有关情况，并打印输出统计结果。

按不同的要求打印不同的图纸收发信息表。

4. 会议信息管理

会议信息管理就是输入、修改、查询、统计及打印工程会议的有关信息，并能打印会议纪要。

输入、修改工程会议的各种信息，包括会议召开日期、会议名称、会议议题、会议召开地点、会议主持人、会议参加人数及主要参加人员、会议结论、会议类别（例会、施工措施、设计变更、经济问题、合同纠纷、事故处理等）、会议主题词、备注。

根据设定的各种查询条件进行会议信息的查询。

按不同的要求打印不同的会议信息表。

输入会议纪要并打印输出。

统计会议有关情况，并打印输出统计结果。

5. 重大事件信息管理

重大事件信息管理就是输入、修改、查询、统计及打印重大事件的有关信息，并能打印事件报告。

输入、修改重大事件的各种信息，包括事件发生日期、事件发生时间、事件发生地点、事件主题词、事件属性、事件发生工程部位、事件发生原因、事件处理概要、备注。

根据设定的各种查询条件进行事件信息的查询。

按不同的要求打印不同的事件信息表。

输入事件报告内容并打印输出。

统计事件有关情况，并打印输出统计结果。

第三节　建设工程监理资料

一、《建设工程监理规范》规定的监理资料

《建设工程监理规范》规定的施工阶段的监理资料应包括下列内容：

（1）施工合同文件（施工合同、专业分包合同、材料设备供货合同等建设方与第三方签订的正式合同、协议及招标文件、投标文件、询标记录等附件）及委托监理合同等合同文件；

（2）勘察设计文件；

（3）监理规划；

（4）监理实施细则；

（5）分包单位资格报审表；
（6）设计交底与图纸会审会议纪要；
（7）施工组织设计（方案）报审表；
（8）工程开工/复工报审表及工程暂停令；
（9）测量核验资料；
（10）工程进度计划；
（11）工程材料、构配件、设备的质量证明文件；
（12）检查试验资料；
（13）工程变更资料；
（14）隐蔽工程验收资料；
（15）工程计量单和工程款支付证书；
（16）监理工程师通知单；
（17）监理工作联系单；
（18）报验申请表；
（19）会议纪要；
（20）来往函件；
（21）监理日记；
（22）监理月报；
（23）质量缺陷与事故的处理文件；
（24）分部工程、单位工程等验收资料；
（25）索赔资料；
（26）竣工结算审核意见书；
（27）工程项目施工阶段质量评估报告等专题报告；
（28）监理工作总结。

二、监理资料

（1）建设立项文件、规划许可证、施工许可证和质监登记等建设程序文件；
（2）规划放线记录；
（3）施工管理网络和管理人员上岗资格报验、特殊工种操作工人上岗资格报验等施工人员控制记录；
（4）施工机械工具、测量设备报验等施工设备控制记录；
（5）成品、半成品、构配件供应商资质报验；
（6）进场材料报验、材料试验报验、材料配合比报验、建筑设备报验等施工材料设备控制记录；
（7）材料试验和工程试验见证取样台账；
（8）旁站监理记录；
（9）验收汇总表；
（10）工程延期审批；
（11）工程预算书；
（12）工作量、工程量和工程款支付等台账；

（13）文件、图纸收发登记；
（14）监理项目部所有人员的上岗资格证明文件；
（15）现场监理设施、设备清单等。

第四节　监　理　月　报

《建设工程监理规范》规定的施工阶段的监理月报内容包括：
（1）本月工程概况。
（2）本月工程形象进度。
（3）工程进度：
1）本月实际完成情况与计划进度比较；
2）对进度完成情况及采取措施效果的分析。
（4）工程质量：
1）本月工程质量情况分析；
2）本月采取的工程质量措施及效果。
（5）工程计量与工程款支付：
1）工程量审核情况；
2）工程款审批情况及月支付情况；
3）工程款支付情况分析；
4）本月采取的措施及效果。
（6）合同其他事项的处理情况：
1）工程变更；
2）工程延期；
3）费用索赔。
（7）本月监理工作小结：
1）对本月进度、质量、工程款支付等方面情况的综合评价；
2）本月监理工作情况；
3）有关本工程的意见和建议；
4）下月监理工作的重点。
监理月报应由总监理工程师组织编制，签认后报建设单位和本监理单位。

第五节　监 理 工 作 总 结

《建设工程监理规范》规定的监理工作总结内容包括：
（1）工程概况；
（2）监理组织机构、监理人员和投入的监理设施；
（3）监理合同履行情况；
（4）监理工作成效；
（5）施工过程中出现的问题及其处理情况和建议；

（6）工程照片（有必要时）。

施工阶段监理工作结束时，监理单位应向建设单位提交监理工作总结。

思　考　题

1. 简述监理信息的形式。
2. 监理信息按监理工作职能分，可分为哪几类？
3. 简述监理信息的重要性。
4. 简述监理信息编码原则和方法。
5. 简述监理信息的收集原则。
6. 监理资料管理的工作内容有哪些？
7. 简述资料案卷整理的工作内容。
8. 简述规范规定的监理资料归档范围。
9. 建设监理规范规定的监理资料有哪些？
10. 建设监理规范未规定，但监理工作又必需的监理资料有哪些？
11. 监理月报应包含哪些内容？
12. 监理工作总结应包含哪些内容？

第八章　建设工程设备采购和制造监理

随着技术的进步、经济的发展、竞争的加剧，近年来，工程设备在基本建设过程中得到了越来越广泛的应用，尤其是对于技术改造项目，投入的资金大多是以设备为主，土建工程仅仅是为了工艺上的需要，配合设备的安装和运转而建造的。而土建专业的监理人员对设备的监理方面往往是有所不足的，尤其是对于设备含量较大的工程建设项目的监理。因此，"如何确保设备能在规定的使用年限中正常、有效的使用"成为投资者（使用者）的一大难题。设备监理的应运而生，刚好解决了当务之急。由设备专业人才组成的监理机构通过对设备的设计、采购、制造、安装调试、试运行等各阶段的监理来确保设备的质量。

第一节　概　　述

一、建设工程设备

工程设备是指正在筹划建设中的某一工程项目或者某一项目（如采购一批设备、订购一批设备）所涉及的各种设备，具体地说，这些设备包括：

（1）建设项目中的建筑设备；

（2）企业技术改造项目中的工艺装备；

（3）某些厂商或单位为了自己使用或商业需要而采购的办公设备。

建设项目一般可分成工业建设项目和民用建筑项目两大类。工业建设项目中设备应满足工业生产工艺的要求，设备费用占据投资的大部分。随着对建筑物使用功能的要求不断地提高，对设备的需求也越来越大，设备费用在民用建筑投资中占的比重也呈上升趋势，而且上升的速度也越来越快。所以无论是工业建设项目还是民用建筑项目都要使用大量的设备。

建设项目中包含的设备种类形式繁多，例如：

（1）生产设备，如各种机床、冶炼设备、化工设备、纺织设备等。

（2）动力与电器设备，如变压器、高低压配电箱、锅炉、汽轮机、发电机、空气压缩机、电力电缆以及气、液、料输送管道等。

（3）照明设备，如照明电缆、开关柜、灯具等。

（4）通风空调设备，如制冷机、冷水机组、空调机、风机、通风管道等。

（5）给排水设备，如各种泵、阀门、管道等。

（6）通信设备，如电话电传、广播电视设备、监视设备、声像对讲设备等。

（7）消防设备，如自动报警设备、灭火设备等。

（8）其他设备，如电梯、医疗设备、体育文艺设备等。

以上设备有通用设备、专用设备和特殊设备。对于通用设备，一般可以从市场上直接采购，而专用设备或特殊设备则往往必须向设备供应厂商专门订购，专门为之设计和制造。作为监理工程师，当然应全面关心其设计、制造、安装、调试等阶段的质量。本章内容主要讲述设备采购监理和设备制造监理。

二、建设工程设备监理

一般来说，一个工程项目，尤其是工业项目既包括土建工程（如厂房的建设），也包括工程设备（如厂房中的机器、电器等设备）。从建设部所颁发的监理文件来看，建设监理既要对土建的设计、施工进行监理，也要对设备安装进行监理。

所谓工程设备监理是指监理机构按照建设单位的委托和授权，依据国家行政法规和设备的有关技术标准以及合同规定的技术、经济要求，综合运用法律、经济、行政和技术手段，针对工程设备的设计、制造、安装、调试各阶段，对工程设备的生产者和安装、调试的参与者的行为进行监督、约束和协调，以保障工程设备按时、按质达到规定的要求。除了与工程相联系的设备要进行监理之外，也可以对一批不属于建设工程的单独的设备进行监理。

工程设备监理的目标有以下三个：

(1) 质量。达到合同、设计和规范标准要求。

(2) 进度。按照合同工期完成设备的采购或监造，力求在不增加投入的前提下，提前完成任务。

(3) 投资。保证在预定的造价内完成采购或监造，争取节约投资。

工程设备监理的任务主要体现在工程建设的三个控制：质量控制、进度控制和投资控制，只有完成这三个控制的任务才能实现工程设备监理的总目标。为了完成这些任务，监理人员要做好组织协调工作，做好合同管理和信息管理，还要督促和协助设备的生产和安装单位加强安全管理。

三、建设工程设备监理委托合同

设备监理合同属于经济合同范畴，因此它的性质和内容需符合“经济合同法”的规定。而作为设备监理合同，除必须按经济合同法的要求确定合同内容外，还需具有设备监理的特性，制订具有与设备的技术性、监理的法制性相适应的具体内容。

(1) 工程概述。包括工程名称、建设单位、总承包单位、专业分承包单位、工程简介、工程地址、计划工期、总投资等内容。

(2) 监理的范围和内容。

1) 监理的范围是由建设单位确定的，全部设备监理的范围应包括与土建相关的建筑设备和工艺装备两部分。与土建相关的建筑设备主要是给排水设备、通风设备、空调设备、电气照明设备、电梯等。工艺装备主要是指生产设备和辅助设备。生产设备如通用机械、专用机械或生产流水线等；辅助设备如起吊运输设备、空压站、锅炉等。

2) 监理内容也由两部分组成。第一部分是指各建设阶段，建设单位可能请监理参与建设全过程，也可规定仅监理某个阶段，如设备采购的监理、设备制造的监理、设备安装施工的监理等。第二部分是指每一建设阶段中的具体监理内容，如施工阶段的质量控制、进度控制、投资控制和合同管理等。

(3) 双方的权利和义务。当事人双方在履行监理合同时，只有各自尽责地履行各自承担的义务，才能使双方的权利得以实现，同时也促进了国家市场经济的发展，因此对权利和义务内容的选择既应保障各自的利益，也应考虑到国家的利益，如监理方就有为工程项目中的技术关键进行保密的义务。

(4) 监理费的计取与支付。

(5) 违约责任。违约责任是对双方认真履行合同的一种动力，是对违反合同规定的一种制约和对因受单方面违约造成经济损失的一种补偿。在监理合同中，应明确规定双方因违约造成争议的解决方法，如赔偿金额的计算方法，争议解决可通过协商、上级主管部门协调、终止合同、提交仲裁机构仲裁或向人民法院起诉等。

（6）双方约定的其他事项。

四、组建监理机构

监理单位应根据签订的设备监理委托合同组织合理有效的项目监理机构。项目监理机构运行的有效性将依赖于对组成监理机构的各类人员的正确合理选择与配置。合理的人员结构包括以下三个方面的内容：

（1）合理的专业结构。工程设备所具有的多专业性，根据专业性强及监理的范围与内容不尽相同特点，项目监理组织内人员的专业配置必须与之相适应。但是当监理项目出现局部的或有某些特殊性要求时可另行委托相应资质的机构来完成，这种情况也应视为保证了人员的合理的专业配置。

（2）合理的技术职务、职称结构。尽管监理工作是一种高智力的技术性劳动服务，出于对监理项目的不同需求与需要，技术职称的高级、中级、初级应有相应的比例。一般来说，具有中级及中级以上职称的人员应为多数。

（3）合理的组织结构。项目监理机构应有适合项目特点和监理工作内容的组织结构形式和岗位分工。常用的组织结构形式有职能式、项目部式和矩阵式等几种。监理人员的岗位分为总监理工程师、总监代表（必要时）、专业监理工程师和监理员等。

监理机构是受建设单位委托来承接监理任务的，必须以“守法、诚信、公正、科学”的执业准则开展监理工作。在建设单位授权之下，监理机构代表建设单位对被监理方的行为以及设备的质量、工期、投资进行监理。接受监理机构的监督和管理是被监理方应尽的义务，并应为监理机构提供方便，积极配合。监理机构在实施监理中既要严格，又要客观，公正，维护被监理方合法权益，同时要帮助被监理方解决工作中出现的疑难问题，在坚持质量第一、服务第一的指导思想下与被监理方共同控制好项目的设备质量，提高工程项目的整体效益。

第二节　建设工程设备采购监理

建设工程设备采购的工作目标是使所购置的设备符合合同、设计和规范标准的要求，制造质量优良、价格合理、供货及时、售后服务周到。

设备采购阶段监理程序包含四个阶段：组建监理机构、实施采购监理、设备验收、编写监理工作总结。

一、组建监理机构

1. 机构组建

监理单位应依据与建设单位签订的设备采购阶段的委托监理合同，成立由总监理工程师和专业监理工程师组成的项目监理机构。监理人员应专业配套，数量应满足监理工作的需要，并应明确监理人员的分工及岗位职责。

总监理工程师是监理单位派往现场履行监理合同义务的全权代表，全面负责项目的监理工作，是整个监理工作开展的核心。专业监理工程师根据不同专业、岗位可分为质量控制监理工程师、进度控制监理工程师、投资控制监理工程师和合同（信息）管理监理工程师等，各监理工程师应根据自身岗位的特点、性质和职责开展工作，并协助总监理工程师完成监理任务。

监理机构在开展监理工作的同时，可根据工程项目的进展情况，在保证监理工作需要的前提下，适当地进行人员的调配，以提高工作效率。

2. 技术准备工作

项目监理机构成立后，总监理工程师应及时组织监理人员熟悉和掌握设计文件对拟采购的设备的各项要求、技术说明和有关的标准。

总监理工程师应对监理人员进行技术交底，使监理人员进一步明确监理过程中的注意事项。

项目监理机构成立后，应依据委托监理合同制定监理工作的程序、内容、方法和措施。

二、实施采购监理

1. 编制采购方案

项目监理机构应根据合同、设计和规范标准的要求，编制设备采购方案，明确设备采购的原则、范围、内容、程序、方式和方法，并报建设单位批准。

设备采购的一般方式如下：

(1) 市场采购。在设备供应市场或商店进行采购。这种方式由于局限性大，不易达到设备购置的目的，而且采购的设备质量和花费往往受到采购人员的业务经验和工作作风的影响，因而一般用于小型通用设备和辅机、配件、材料的采购上。

(2) 向设备制造厂订货。通过调查直接向选定的设备制造厂订购所需要的设备。采用这种方式购置设备，要求采购商熟悉设备的技术性能、设备的市场价格和设备制造厂的有关情况，同时还要求采购人员在进行商务洽谈时有较高的工作水平才能订购到符合要求的设备。

当采用非招标方式进行设备采购时，项目监理机构应协助建设单位进行设备采购的技术及商务谈判。

(3) 委托总承包单位或建筑安装施工单位购置设备。采用这种方式购置设备，建设单位要注意所委托的单位是否具备购置设备的能力及能否站在维护建设单位的利益的立场上尽心尽力地订购到工程所需的设备。

(4) 委托设备成套机构购置设备。成套机构是专门为建设项目成套供应设备的中介机构。他们具有专业配套的工程技术人员和商务人员及法律工作者，他们有科学的设备订货工作程序和丰富的设备订货经验，他们熟悉国内外设备生产制造厂及其产品的情况和设备的价格状况，他们采用专业成套的方式往往能最大程度地满足建设单位的要求，使建设单位在设备购置时节省人力、财力、精力的时间，并得到优质服务。

(5) 采用招标方式订购设备。设备招标是招标单位就订购设备的要求发出招标书，设备供货单位在自愿参加的基础上按招标书的要求作出自己的承诺并以书面的形式——投标书交给招标单位，招标单位按规定的程序并经仔细地比较分析后从众多的投标单位中选取一个投标单位作为设备供货者并签订设备订货合同。

设备招标由于是公开、公平、公正地进行竞争，择优中标，受到法律保护，因而能使设备投资综合收益最大化，并使招标者与投标者的合法权益得到保证。

2. 编制采购计划

项目监理机构根据批准的设备采购方案编制设备采购计划，并报建设单位批准。采购计划的主要内容应包括采购设备的明细表、采购的进度安排、估价表、采购的资金使用计划等。

3. 协助选择供应单位

项目监理机构应根据建设单位批准的设备采购计划派专人组织或参加市场调查，编写市场调查报告，反馈给建设单位，并协助建设单位选择设备供应单位。

4. 协助组织采购招标

当采用招标方式进行设备采购时，项目监理机构应协助建设单位按照有关规定组织设备采购招标。

选择合适的设备供应单位和签订完整有效的设备订货合同是控制设备的质量、价格和交货时间的重要环节。在设备招标采购阶段，设备监理应该当好建设方的参谋和帮手，并且把好设备合同的审查关。

设备招标采购阶段监理的主要内容如下：

（1）深入研究合同、设计和规范标准对设备的要求，帮助建设单位起草招标文件。招标文件应明确招标的标的，即设备名称、型号、规格、数量、技术性能、适用的制造和安装验收标准，要求的交货时间及交货方式与地点，对设备的外购配套零部件与元器件以及材料有专门要求的应在标书中明确。此外，还应写明投标的其他要求，如资质证明，生产许可证证明、质量保证体系的证明、投标保函、投标截止期等。

（2）发出招标公告或邀请投标意向书。发布招标文件按招标的性质可有两种形式。在无限竞争性招标中采用公开招标公告的形式。在选择性竞争招标中采用向预先选择的数目有限的单位发出邀请他们参与投标的邀请函。

（3）审查投标单位的资质，验看生产许可证、设备试验报告或鉴定证书。参加对设备制造厂或投标单位的考察调研，提出自己的看法，与建设单位一起作出考察结论。

向准备投标的单位发售招标文件的同时应审查他们的资质，如营业执照、生产许可证等。我国在机电产品的生产上对一些关系安全和技术复杂的设备实行了生产许可证制度，例如锅炉和压力容器都分别有生产许可证，规定了企业许可制造的锅炉和压力容器的等级，对高压和低压电器也规定了不同等级的生产许可证。审查营业执照时要注意执照上规定的经营范围是否涵盖了所招标的设备和企业注册资金能否满足招标设备的需要。对于需要承担设计并制造专用设备的投标单位或者承担制造并安装设备的投标单位，则还应审查有关的设计资格证书或安装资格证书。

监理方还应该与建设单位一起，通过对投标单位的考察，掌握投标单位的设备供货能力。所谓设备供货能力是指设备生产制造企业的生产能力强弱、技术水平的高低、生产管理的好坏、质量的优劣、财经状况的好坏、售后服务的优劣及企业的信誉，如企业的生产能力、工艺手段、检测手段、技术干部和管理干部与生产工人的素质、生产计划调整和文明生产的情况、工艺规程执行情况、质量保证体系运转情况、原材料和配套零部件及元器件采购渠道、以前是否生产过这种设备等。

（4）参加回答投标单位询问的答疑会议。

（5）参加评标、定标会议，帮助业主进行综合比较和确定中标单位。协助建设方发出中标通知。

设备评标的内容包括以下几个方面：

1）报价的合理性；

2）设备的先进性、可靠性、制造质量；

3）设备的使用寿命和成本；

4）设备维修的难易及备件的供应；

5）交货时间、安装调试时间、运输条件；

6）投标企业的生产管理、技术管理、质量管理情况和企业的信誉及执行合同的能力；

7）售后服务的范围、期限、及时性和质量保证金数额；

8）投标企业提供的优惠条件；

9）其他方面的考虑和要求。

评标时的标底是招标单位事先通过调研所确定或依据概预算所确定。

（6）参加合同谈判和签署。在确定设备供应单位后参与设备采购订货合同的谈判，协助建设单位起草及签订设备采购订货合同。

合同谈判以招标文件和投标书中的承诺为基础，双方进一步明确各自的责任和利益及一些条文细则，双方达成一致后形成合同文件。

（7）协助建设方向中标单位或设备制造厂移交必要的技术文件。

三、设备验收

在设备按合同要求运抵指定地点后，监理工程师应对设备进行验收。验收包括品种规格核对、数量清点、外观检查、质量证明文件移交。验收合格主持设备制造单位与安装单位的交接工作。

设备安装完，监理工程师还应组织对设备进行试验，包括单机空载试验、设备系统的联动负载试验和超负荷（有要求时）等规定的试验项目。试验后，监理方应编写监理鉴定报告。

四、编写监理工作总结

在设备采购监理工作结束后，总监理工程师应及时组织编写监理工作总结，对监理的过程、发现的问题及处理情况进行总结，并向建设单位提交设备采购监理工作总结。

第三节　建设工程设备制造监理

设备制造过程是设备制造单位将项目设计时提出的设备质量要求转化为设备实物质量的过程。制造过程在工程设备的生产全过程中占有举足轻重的地位，有效地控制制造过程中各环节的质量就能最终保证设备的制造质量。

设备制造中的监理就是要监督和协调设备制造单位的工作，使制造出来的设备在技术性能和质量上全面地符合订货的要求，使设备的交货时间和价格符合合同的规定，并为以后的设备运输储存与安装调试打下良好的基础。

需要在设备制造阶段中进行监理的设备通常都是工程项目中的主要设备和关键设备。这些设备的价格较高，在项目中起到影响整体系统功能的作用，要求设备长时间运行不发生故障，若设备的运行安全性差会严重危及系统或人身安全。在签订监理合同时应该明确哪些设备需要实施制造阶段中的监理，明确监理制造中的某些过程。监理单位应该根据监理合同的规定针对不同的设备组织专业对口的监理人员进行设备制造过程中的监理。

设备制造阶段监理程序包括组建监理机构、监理交底、编制监理规划及实施细则、实施制造监理、设备验收、编写监理工作总结。

一、组建监理机构

监理单位依据与建设单位签订的设备监造阶段的委托监理合同，成立由总监理工程师和专业监理工程师组成的项目监理机构。项目监理机构应进驻设备制造现场。

监理单位根据监理委托合同中确定的监理目标对工程设备所涉及的监理任务进行详细分析，明确列出要进行监理的工作内容。根据应该开展的监理工作内容进行项目监理机构的组织。总监理工程师和专业监理工程师是成立一个项目监理机构必不可少的组成人员，除此以外，其他监理人员也是必不可少的。对于具体的监理对象，如对大宗原材料、零部件的监理，具体的抽样、取样，做外观检查，具体的精度测量和性能测试等工作就可以由年纪轻、精力充沛或动手能力强、实践经验丰富的人来完成，他们不仅可在现场作为监理工程师的得力助手，同时也是监理工程师的培养对象和接班人。

配备监理人员时还应根据责权统一的原则，体现职能落实、人才合理配置与使用，并应充分考虑对人员潜力和积极性的发挥。

监理单位必须派出经过培训的有资格的监理工程师或监理人员，特别是熟悉设备且有丰富现场经验的人员对设备进行监理，特别需要强调的是有丰富现场经验的人员。有些监理人员理论基础很好，但缺乏现场经验，往往对施工过程中会造成质量问题的关键工序疏忽大意，抓不住要害，对处理现场质量问题拿不出合理方案或方法，分不清一般问题和重大问题，引起施工单位的不满和反感。

二、监理交底

对设备制造的事前控制主要是加强对设计（产品设计和工艺设计）的审核，使设计的产品原理科学、结构合理、符合有关标准和规定、符合使用的要求；使采用的工艺和组装方法正确、手段可靠、节省材料、便于检验。

因此，总监理工程师应组织专业监理工程师熟悉设备制造图纸及有关技术说明和标准，掌握设计意图和各项设备制造的工艺规程以及设备采购订货合同中的各项规定，并应组织或参加建设单位组织的设备制造图纸的设计交底。

监理方对设计文件的审查主要包括以下内容：

(1) 审查设备设计所依据的各种资料、数据、标准、规范是否正确可靠，是否符合国家、地方和行业的有关现行有效的规定。

(2) 审查选用的设备能否满足生产工艺的需要和使用功能的要求。设备的工作负荷是否合理。

(3) 审查设备的平面布置和立体布置是否合理。

(4) 审查设备的基础设计及预埋设计是否正确。

采取科学的方法，以预防为主，从质量保证体系着手，在设备质量形成的全过程中控制设备的质量。监理还必须按设备规定的规范、标准严格控制设备的质量，对不符合规定和标准的质量问题必须及时作出反应。

坚持标准首先必须明确设备所依据的标准，然后对标准的适用范围和使用方法有确切的理解，只有这样才能对承包商不符合标准的质量问题提出中肯的意见，才能使承包商心悦诚服按监理的意见处理质量问题，才能真正做到坚持标准。

三、编制监理规划及实施细则

监理规划是在监理委托合同签定后，由总监理工程师组织专业监理工程师编制的指导开展监理工作的纲领性文件。它起着指导监理单位内部自身业务工作的功能的作用。设备监造规划经监理单位技术负责人审批并批准后，在设备制造开始前十天内报送建设单位。

监理实施细则起着具体指导监理实务作业的作用。它是在监理规划的基础上，对监理工作的更详细的具体化和补充。它可根据监理项目的具体情况，由专业监理工程师分阶段、分专业进行编写。

四、制造监理的实施

设备制造过程中的监理方式有驻厂跟踪监理、巡回监理、见证点监理、停止点监理、文件监理和出厂检验监理。

驻厂跟踪监理是监理单位派监理人员驻设备制造现场对设备制造过程实施监理。

巡回监理是监理单位组织监理人员巡回地赴设备制造厂对设备制造过程中的重点环节和关键工序及重要零部件的检验进行监理。

见证点监理是当设备制造到某一道关键工序之前，制造厂通知监理单位，监理单位派员赴制造厂监督该工序的进行，并签署见证意见。

停止点监理是当设备制造到完成某道工序之后，进入下一道工序之前，暂时停止加工制造，并且事先通知监理单位，待监理工程师到达制造现场对已经完成的前几道工序的质量进行检查，认可后才能转到下道工序的加工制造。

文件监理是指监理员对已经完成的工序，审查当时的加工记录和检验记录来实施监理。

出厂检验监理是当设备装配调整完毕进行试车时和包装时会同制造厂的检验员按设计的要求逐项进行检验和监督包扎装箱。

见证点监理、停止点监理和出厂检验监理都需要设备制造厂事先通知，因而在设备订购合同上要明确规定由设备制造厂通知监理单位。若设备制造厂未通知监理单位或者通知不及时，设备制造厂应承担责任。若监理单位接到通知后未及时派员赴厂监理，则监理单位应承担责任。

设备监造有以下具体控制环节。

1. 审核制造商的资质

总监理工程师应审核设备制造商的资质情况、实际生产能力和质量保证体系，符合要求后予以确认。

制造商应及时上报质量管理体系和管理人员资质资料，监理人员应对上报的资料与制造商投标文件中的资料和现场实际情况三者相对照，如有异议应及时向制造商提出。

2. 审查施工方案

总监理工程师审查设备制造单位报送的设备制造生产计划和工艺方案，提出审查意见，符合要求后予以批准，并报建设单位。

制造商对规范和设计的职能是把建设单位需要转化为材料、设备和过程的技术规范，在转化过程既要使选用的技术规范、标准满足建设单位的要求，又要考虑建设单位能接受的价格水平，并使自已获得满意的经济效益，且应保证设备在生产、安装、使用或操作条件下，易于生产、验证和控制。监理方特别要审查制造商采用的标准是否符合要求，因为规范、标准将是设备设计的依据。

3. 过程质量控制

（1）专业监理工程师审查设备制造的检验计划和检验要求，确认各阶段的检验时间、内容、方法、标准以及检测手段、检测设备和仪器。

制造商的检测手段必须符合国家、地方和行业有关规范的规定，检测的设备和仪器必须是合格的，如是计量设备和仪器必须具有法定计量资格单位检测的检定证书。在确保检测手段和检测设备、仪器都合格的前提下才能对设备进行有效的检验。

(2) 专业监理工程师必须对设备制造过程中拟采用的新技术、新材料、新工艺的鉴定书和试验报告进行审核，并签署意见。

制造商操作规程、工序的正确性将直接影响设备的质量，必须按有效的技术规范进行正确的操作。对于新技术、新材料、新工艺在工程设备制造过程中的应用，也必须有由资质的检测单位对此进行鉴定或试验并确保合格后方可使用。

(3) 专业监理工程师应审查主要及关键零件的生产工艺设备、操作规程和相关生产人员的上岗资格，并对设备制造和装配场所的环境进行检查。

人是影响质量的主要因素之一，专业监理工程师应审查制造商的管理人员是否有相应的上岗资质，并审查特殊工种作业人员的上岗操作证书，检查证书的有效性；对身体条件有限制的工作岗位，制造商必须派遣符合要求的操作人员上岗。

对于有工作环境要求的设备制造和装配场所，制造商应先根据设备对工作场所的要求进行布置，并及时向操作人员进行交底，使操作人员在进入工作场所后能正规地操作，不影响设备的生产制造和装配。专业监理工程师对设备制造和装配场所的工作环境可以进行定期或不定期的检查，如发现有不符合要求的，应及时通知制造商进行整改。

(4) 专业监理工程师应审查设备制造的原材料、外购配套件、元器件、标准件以及坯料的质量证明文件及检验报告，检查设备制造单位对外购器件、外协作加工件和材料的质量验收，并由专业监理工程师审查设备制造单位提交的报验资料，符合规定要求时予以签认。

监理人员应对设备制造的原材料、外购配套件、元器件、标准件以及坯料等在确定质保资料齐全、有效的前提下进行外观质量检查和必要的实测实量，并按规定进行抽样检验。在设备投入生产前确保质量符合要求。

(5) 专业监理工程师应对设备制造过程进行监督和检查，对主要及关键零部件的制造工序应进行抽检或检验。

监理人员可通过现场巡视检查、旁站和平行检测等手段进行控制，并应及时形成相应的文字记录。

(6) 专业监理工程师应要求设备制造单位按批准的检验计划和检验要求进行设备制造过程的检验工作，做好检验记录，并对检验结果进行审核。专业监理工程师认为不符合质量要求时，指令设备制造单位进行整改、返修或返工。当发生质量失控或重大质量事故时，必须由总监理工程师下达暂停制造指令，提出处理意见，并及时报告建设单位。

监理机构可通过以下几种方式与业主进行沟通：

1) 采用日常书面报表方式，向业主报告，以便业主能及时了解和掌握设备在监理过程中的质量情况，如日报、周报、月报、监理鉴定报告、监理总结报告。

2) 重大质量事故报告：如重大质量事故调查报告、重大质量事故及纠正措施报告。

3) 定期工地例会等。

(7) 专业监理工程师应检查和监督设备的装配过程，符合要求后予以签认。

所谓装配是指将合格的零件和外购配套件、元器件按设计图纸的要求和装配工艺的规定进行配合、定位和连接，使它们装在一起并调整零件之间的关系，使之形成具有规定的技术性能的设备。

(8) 在设备制造过程中如需要对设备的原设计进行变更，专业监理工程师应审核设计变更，并审查因变更引起的费用增减和制造工期的变化。

在设备制造过程中经常出现因设计修改、设计漏项、设计量差、制造商为方便施工条件等造成的原设计变更，可由建设单位、监理单位或制造单位提出，但都必须经总监理工程师批准同意，并由总监理工程师以书面形式发出有关变更指令。变更指令的性质属于合同的修正、补充，具有法律作用。没有变更指令，承发包的任何一方均不能对任何部分工程做出更改。

设计变更必须具有相应的书面文件，内容包括变更的原因和依据、变更的内容和范围及变更的价格、工期等。监理机构应对此审查，审查的基本原则如下：

1) 变更应在保证生产能力或使用功能的前提下，按适用、经济、安全、方便生活、有利生产、不降低使用标准和以“三控制”角度出发进行审查。

2) 变更应进行技术经济分析，在技术上可行，施工工艺可靠，经济合理，不增加项目投产后的经常性维护费用。

3) 属于重大设计变更应经建设单位或由建设单位报原主管审批部门批准后，方可办理变更。

4) 变更应力求在制造前进行，以避免和减少不必要的损失，并认真审核变更工程量。

5) 变更应按控制程序进行，手续要齐全。有关变更的申请、依据、内容及图纸、资料、文件等应清楚、完整和符合规定。

(9) 总监理工程师应组织专业监理工程师参加设备制造过程中的调试、整机性能检测和验证，符合要求后予以签认。

为了调整设备的运行参数和测定验证设备的技术性能是否符合设计的要求，制造商要全部或部分模拟设备使用状况进行运转，根据运转情况进行调整，在调试中对设备整机性能和技术参数进行总的检验。监理人员应对此过程进行检查和监督。

4. 投资控制

(1) 专业监理工程师应按设备制造合同的规定审核设备制造单位提交的进度付款单，提出审核意见，由总监理工程师签发支付证书。

设备制造单位应根据合同的规定按时提交进度付款单，投资控制监理工程师应在已完成的工程在质量上达到合同规定的技术标准、各种试验检测数据齐全，并经过质量控制监理工程师验收合格的基础上对进度付款单进行审核，提出审核意见，最后由总监理工程师进行签发。

(2) 专业监理工程师应审查建设单位或设备制造单位提出的索赔文件，提出意见后报总监理工程师，由总监理工程师与建设单位、设备制造单位进行协商，并提出审核报告。

专业监理工程师应站在客观、公正的立场上审查索赔要求的正当性，必须对合同条件、协议条款等有详细的了解，以合同为依据公平处理合同双方的利益纠纷。监理工程师处理索赔时必须以事实和数据为依据。

监理工程师在项目实施过程中，必须提倡主动监理、事前控制，对可能引起的索赔进行预测，尽量采取一些措施进行补救，避免索赔的发生。

（3）专业监理工程师应根据制造合同的要求及时审核设备制造单位报送的设备制造结算文件，并提出审核意见，报总监理工程师审核，由总监理工程师与建设单位、设备制造单位进行协商，并提出审核报告。

五、设备验收

（1）在设备运往现场前，专业监理工程师应检查设备制造单位对待运设备采取的防护和包装措施，并应检查是否符合运输、装卸、储存、安装的要求，以及相关的随机文件、装箱单和附件是否齐全。

1）对设备按照设计要求进行包装能防止设备在运输、装卸和储存中受到损伤及丢失零件和附件。包装形式常有箱装、捆装、裸装、敞装、局部包装及集装箱装。包装时设备可以整体装，也可以按运输和装卸要求拆成几部分分别包装。包装完的设备在包装物或设备上应标明识别标志。

2）设备的运输应该选择安全、合理、经济的运输方法和运输路径。应该选择运输条件能够满足所运设备需要的最短路径进行运输；要注意运输过程中的交接，以防止丢失设备和运错地点。对于有特殊运输要求的设备应采取特别的措施保障设备的运输安全。

3）设备装卸必须按照装卸规范和包装物上标志的起重位置和质量选择合适的起重机械及工具，用正确的方法进行起重装卸。装卸时应轻装轻卸、平稳安全，避免损伤设备和设备的包装。

4）设备储存保管时应防止设备受到损坏，防止丢失；有防潮、防雨、防晒、防振动、防高温、防低温、防泄漏、防锈蚀、需屏蔽等要求的也要按要求操作。设备储存时应有台账，经常进行检查、核对，进出货手续清楚。

（2）设备全部运到现场后，总监理工程师应组织专业监理工程师参加由设备制造单位按合同规定与安装单位进行的交接工作，开箱清点、检查、验收、移交。

（3）安装完毕后，监理工程师还应组织对设备进行试验，包括单机空载试验、设备系统的联动负载试验和超负荷（有要求时）等规定的试验项目。试验后，监理方应编写监理鉴定报告。

六、监理工作总结

在设备监造工作结束后，总监理工程师应组织编写设备监造工作总结，并向建设单位提交设备监造工作总结。

第四节　建设工程设备采购监理与设备监造的监理资料

《建设工程监理规范》规定，设备采购监理的监理资料应包括以下内容：

（1）委托监理合同；

（2）设备采购方案计划；

（3）设计图纸和文件；

（4）市场调查、考察报告；

（5）设备采购招投标文件；

（6）设备采购订货合同；

（7）设备采购监理工作总结。

《建设工程监理规范》规定，设备监造工作的监理资料应包括以下内容：

（1）设备制造合同及委托监理合同；

（2）设备监造规划、监理实施细则；

（3）设备制造的生产计划和工艺方案；

（4）设备制造的检验计划和检验要求；

（5）分包单位资格报审表；

（6）原材料、零配件等的质量证明文件和检验报告；

（7）开工/复工报审表、暂停令；

（8）检验记录及试验报告；

（9）报验申请表；

（10）设计变更文件；

（11）会议纪要；

（12）来往文件；

（13）监理日记；

（14）监理工程师通知单；

（15）监理工作联系单；

（16）监理月报；

（17）质量事故处理文件；

（18）设备制造索赔文件；

（19）设备验收文件；

（20）设备交接文件；

（21）支付证书和设备制造结算审核文件；

（22）设备监造工作总结。

设备监造工作结束时，监理单位应向建设单位提交设备监造工作总结。

思　考　题

1. 按用途分，设备的种类有哪几大类？
2. 简述设备监理的概念。
3. 设备采购的方式有哪几种？
4. 简述设备采购监理的工作内容。
5. 设备招标的评标内容有哪些？
6. 简述设备制造监理的程序。
7. 在设备监造中，监理对设计文件的审查内容有哪些？
8. 简述见证点、停止点的概念。
9. 简述设备监造的质量控制要点。
10. 设备监造中，设备验收环节包含哪些工作内容？

附　录

建设工程委托监理合同（示范文本）

（GF-2000-0202）

中华人民共和国建设部
国家工商行政管理局　制定

二〇〇〇年二月

第一部分　建设工程委托监理合同

委托人____与监理人____经双方协商一致，签订本合同。

一、委托人委托监理人监理的工程（以下简称本工程）概况如下：

工程名称：

工程地点：

工程规模：

总投资：

二、本合同中的有关词语含义与本合同第二部分《标准条件》中赋予它们的定义相同。

三、下列文件均为本合同的组成部分：

（1）监理投标书或中标通知书；

（2）本合同标准条件；

（3）本合同专用条件；

（4）在实施过程中双方共同签署的补充与修正文件。

四、监理人向委托人承诺，按照本合同的规定，承担本合同专用条件中议定范围内的监理业务。

五、委托人向监理人承诺按照本合同注明的期限、方式、币种，向监理人支付报酬。

本合同自　　年　　月　　日开始实施，至　　年　　月　　日完成。

本合同一式　　份，具有同等法律效力，双方各执　　份。

委托人：（盖章）	监理人：（盖章）
住所：	住所：
法定代表人：（签章）	法定代表人：（签章）
开户银行：	开户银行
账号：	账号：
邮编：	邮编：
电话：	电话：

本合同签订于：______年______月______日

第二部分　标　准　条　件

词语定义、适用范围和法规

第一条　下列名词和用语，除上下文另有规定外，有如下含义：

(1)“工程”是指委托人委托实施监理的工程。

(2)“委托人”是指承担直接投资责任和委托监理业务的一方以及其合法继承人。

(3)“监理人”是指承担监理业务和监理责任的一方，以及其合法继承人。

(4)“监理机构”是指监理人派驻本工程现场实施监理业务的组织。

(5)“总监理工程师”是指经委托人同意，监理人派到监理机构全面履行本合同的全权负责人。

(6)“承包人”是指除监理人以外，委托人就工程建设有关事宜签订合同的当事人。

(7)“工程监理的正常工作”是指双方在专用条件中约定，委托人委托的监理工作范围和内容。

(8)“工程监理的附加工作”是指：①委托人委托监理范围以外，通过双方书面协议另外增加的工作内容；②由于委托人或承包人原因，使监理工作受到阻碍或延误，因增加工作量或持续时间而增加的工作。

(9)“工程监理的额外工作”是指正常工作和附加工作以外或非监理人自己的原因而暂停或终止监理业务，其善后工作及恢复监理业务的工作。

(10)“日”是指任何一天零时至第二天零时的时间段。

(11)“月”是指根据公历从一个月份中任何一天开始到下一个月相应日期的前一天的时间段。

第二条 建设工程委托监理合同适用的法律是指国家的法律、行政法规，以及专用条件中议定的部门规章或工程所在地的地方法规、地方规章。

第三条 本合同文件使用汉语语言文字书写、解释和说明。如专用条件约定使用两种以上（含两种）语言文字时，汉语应为解释和说明本合同的标准语言文字。

监理人义务

第四条 监理人按合同约定派出监理工作需要的监理机构及监理人员，向委托人报送委派的总监理工程师及其监理机构主要成员名单、监理规划，完成监理合同专用条件中约定的监理工程范围内的监理业务。在履行合同义务期间，应按合同约定定期向委托人报告监理工作。

第五条 监理人在履行本合同的义务期间，应认真、勤奋地工作，为委托人提供与其水平相适应的咨询意见，公正维护各方面的合法权益。

第六条 监理人使用委托人提供的设施和物品属委托人的财产。在监理工作完成或中止时，应将其设施和剩余的物品按合同约定的时间和方式移交给委托人。

第七条 在合同期内或合同终止后，未征得有关方同意，不得泄露与本工程、本合同业务有关的保密资料。

委托人义务

第八条 委托人在监理人开展监理业务之前应向监理人支付预付款。

第九条 委托人应当负责工程建设的所有外部关系的协调，为监理工作提供外部条件。根据需要，如将部分或全部协调工作委托监理人承担，则应在专用条件中明确委托的工作和相应的报酬。

第十条 委托人应当在双方约定的时间内免费向监理人提供与工程有关的为监理工作所需要的工程资料。

第十一条 委托人应当在专用条款约定的时间内就监理人书面提交并要求作出决定的一切事宜作出书面决定。

第十二条 委托人应当授权一名熟悉工程情况、能在规定时间内作出决定的常驻代表（在专用条款中约定），负责与监理人联系。更换常驻代表，要提前通知监理人。

第十三条 委托人应当将授予监理人的监理权利，以及监理人主要成员的职能分工、监理权限及时书面通知已选定的承包合同的承包人，并在与第三人签订的合同中予以明确。

第十四条 委托人应在不影响监理人开展监理工作的时间内提供如下资料：

（1）与本工程合作的原材料、构配件、设备等生产厂家名录。

（2）提供与本工程有关的协作单位、配合单位的名录。

第十五条 委托人应免费向监理人提供办公用房、通信设施、监理人员工地住房及合同专用条件约定的设施，对监理人自备的设施给予合理的经济补偿（补偿金额＝设施在工程使用时间占折旧年限的比例×设施原值＋管理费）。

第十六条 根据情况需要，如果双方约定，由委托人免费向监理人提供其他人员，应在监理合同专用条件中予以明确。

监理人权利

第十七条 监理人在委托人委托的工程范围内，享有以下权利：

（1）选择工程总承包人的建议权。

（2）选择工程分包人的认可权。

（3）对工程建设有关事项包括工程规模、设计标准、规划设计、生产工艺设计和使用功能要求，向委托人的建议权。

（4）对工程设计中的技术问题，按照安全和优化的原则，向设计人提出建议；如果拟提出的建议可能会提高工程造价，或延长工期，应当事先征得委托人的同意，当发现工程设计不符合国家颁布的建设工程质量标准或设计合同约定的质量标准时，监理人应当书面报告委托人并要求设计人更正。

（5）审批工程施工组织设计和技术方案，按照保质量、保工期和降低成本的原则，向承包人提出建议，并向委托人提出书面报告。

（6）主持工程建设有关协作单位的组织协调，重要协调事项应当事先向委托人报告。

（7）征得委托人同意，监理人有权发布开工令、停工令、复工令，但应当事先向委托人报告。如在紧急情况下未能事先报告时，则应在24小时内向委托人作出书面报告。

（8）工程上使用的材料和施工质量的检验权。对于不符合设计要求和合同约定及国家质量标准的材料、构配件、设备，有权通知承包人停止使用；对于不符合规范和质量标准的工序，分部、分项工程和不安全施工作业，有权通知承包人停工整改、返工。承包人得到监理机构复工令后才能复工。

（9）工程施工进度的检查、监督权，以及工程实际竣工日期提前或超过工程施工合同规定的竣工期限的签认权。

(10) 在工程施工合同约定的工程价格范围内，工程款支付的审核和签认权，以及工程结算的复核确认权与否决权。未经总监理工程师签字确认，委托人不支付工程款。

第十八条 监理人在委托人授权下，可对任何承包人合同规定的义务提出变更。如果由此严重影响了工程费用或质量或进度，则这种变更须经委托人事先批准。在紧急情况下未能事先报委托人批准时，监理人所做的变更也应尽快通知委托人。在监理过程中如发现工程承包人人员工作不力，监理机构可要求承包人调换有关人员。

第十九条 在委托的工程范围内，委托人或承包人对对方的任何意见和要求（包括索赔要求），均必须首先向监理机构提出，由监理机构研究处置意见，再同双方协商确定。当委托人和承包人发生争议时，监理机构应根据自己的职能，以独立的身份判断，公正地进行调解。当双方的争议由政府建设行政主管部门调解或仲裁机构仲裁时，应当提供作证的事实材料。

委托人权利

第二十条 委托人有选定工程总承包人，以及与其订立合同的权利。

第二十一条 委托人有对工程规模、设计标准、规划设计、生产工艺设计和设计使用功能要求的认定权，以及对工程设计变更的审批权。

第二十二条 监理人调换总监理工程师须事先经委托人同意。

第二十三条 委托人有权要求监理人提交监理工作月报及监理业务范围内的专项报告。

第二十四条 当委托人发现监理人员不按监理合同履行监理职责，或与承包人串通给委托人或工程造成损失的，委托人有权要求监理人更换监理人员，直到终止合同并要求监理人承担相应的赔偿责任或连带赔偿责任。

监理人责任

第二十五条 监理人的责任期即委托监理合同有效期。在监理过程中，如果因工程建设进度的推迟或延误而超过书面约定的日期，双方应进一步约定相应延长的合同期。

第二十六条 监理人在责任期内，应当履行约定的义务。如果因监理人过失而造成了委托人的经济损失，应当向委托人赔偿。累计赔偿总额（除本合同第二十四条规定以外）不应超过监理报酬总额（除去税金）。

第二十七条 监理人对承包人违反合同规定的质量要求和完工（交图、交货）时限，不承担责任。因不可抗力导致委托监理合同不能全部或部分履行，监理人不承担责任。但对违反第五条规定引起的与之有关的事宜，向委托人承担赔偿责任。

第二十八条 监理人向委托人提出赔偿要求不能成立时，监理人应当补偿由于该索赔所导致委托人的各种费用支出。

委托人责任

第二十九条 委托人应当履行委托监理合同约定的义务，如有违反则应当承担违约责任，赔偿给监理人造成的经济损失。

监理人处理委托业务时，因非监理人原因的事由受到损失的，可以向委托人要求补偿损失。

第三十条 委托人如果向监理人提出赔偿的要求不能成立，则应当补偿由该索赔所引起的监理人的各种费用支出。

合同生效、变更与终止

第三十一条 由于委托人或承包人的原因使监理工作受到阻碍或延误，以致发生了附加工作或延长了持续时间，则监理人应当将此情况与可能产生的影响及时通知委托人，完成监理业务的时间相应延长，并得到附加工作的报酬。

第三十二条 在委托监理合同签订后，实际情况发生变化，使得监理人不能全部或部分执行监理业务时，监理人应当立即通知委托人。该监理业务的完成时间应予延长。当恢复执行监理业务时，应当增加不超过42日的时间用于恢复执行监理业务，并按双方约定的数量支付监理报酬。

第三十三条 监理人向委托人办理完竣工验收或工程移交手续，承包人和委托人已签订工程保修责任书，监理人收到监理报酬尾款，本合同即终止。保修期间的责任，双方在专用条款中约定。

第三十四条 当事人一方要求变更或解除合同时，应当在42日前通知对方，因解除合同使一方遭受损失的，除依法可以免除责任的外，应由责任方负责赔偿。

变更或解除合同的通知或协议必须采取书面形式，协议未达成之前，原合同仍然有效。

第三十五条 监理人在应当获得监理报酬之日起30日内仍未收到支付单据，而委托人又未对监理人提出任何书面解释时，或根据第31条及第32条已暂停执行监理业务时限超过6个月的，监理人可向委托人发出终止合同的通知，发出通知后14日内仍未得到委托人答复，可进一步发出终止合同的通知，如果第二份通知发出后42日内仍未得到委托人答复，可终止合同或自行暂停或继续暂停执行全部或部分监理业务。委托人承担违约责任。

第三十六条 监理人由于非自己的原因而暂停或终止执行监理业务，其善后工作以及恢复执行监理业务的工作，应当视为额外工作，有权得到额外的报酬。

第三十七条 当委托人认为监理人无正当理由而又未履行监理义务时，可向监理人发出指明其未履行义务的通知。若委托人发出通知后21日内没有收到答复，可在第一个通知发出后35日内发出终止委托监理合同的通知，合同即行终止。监理人承担违约。

第三十八条 合同协议的终止并不影响各方应有的权利和应当承担的责任。

监 理 报 酬

第三十九条 正常的监理工作、附加工作和额外工作的报酬，按照监理合同专用条件中约定的方法计算，并按约定的时间和数额支付。

第四十条 如果委托人在规定的支付期限内未支付监理报酬，自规定之日起，还应向监理人支付滞纳金，滞纳金从规定支付期限最后一日起计算。

第四十一条 支付监理报酬所采取的货币币种、汇率由合同专用条件约定。

第四十二条 如果委托人对监理人提交的支付通知中报酬或部分报酬项目提出异议，应当在收到支付通知书24小时内向监理人发出表示异议的通知。但委托人不得拖延其他无异议报酬项目的支付。

第四十三条 委托的建设工程监理所必要的监理人员出外考察、材料、设备复试，其费用支出经委托人同意的，在预算范围内向委托人实报实销。

第四十四条　在监理业务范围内，如需聘用专家咨询或协助，由监理人聘用的，其费用由监理人承担；由委托人聘用的，其费用由委托人承担。

第四十五条　监理人在监理工作过程中提出的合理化建议，使委托人得到了经济效益，委托人应按专用条件中的约定给予经济奖励。

第四十六条　监理人驻地监理机构及其职员不得接受监理工程项目施工承包人的任何报酬或者经济利益。

监理人不得参与可能与合同规定的与委托人的利益相冲突的任何活动。

第四十七条　监理人在监理过程中，不得泄露委托人申明的秘密，监理人也不得泄露设计人、承包人等提供并申明的秘密。

第四十八条　监理人对于由其编制的所有文件拥有版权，委托人仅有权为本工程使用或复制此类文件。

争议的解决

第四十九条　本合同在履行过程中发生的争议，由双方当事人协商解决，协商不成的按下列第____种方式解决：

（一）提交____仲裁委员会仲裁；

（二）依法向人民法院起诉。

第三部分　专　用　条　件

第二条　本合同适用的法律及监理依据：

第四条　监理范围和监理工作内容：

第九条　外部条件包括：____________________

第十条　委托人应提供的工程资料及提供时间：

第十一条　委托人应在______天内对监理人书面提交并要求作出决定的事宜作出书面答复。

第十二条　委托人的常驻代表为____________________

第十五条　委托人免费向监理机构提供如下设施：____________________

监理人自备的、委托人给予补偿的设施如下：____________________

补偿金额＝

第十六条　在监理期间，委托人免费向监理机构提供______名工作人员，由总监理工程师安排其工作，凡涉及服务时，此类职员只应从总监理工程师处接受指示，并免费提供______名服务人员。监理机构应与此类服务的提供者合作，但不对此类人员及其行为负责。

第二十六条　监理人在责任期内如果失职，同意按以下办法承担责任，赔偿损失[累计赔偿额不超过监理报酬总数(扣税)]：

赔偿金＝直接经济损失×报酬比率(扣除税金)

第三十九条　委托人同意按以下的计算方法、支付时间与金额，支付监理人的报酬；

委托人同意按以下的计算方法、支付时间与金额，支付附加工作报酬：(报酬＝附加工

作日数×合同报酬/监理服务日）

委托人同意按以下的计算方法、支付时间与金额，支付额外工作报酬。

第四十一条 双方同意用______支付报酬，按______汇率计付。

第四十五条 奖励办法：

奖励金额＝工程费用节省额×报酬比率

第四十九条 本合同在履行过程中发生争议时，当事人双方应及时协商解决。协商不成时，双方同意由仲裁委员会仲裁（当事人双方不在本合同中约定仲裁机构，事后又未达成书面仲裁协议的，可向人民法院起诉）。

附加协议条款：

参 考 文 献

[1] 中国建设监理协会. 建设工程监理概论. 北京：知识产权出版社，2007.
[2] 陈炳权. 工程设备监理. 上海：同济大学出版社，1997.
[3] 中国建设监理协会. 建设工程质量控制. 北京：知识产权出版社，2007.